UNE

# VISITE A KHIVA

Cet ouvrage a été déposé au ministère de l'intérieur (section de la librairie) en août 1877.

PARIS. TYPOGRAPHIE DE E. PLON ET Cie, RUE GARANCIÈRE, 8.

UNE

# VISITE A KHIVA

AVENTURES DE VOYAGE DANS L'ASIE CENTRALE

PAR

## FRED. BURNABY

CAPITAINE AUX ROYAL HORSE GUARDS

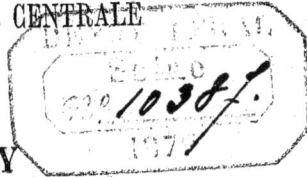

*Traduit de l'anglais par* HEPHELI

PARIS

E. PLON et Cie, IMPRIMEURS-ÉDITEURS

RUE GARANCIÈRE, 10

1877

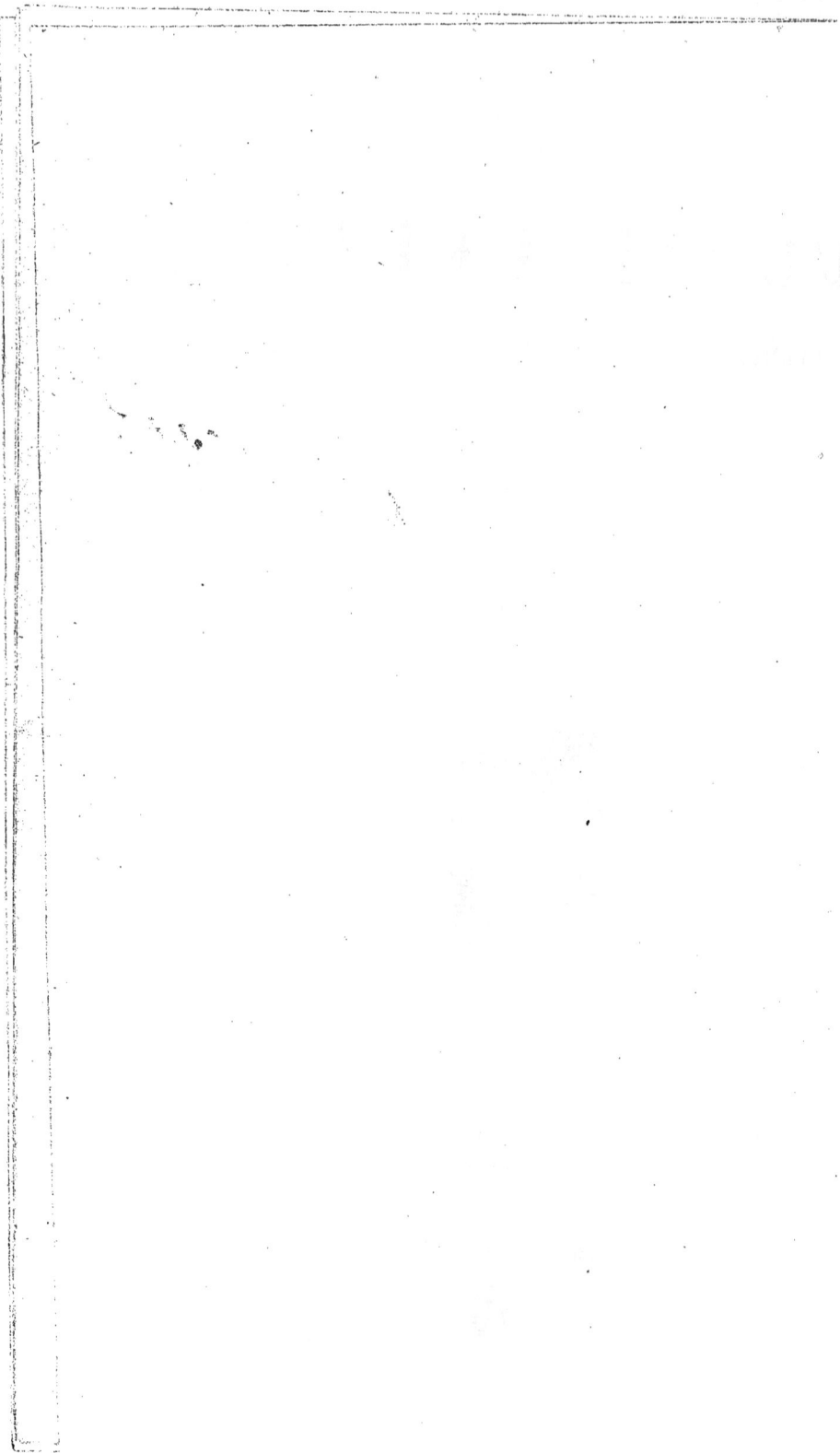

UNE

# VISITE A KHIVA

## INTRODUCTION

Une pièce basse, peu et mal meublée, quelques
instruments télégraphiques, épars çà et là, dans des
coins isolés, pêle-mêle avec des fusils, des boîtes de
cartouches et des caisses de provisions ; deux bouteilles avec cette étiquette « quinine » placées sur
une modeste petite table de bois ; quelques hommes
de nationalités différentes, parlant tous à la fois dans
leurs langues respectives, tel est le cadre au milieu
duquel se trouve l'auteur de ce récit, pendant
qu'accoudé sur l'appui de la fenêtre, il jette de
temps à autre un coup d'œil sur l'ancien numéro
du journal anglais qu'il tient à la main.

1

CARTE
MONTRANT
LES PROGRÈS DE LA RUSSIE
DANS
L'ASIE CENTRALE
Itinéraire de l'auteur

# UNE

# VISITE A KHIVA

## INTRODUCTION

Une pièce basse, peu et mal meublée, quelques instruments télégraphiques, épars çà et là, dans des coins isolés, pêle-mêle avec des fusils, des boîtes de cartouches et des caisses de provisions ; deux bouteilles avec cette étiquette « quinine » placées sur une modeste petite table de bois ; quelques hommes de nationalités différentes, parlant tous à la fois dans leurs langues respectives, tel est le cadre au milieu duquel se trouve l'auteur de ce récit, pendant qu'accoudé sur l'appui de la fenêtre, il jette de temps à autre un coup d'œil sur l'ancien numéro du journal anglais qu'il tient à la main.

1

La scène se passe chez un Allemand que l'offre
d'un poste d'inspecteur et de directeur général d'une
longue et importante ligne télégraphique récemment établie, a décidé à s'éloigner de plusieurs
milliers de « milles » de son pays natal. Une gra-
cieuse jeune fille aux yeux de braise, aux longs cils,
aux dents d'un orient incomparable, mais dont
le teint olivâtre excluait toute analogie avec les
transparentes beautés européennes, circulait parmi
nous, en nous présentant de petites tasses de café
noir ; elle en offrait surtout à trois causeurs visiblement surexcités. Ce groupe se composait d'un Italien, d'un Arabe et d'un Anglais. Le premier gesti-
culait à outrance ; il avait la prétention de servir
d'interprète aux deux autres interlocuteurs, qui,
évidemment, n'étaient pas tout à fait d'accord sur le
sujet de la conversation.

Un soleil implacable, dont les rayons dardaient sur
un immense cours d'eau, qui se déroulait au pied
de l'habitation comme un large ruban de moire
bleue, avait fini par élever la température de la
pièce que nous occupions à un degré de chaleur
presque intolérable. On était au mois de février.
En Angleterre, on grelottait au coin du feu, on bar-
bottait dans la boue, ou l'on piétinait dans la neige !
Mais j'étais à Khartoum, de retour d'une visite au
colonel Gordon, le successeur de Sir Samuel Baker,
sur les rives du Nil Blanc. Prendre le centre de

l'Afrique comme point de départ d'un voyage au centre de l'Asie peut paraître légèrement étrange, mais c'est qu'il est probable que, sans une observation qui me fut faite à ce moment, je ne serais jamais allé à Khiva.

L'Italien dont je parlais tout à l'heure ayant réussi par l'éloquence du geste à élucider le point en litige entre l'Arabe et l'Anglais (à la satisfaction de celui-ci), mon compagnon vint se mettre à la fenêtre à côté de moi. L'horizon qu'on découvrait de ce point d'observation était splendide; au premier plan, le Nil brillant du plus bel azur, large de près de 150 mètres, offrait une surface plane et unie comme celle d'une glace de Venise; des barques et des bateaux du pays montaient et descendaient gracieusement le cours du fleuve; çà et là, on voyait aussi, immobiles et majestueux, de grands bâtiments à voiles employés antérieurement à la traite des nègres.

Des bandes de travailleurs, noirs comme l'ébène, nus jusqu'à la ceinture, avec des bras dont la musculature ressemblait à des cordes à nœuds, déchargeaient une cargaison d'ivoire destinée au Caire. Une énorme sakkie, grande roue hydraulique, employée au service de l'irrigation, et à laquelle le mouvement de rotation était imprimé par un bœuf et un âne, tournait lentement sur son axe. Les cris sauvages d'un nègre, chargé de relever ces animaux du

péché de paresse, se mêlaient d'une façon étrange
aux grincements que produisait la roue pesante et
sonore comme le bois qui avait servi à sa construction.

« Je me demande où nous serons l'année prochaine, à pareille époque, me dit mon compagnon.

— Dieu le sait, lui répondis-je ; mais quant à
moi, je ne me propose pas de refaire jamais une
visite au Nil Blanc. »

A ce moment, mes yeux tombèrent sur certain
paragraphe du journal anglais que je tenais à la
main ; il y était question d'un décret émanant du
gouvernement russe, lequel interdisait à tout étranger de pénétrer dans la Russie d'Asie. De plus, ce
journal racontait qu'un Anglais ayant récemment
entrepris un voyage dans cette direction avait été
brutalement expulsé par les autorités.

Je suis malheureusement affligé depuis ma naissance, au dire même de ma nourrice, d'un esprit de
contradiction irrésistible, très-fâcheuse disposition
pour mes intérêts privés. La résolution instantanée
qui jaillit de mon cerveau, à la lecture de ce paragraphe, en est bien la preuve irrécusable.

« Eh bien ! dis-je, j'essayerai d'y aller.

— Où cela ? reprit mon ami, à Tombouctou
peut-être ?

— Non pas, repris-je, mais bien dans le centre
de l'Asie. »

Je lui donnai alors à lire mon journal anglais.

« Vous n'irez jamais là, s'écria-t-il, on vous arrêtera.

— On le peut si on le veut, mais j'espère qu'on ne le voudra pas », telle fut ma réponse.

Voici l'incident qui m'inspira de nouveau le désir d'aller à Khiva. J'avais eu déjà l'intention bien arrêtée de m'y rendre au moment de l'invasion de ce pays par les Russes. J'étais même parti avec la prétention de me trouver à Khiva pour voir l'attaque des Russes, et j'avais arrêté à cet effet mon itinéraire par la Perse et Merve, mais ce plan avait échoué complétement. La fièvre typhoïde m'avait saisi au vol, en Italie, et cloué pour quatre mois sur un lit de souffrances! Adieu donc encore mes rêves lointains! Le temps de mon congé était fini; j'avais seulement couru de bien plus grands dangers sous le beau ciel de l'Italie que si j'étais tombé entre les mains des Turcomans les plus fanatiques de l'Asie centrale, mais d'aventure point!

La campagne était finie, le rideau baissé pour longtemps, sans doute. Notre gouvernement, édifié sur la bonne foi moscovite, voyait avec longanimité Samarcand annexé aux possessions du Tsar, le traité de Paris répudié, et les troupes russes cantonnées sur le territoire khivien.

Un certain nombre d'hommes politiques préten-daient qu'après tout Khiva est bien loin de l'Inde, qu'en résumé il importait peu à l'Angleterre que

cette ville fût ou non annexée à la Russie ; d'autres
allaient plus loin, disant qu'il vaut peut-être encore
mieux avoir pour voisins des Russes civilisés que des
barbares afghans. Un troisième argument mis en
avant pour justifier la politique du ministère libé-
ral consistait à signaler les charges que l'empire
de l'Inde impose à l'Angleterre, et à affirmer que ce
ver rongeur ne vaut pas, en réalité, la peine de
courir les chances d'une guerre. Quelques hommes
d'État, en très-haute et très-puissante situation, par-
tageaient cette opinion, et semblaient disposés à faire
ainsi très-bon marché d'un des plus beaux fleurons
de la couronne britannique. La majorité de nos
gouvernants, il faut bien le reconnaître, était fort indifférente à notre situation dans l'Inde, et se bornait
à dire : « L'Inde durera autant que nous, et la Russie
est terriblement éloignée. Nos neveux verront ce
qu'ils auront à faire, à chaque jour suffit sa peine,
après nous le déluge. » D'autre part, nos législateurs,
sans daigner jeter un regard sur nos affaires exté-
rieures, ne songeaient qu'à résoudre la question de savoir s'il valait mieux autoriser les Anglais à entrer
au café et dans les tavernes après onze heures, ou les
forcer à s'aller coucher mourant de faim et de soif.

L'automne suivant, la guerre carliste éclata ; je
partis pour l'Espagne, où je me désintéressai bientôt de l'Asie centrale et de tout ce qui la concerne.

Cependant, lorsque mon ami, répondant à mon

observation, m'objecta : « Vous n'irez jamais là, on vous arrêtera », je me demandai immédiatement quelle influence avait poussé la Russie à prendre des mesures qui eussent paru très-naturelles de la part du gouvernement chinois, mais qui, venant d'une nation même à moitié civilisée, semblaient plus que singulières. Cet acte arbitraire était en effet d'autant plus inexplicable que tous les successeurs de Pierre le Grand (le régénérateur de la Russie) se sont fait un devoir d'ouvrir libéralement les portes de leur empire aux Européens d'Occident. L'élément germanique, introduit dans les hautes régions du gouvernement russe, a puissamment contribué au développement du pays. Eh bien ! de tous les tsars qui ont occupé le trône impérial depuis deux cents ans, l'empereur actuel est probablement encore celui d'entre tous qui comprend le mieux que le plus sûr moyen de faciliter l'épanouissement de la civilisation dans son empire est d'y attirer le plus grand nombre possible d'étrangers.

On n'était donc préparé par aucun précédent à la mesure autoritaire à laquelle je fais allusion. Il y avait évidemment derrière le rideau quelque chose qu'il importait de voiler aux yeux de l'Europe.

Quel était ce mystère ?

Était-ce pour éviter qu'il ne revînt quelque chose aux oreilles du Tsar, par l'intermédiaire de la presse étrangère, des cruautés exercées par les gé-

néraux de l'Asie centrale sur les habitants des provinces conquises ? Était-ce pour dissimuler non pas
les cruautés, mais la corruption de ses agents ? Était-
ce enfin pour cacher à l'Europe que les autorités du
Turkestan (l'énorme territoire annexé depuis peu à
la Russie), au lieu d'élever le moral des habitants de
l'Asie centrale à leur niveau, abaissent le leur à celui des populations dépravées et vicieuses de l'O-
rient ?

Les récits et les renseignements fournis par les
quelques voyageurs qui ont réussi à se frayer un chemin dans ces régions presque inconnues n'admettaient
aucune de ces hypothèses. Je n'en persistai pas moins à
croire que cette dissimulation cachait quelque chose
de plus qu'un simple désir d'imposer à l'Europe un
acte autoritaire, allégué sans doute par la presse
russe pour conserver le droit d'annexion que son
gouvernement s'arroge si libéralement.

Oui, j'étais persuadé qu'il y avait quelque chose
de plus encore, et que ce *quelque chose* importait
sérieusement aux intérêts de l'Angleterre. Les dernières volontés, ou plutôt les dernières aspirations
de Pierre le Grand, sont toujours la règle de conduite de ses successeurs. Il suffit pour s'en convaincre de jeter les yeux sur une carte de la Russie, et
de voir ce qu'elle était alors et ce qu'elle est aujour-
d'hui. Sur la carte du Turkestan, dressée par l'état-
major russe en 1875, le géographe s'est bien donné

de garde d'indiquer la frontière, depuis la latitude nord 392°2′ et la longitude est 69°38′ jusqu'à la latitude nord 444°0′ et la longitude est 79°49′ $\frac{3}{4}$, afin de montrer que, dans son opinion, cette ligne n'est pas encore définie. Quand donc les limites de l'empire russe seront-elles atteintes ? Où seront-elles fixées ? Sera-ce par l'Himalaya ou par l'océan Indien ?

C'est une question qui ne s'adresse ni à nos petits-enfants ni à nos enfants..... mais à nous-mêmes.

1.

# CHAPITRE PREMIER

Mes renseignements sur Khiva. — Le froid en Russie. — Le vent d'est. — Les autorités russes. — Le comte Schouvaloff. — Le général Milutin. — Le christianisme et la civilisation. — Les chemins de fer anglo-russes dans l'Asie centrale. — Préparatifs de voyage. — Le sac de campement. — Les pilules de Cockle. — Mes armes. — Mes instruments. — Ma batterie de cuisine.

Mon parti une fois pris d'aller dans l'Asie centrale, restait à savoir comment m'y rendre. De retour en Angleterre, je lus tous les ouvrages publiés sur les pays que je me proposais de visiter. Je dévorai successivement : les voyages de Vambery; *D'Herat à Khiva,* par le capitaine Abbott; *Une campagne sur l'Oxus,* par Macgahan. Les difficultés que le vaillant correspondant de *New-York Herald* avait eues à vaincre pour atteindre le but de son voyage ne me laissaient aucune illusion sur celles qui m'attendaient moi-même. L'époque de l'année où il m'était possible de partir compliquait encore l'exécution de ce projet, car il m'était interdit de quitter mon régiment avant le mois de décembre, et par conséquent d'espérer un congé plus tôt. Or, je savais déjà par ma propre expérience ce que parler veut dire, quand il s'agit du froid en Russie. Ce que je lus sur les rigueurs de celui auquel fut exposé le capitaine Abbott au mois de mars, dans des latitudes d'une climature comparativement beaucoup plus douce que celle où je voulais aller, m'éclaira sur les précautions que je devais prendre, si je ne voulais pas mourir de froid en traversant en plein hiver les steppes glacées qui s'étendent à perte de vue devant le voyageur. Le froid du désert des Kirghiz est, je crois, une chose inconnue dans aucune autre partie du monde, même dans les régions arctiques.

Pour gagner Khiva, j'avais en perspective de franchir d'immenses plaines couvertes de neige, auxquelles des plages de sel et quelques bouleaux malingres et rachitiques impriment le caractère d'une affreuse stérilité.

On n'a aucune idée en Europe de la vigueur prodigieuse avec laquelle le vent se déchaîne sur ces steppes inexplorées. Lorsqu'on murmure en Angleterre contre le vent d'est, on ne soupçonne pas ce que c'est que de le recevoir de première main dans son pays d'origine. Car, alors, point d'Océan attiédi, point d'arbres, point de montagnes pour tempérer la furie de sa première attaque. Là, il règne en maître absolu; s'appropriant la salure des lacs dont j'ai parlé plus haut, il entame littéralement le visage du voyageur, comme la lame d'un rasoir fraîchement aiguisé.

Il y avait encore une autre considération à envisa-
ger. Je devais savoir qu'il ne fallait attendre aucune
assistance des autorités russes. Elles pouvaient non
pas seulement me susciter indirectement des ennuis,
mais même m'arrêter par la force, s'il n'y avait pas
pour elles d'autre moyen de me faire échouer. J'a-
vais tout lieu de regarder l'ordre prohibitif publié
par la feuille anglaise et qui m'avait si fort intrigué,
comme parfaitement authentique. Verrais-je donc,
après avoir traversé le fleuve Ural, et être entré en
Asie, mon long voyage en traîneau n'aboutir qu'à
la nécessité de retourner en Angleterre par la Russie
d'Europe?

J'arrivai en Angleterre sous cette impression,
mais quelques Russes auxquels je fis part de mes
projets m'affirmèrent que j'avais sur la manière de
faire de leur gouvernement les idées les moins cor-
rectes, les informations les plus erronées. On me dit
que, loin de voir d'un mauvais œil des officiers anglais entreprendre le voyage de l'Asie centrale, les
autorités russes s'empressaient, au contraire, de leur
témoigner toute la bonne volonté désirable. Quant
à l'ordre péremptoire auquel je faisais allusion, il
ne s'appliquait, d'après mes interlocuteurs, qu'aux
marchands et aux trafiquants qui voulaient aller faire
de la contrebande dans les provinces annexées.

A quelques mois de là, j'eus l'occasion de faire la
connaissance du comte Schouvaloff, ambassadeur de

Russie à Londres, autrefois directeur de la police secrète à Saint-Pétersbourg. Il fut fort aimable avec moi, et me combla de bonnes promesses de protection; toutefois, lorsque je lui demandai si je pouvais ou non pénétrer dans l'Asie centrale, il me dit: « Mon cher monsieur, je ne puis vous faire aucune réponse à cet égard, mais les autorités russes vous éclaireront sur ce point». Je vis, d'après ce langage profondément diplomatique, que tout renseignement officiel était hors de question. Je suivis alors d'autres pistes, et m'en trouvai bien.

J'appris en effet que le général Milutin, ministre de la guerre à Saint-Pétersbourg, excluait en principe l'idée de laisser pénétrer des Anglais dans l'Asie centrale. Il prétendait qu'un Russe, un certain M. Pachino, avait eu à se plaindre des autorités anglaises dans l'Inde, et qu'en face de leurs résistances imprévues, force lui avait été de renoncer à entrer dans l'Afghanistan. Pourquoi alors, disait-il, agirions-nous avec les Anglais en raison inverse de leur conduite à notre égard ?

Une des choses qui me frappait le plus en causant avec les Russes, c'était leur obstination à vouloir me prouver combien le voisinage d'une nation civilisée comme la Russie nous serait avantageux ; ils soutenaient cette thèse au nom de la philanthropie, du christianisme et de la civilisation. Ils me disaient que les deux grandes puissances devaient marcher la

main dans la main ; qu'il fallait couvrir l'Asie en-
tiére d'un réseau de chemins de fer, à construire
par des compagnies anglo-russes ; que l'Angleterre
et la Russie avaient des sympathies communes ; que
toutes deux haïssaient l'Allemagne, et aimaient la
France ; qu'à elles deux, l'Angleterre et la Russie,
elles pourraient conquérir le monde, etc., etc.

Malgré tous ces beaux discours, je n'en restai pas
moins parfaitement persuadé que les sympathies
réelles de l'Angleterre sont plutòt pour l'Allemagne
que pour la Russie ; que la religion grecque orthodoxe, telle qu'elle se pratique en Russie, parmi les
classes inférieures, ne peut être aux yeux des pro-
testants de la Prusse et de la Grande-Bretagne qu'un
pur paganisme ; que le ròle naturel de l'Angleterre
et de la Prusse est une action commune contre les
agressions de la Russie ou de toute autre puissance
hostile à leurs intérêts ; que les mots *civilisation
russe* ont une tout autre signification pour les Anglais sérieusement au courant de ce qui se passe en
Russie que pour ceux qui ne forment leur jugement
que sur ce que racontent les Russes à l'étranger ;
qu'enfin, le chemin de fer du Honduras même con-
stituerait un meilleur placement qu'une voie ferrée
construite dans l'Asie centrale avec des capitaux
anglais, et administrée par des fonctionnaires
russes.

Le temps s'écoulait..., novembre approchait de

son terme..... mon congé commençait au 1<sup>er</sup> décembre, et mon départ était fixé au même jour.

Je m'occupai activement de mes préparatifs ; je commandai , d'après les conseils du capitaine Allen Young, d'arctique mémoire, un sac imperméable (à l'eau et à l'air, bien entendu), en toile à voile, de sept pieds de long sur dix de large. Il fut convenu qu'on y ménagerait de côté une large ouverture, grâce à laquelle je pourrais entrer dans mon sac, et m'y abriter pendant la nuit du vent et du froid. Je l'appropriai à plus d'un usage, je le trouvai commode sous tous les rapports, sauf pour le but auquel il avait d'abord été destiné. L'ouvrier chargé de ce travail n'avait pas tenu compte des proportions nouvelles, formidables, que prend un homme revêtu d'épaisses fourrures. J'éprouvai donc des difficultés presque insurmontables lorsque j'essayai de pénétrer dans cette chambre à coucher ; je ne pus y réussir qu'une seule fois, et encore, en réalité, était-ce parce que je portais ce jour-là des vêtements moins encombrants qu'à l'ordinaire.

Voici les objets dont se composait ma garde-robe de voyage : quatre paires de bas feutrés, comme ceux que portent les pêcheurs écossais ; des gilets et des caleçons de flanelle, un costume complet en drap, le tout d'une épaisseur exceptionnelle. Mon tailleur, M. Kino, de Regent street, s'était surpassé, je dois le reconnaître, dans la confection de ce vête-

ment ; mais ce que je dois dire aussi, et ce que je
me suis souvent répété *in petto*, c'est que l'on ne
saurait imposer un supplice plus cruel à un ennemi
que de le condamner à dormir au cœur de l'hiver, et
en pleine steppe, simplement vêtu d'un costume de
drap, si chaud ou si épais qu'il soit. Un *revêtement* de
fourrures quelconque est rigoureusement indispensable ; l'imprudent qui ne se conformerait pas sous
ce rapport aux exigences du climat, risquerait fort,
en fermant les yeux de ne les rouvrir jamais
plus !

J'emportai, en outre, deux paires de bottes dou-
blées de fourrures ; comme provision thérapeu-
tique, je pris de la quinine et des pilules Cockle ;
je partageai souvent ces dernières avec les indigènes
de l'Asie centrale, qui bénéficièrent comme moi de
leur efficacité. Je n'oublierai jamais les effets merveilleux que j'obtins, dans l'Afrique centrale, avec
ce médicament sur un pauvre sheik arabe, que la médecine ordinaire restait impuissante à soulager. Un de
mes amis, qui a visité ce pays quelques années après
moi, m'a raconté que ma renommée médicale vivait
toujours dans le souvenir de ces pauvres gens, et
défrayait souvent les conversations des bazars.

En m'éclairant de l'expérience acquise par les
voyageurs qui ont pénétré dans l'Asie centrale, j'en
conclus que ce pays n'offre au chasseur que du menu
gibier, et je renonçai à me servir de mes fusils de

chasse; les cartouches auraient d'ailleurs beaucoup
ajouté au poids de mon bagage, considération qu'on
ne doit jamais perdre de vue. J'emportai seulement
un de mes vieux favoris, du calibre n° 12, et quelques cartouches chargées à balle, pour me défendre,
au besoin, contre les ours et les loups; ce fusil et mon
revolver réglementaire, avec une vingtaine de cartouches, constituaient mon arsenal défensif, à l'endroit
des Turcomans. Ma batterie de cuisine se composait
en tout et pour tout de deux excellents petits caléfac-
teurs ou lampes à esprit-de-vin d'une simplicité,
d'une commodité à toute épreuve; c'est dire qu'elles
n'ont rien de commun avec les instruments du même
genre qui, sous prétexte de perfectionnement, semblent spécialement inventés pour le tourment de ceux
qui s'en servent, et le profit de ceux qui les ré-
parent. Une trousse, appelée le couvert du voyageur, un baromètre et un thermomètre complétaient
tous mes instruments de ménage, ou de voyage, si
vous l'aimez mieux. Enfin, tout étant prêt, et
n'ayant plus qu'à partir, mon bagage, si modeste
qu'il fût, dépassait encore de beaucoup les proportions que je m'étais fixées, car il pesait bel et bien,
tel quel, 85 livres, plus de 40 kilogrammes. Je reçus
la veille de mon départ de Londres un billet très-
cordial du comte Schouvaloff; il me disait que, puisque j'étais déjà muni de lettres pour le général
Milutin, ministre de la guerre russe, et pour le gé-

néral Kauffmann, gouverneur général du Turkestan, il se bornait à m'en donner une pour son frère, à Saint-Pétersbourg, et à m'envoyer tous ses souhaits d'heureux voyage. Il ajoutait, en finissant, qu'il avait aussi écrit au ministre des affaires étrangères, en Russie, pour me recommander à sa haute et puissante protection.

Il me sembla alors, que toutes les difficultés, que tous les obstacles s'aplanissaient comme par enchantement devant moi. M. Macgahan, que j'eus la bonne fortune de rencontrer chez des amis communs, me rappela du pays des rêves à celui de la réalité. « Oui, me dit-il, oui, vous irez comme une flèche jusqu'au fort n° 1, mais, pour pénétrer plus loin, il vous faudra beaucoup d'audace et d'énergie, sans parler de la force de volonté. Enfin, le sort en est jeté. Déployez la voile, et courage, quoique les vents soient contre vous. »

# CHAPITRE II

Le 30 novembre, au matin, le ciel avait une teinte tranquille et neutre, particulièrement propre à faire baisser le thermomètre moral au-dessous de zéro. Lorsque j'eus pris définitivement congé de mon régiment, j'allai acheter une ceinture pour mettre mon or (laquelle ceinture était un compagnon de lit bien désagréable), et de là à Victoria station pour prendre le train-poste.

Comme je savais que les domestiques sont souvent plutôt une gêne qu'une aide à l'étranger, lorsqu'ils ne connaissent pas le pays, je renonçai à toute complication de ce genre, regrettant toutefois de me séparer de mon vieux serviteur. Il m'avait accompagné dans plusieurs parties du monde. Quoiqu'il possédât à un rare degré l'éloquence des signes, je n'en étais pas moins persuadé qu'il ne saurait se faire comprendre ni des Moujicks, ni des cochers russes. En outre, ce brave homme était marié, et je craignais que sa femme et sa fille ne me restassent sur les bras, en cas d'accident.

Enfin, le convoi file, la vapeur nous emporte au galop de Londres à Douvres. Après une traversée favorable, nous voilà arrivés à Ostende ; vingt-quatre heures après, nous sommes à Cologne, que nous connaissons déjà, mais que nous aimons à revoir. Nous remontons en wagon, et nous arrivons à Berlin le lendemain matin ; nous nous dirigeons, en toute hâte, vers le train de Saint-Pétersbourg, et nous entrons précipitamment dans un compartiment presque au grand complet, où nous parvenons, non sans peine, à nous caser.

Deux Russes étaient placés en face de moi ; leur conversation m'apprit que l'un d'eux appartenait à la diplomatie ; il se disait rappelé d'Italie par une dépêche télégraphique du prince Gortschakoff, alors à Berlin. Les vêtements d'hiver en Italie sont d'une chaleur relative; aussi le voyageur en question, avec son organisation délicate, semblait-il peu goûter les charmes d'un voyage dans le nord ; bientôt il sut que cette première station n'était que le commencement de ses épreuves; car, arrivé là, le prince lui dit : « Je vais à Saint-Pétersbourg, où je vous donnerai des instructions; je pars par le premier train. » Le froid était intense ; le malheureux secrétaire, avec son mince vêtement, semblait faire des retours mélancoliques sur l'imprévu et la fatalité de la destinée. Ce Russe détestait franchement les Anglais; ses yeux petillaient littéralement de malice et de satisfaction, en signalant à son compatriote un article très-violent, publié dans le *Nord* (l'organe, croyait-il, du ministère russe), contre la transaction opérée par M. Disraëli, à propos de l'isthme de Suez.

« L'Angleterre est une grande nation, mais les Anglais sont fous, répliqua un autre interlocuteur.

— Ils ont cependant une forte dose de judiciaire, quand leurs intérêts sont en jeu, reprit un autre voyageur; car, en achetant des actions de l'isthme de Suez, ils avaient aussi bien en vue la question politique que financière. Il s'en est peu fallu, il y a deux ans, qu'ils n'imposassent au Schah un traité avec le baron Reuter, qui leur eût donné la toute-puissance en Perse ; mais, grâce à Dieu, nous y avons mis notre veto, et je ne crois pas les Anglais disposés maintenant à renouveler cette tentative. Quant à Strausberg, Reuter en fait des gorges chaudes. »

La journée s'écoule, et à cette triste journée succède une nuit froide et sombre. Le train roule toujours vers le nord ; le secrétaire, légèrement vêtu, a l'air de se figer dans son coin, tandis que ses voisins, croisant bien les pans de leurs pelisses, le collet relevé par-dessus les oreilles, un bonnet fourré bien rabattu sur les sourcils, cherchent à s'installer confortablement pour dormir.

Les wagons allemands des lignes du nord sont ordinairement chauffés, et presque à l'excès ; mais l'employé chargé d'entretenir le feu du poêle placé dans l'intérieur de notre wagon ayant négligé ce soin, nous nous sentîmes toute la nuit mordus par un air vif, pénétrant, glacé. Nous voilà enfin arrivés aux confins limitrophes de l'Allemagne et de la Russie ; après quelques minutes d'attente, on nous fait entrer, les autres voyageurs et moi, dans une grande salle basse, où l'on procédait à l'inspection des bagages et à l'examen des passe-ports. Le froid est terrible, nous restons là trois quarts d'heure à grelotter, pendant que les employés de la douane et de la police, les lunettes sur le nez, lisent, relisent et commentent nos papiers. Le secrétaire russe lui-même ne pouvait s'empêcher de maudire cette mesure vexatoire pour les voyageurs.

« N'est-ce pas un fait avéré, me dit-il, que le

passe-port du plus mauvais drôle ne donne jamais
prise à contestation? Quand je vais en France,
et qu'on me demande mon passe-port, je tourne la
difficulté en répondant invariablement : Je suis Anglais... moi pas de passe-port, et les employés, éclairés
sur ma nationalité, me laissent aller en paix. » La
visite de mon bagage ne donna lieu à aucun incident, excepté mon sac de campement, imprégné
d'une forte odeur de caoutchouc; il frappa singulièrement le nerf olfactif du douanier.

« Qu'est-ce que ce sac? me demanda-t-il ; à
quel usage est-il destiné ?

— A dormir », dis-je.

Il plongea de nouveau le nez dans l'intérieur dudit sac, et appela à l'aide de son flair un autre employé.

« Vous dormez réellement dans cette drôle de
guérite, me dit-il.

— Oui, répondis-je.

— Quels excentriques que ces Anglais ? s'écria le
premier douanier; en voilà un fou ! »

Ces paroles, prononcées de mon côté, n'en furent
pas moins entendues par d'autres personnes, qui,
croyant peut-être ma folie dangereuse, s'empressèrent de m'éviter. L'heure du départ a de nouveau
sonné, nous remontons en chemin de fer; les wagons
commodes, spacieux, bien chauffés, bien éclairés,
offrent au voyageur tout ce qui peut contribuer à son

bien-être ; les chemins russes sont construits d'après
le modèle américain ; on peut circuler librement
d'une extrémité à l'autre du train ; deux employés
sont chargés de pourvoir à tous vos désirs ; je trouve
l'installation générale des chemins de fer russes
bien supérieure à celle de nos voies ferrées ; sous le
rapport de la réfection surtout ils sont sans rivaux ;
on vous sert instantanément tout ce que vous deman-
dez ; les mets sont chauds et choisis ; la carte à
payer, très-modérée dans ses tarifs, ne laisse jamais
de souvenir désagréable au voyageur. Leur seul
point défectueux est la lenteur de la marche, car
c'est surtout lorsqu'il s'agit de franchir l'immense
territoire russe qu'on aimerait à voler comme le
vent. Mais l'extrême froid finit par produire sur l'esprit le même effet que l'extrême chaleur ; le Russe,
comme l'Espagnol, n'a pas conscience de la valeur du
temps. En résumé, il me semble que la construction
des chemins de fer est très-défectueuse, et que c'est
là sans doute le véritable obstacle qui s'oppose à une
vitesse plus accélérée. Les inspecteurs du gouvernement sont faciles à corrompre, l'or est plus précieux
à leurs yeux que la vie de leurs compatriotes ne leur
est chère ; de sorte que si la locomotive était lancée
non pas ventre à terre, mais même à une vitesse
modérée, les rails et les traverses ne résisteraient
peut-être pas. C'est du moins ce que j'appris d'un
de mes compagnons de voyage, auquel j'avouais

combien l'allure engourdie de notre cheval de vapeur me semblait insolite !

Enfin, nous voilà à Saint-Pétersbourg, après trois
jours et demi de voyage. Je n'eus pas l'ennui d'attendre trop longtemps mes bagages, et sous ce rapport l'organisation des chemins de fer russes est
vraiment parfaite. J'eus donc bientôt la satisfaction
de me trouver devant le perron de l'hôtel Demout.

Or, comme la journée était encore peu avancée,
je me décidai, puisque l'heure me le permettait, à
prendre un traîneau, et à aller faire une visite au
général Milutin, ministre de la guerre. Le voyageur
qui arrive à Saint-Pétersbourg pour la première
fois est tout ébahi, en quittant l'hôtel, de la quantité prodigieuse de traîneaux de place qui errent et
stationnent çà et là dans les rues. « Où çà, ou çà ? »
s'écrient tous les cochers, en entendant un étranger
écorcher le nom d'une rue, et estropier celui du
propriétaire de la maison où il s'agit de se rendre,
car en Russie les habitations sont connues par le
nom de leur propriétaire, et ne portent pas de
numéro comme partout ailleurs. Reste ensuite à
débattre le prix de la course. « Je vous conduirai où
vous voudrez pour un rouble, dit l'un ; voyez quel
bon traîneau ! quel vigoureux steppeur ! « Un autre
cocher vous propose de faire la même course pour
60 kopecks ; à en juger par le jeu de sa physionomie, son acte de condescendance est un fait sans

précédent dans les annales des cochers russes ! Ses
camarades épient les faits et gestes de l'étranger,
comptant bien en tirer profit ; s'il fait seulement
quelques pas pour s'éloigner, c'en est assez pour
amener tous les cochers à résipiscence, ce n'est plus
60 kopecks qu'on lui demande, on se contente de
20, prix habituel de la course en traîneau. Il n'y a
pas de tarif à Saint-Pétersbourg ; aussi l'on y est
encore plus exploité par les cochers qu'on ne l'est
à Londres par ceux des Cabs, des Hansoms et des
Flies ! Le cocher arrêta son cheval devant la maison
indiquée ; un domestique de belle prestance, ou
plutôt un huissier, me dit que le général était sorti ;
je laissai ma carte et ma lettre, puis je retournai à
l'hôtel. Ce soir-là, les théâtres de Saint-Pétersbourg
ne donnaient aucune représentation en langue russe,
l'Allemand, l'Italien, le Français, suffisent à alimenter de spectateurs plusieurs théâtres, sans parler de
l'Opéra, qui est aussi très-suivi. Le grand théâtre de
Saint-Pétersbourg, l'*Alexander,* est magnifique ; la
salle de l'Opéra peut rivaliser avec les plus belles du
monde ; mais comme certaines soirées sont affectées
à des représentations en allemand, il peut arriver à
un jour donné qu'il ne soit joué aucune pièce russe
sur aucun théâtre de la capitale. C'est du reste la
conséquence toute naturelle de l'antipathie des
Russes de distinction pour la langue nationale. Je
leur ai souvent entendu dire à ce propos : « C'est

bon pour les Moujiks, mais le français est la langue des gens bien élevés. » L'accent dur et
croassant avec lequel ces mots furent prononcés un
jour en français devant moi, par des Russes de province, me fit à l'oreille le même effet qu'une pomme
verte sur les dents. On professe, du reste, dans tout
l'empire, un profond dédain pour tout ce qui est
d'origine purement slave, on n'apprécie que ce qui
vient de l'étranger. Cette faiblesse des classes riches
a une influence déplorable sur l'industrie nationale.

Un Anglais et sa femme qui ne correspondraient
jamais dans leur langue maternelle paraîtraient gens
très-bizarres en Angleterre. Une jeune miss qui ne
saurait écrire correctement que le français serait de
même une rare exception. Eh bien, ce qui est l'exception sur les bords de la Tamise devient la règle
générale sur ceux de la Néva. Le sentiment du goût
national, toujours si ardent et parfois si exclusif, est
chose inconnue à Saint-Pétersbourg. Pour connaître
à fond le caractère russe, ce n'est pas là, à coup sûr,
qu'il faut l'étudier, car tout y est badigeonné d'une
couche de vernis étranger si épaisse, qu'il est impossible de savoir ce qu'il y a dessous. Un maître d'es-
crime français est tenu à Saint-Pétersbourg, en plus
grande considération qu'un philosophe indigène.
C'est surtout en Russie que s'applique l'axiome si
connu : « Nul n'est prophète en son pays. »

L'Empereur actuel a fait, dit-on, des efforts pour
combattre cette tendance antipatriotique ; c'est un
homme éclairé et d'une grande portée de vues ; il a
certainement plus fait pour le bonheur de son
peuple qu'aucun des Tsars qui l'ont précédé sur le
trône impérial. Mais une habitude invétérée n'est
pas chose facile à déraciner, et il faudra de longues
années pour persuader aux Russes que leur admiration mal entendue pour l'étranger nuit autant à l'originalité locale qu'à la richesse nationale.

La prépondérance de l'élément militaire contrarie
également les intérêts commerciaux et agricoles.
« Dans notre pays, me dit un jour un Russe, celui
qui ne mange pas le pain de l'État est compté pour
peu ; on doit porter l'uniforme, il faut avoir un
tchin (rang militaire auquel toutes les positions
civiles sont assimilées), il ne s'agit pas d'être un
producteur, mais bien un consommateur. » Alors,
mais seulement alors, on est respecté et admiré. Le
résultat, c'est que toutes les énergies de la nation se
dépensent à ne pas apporter d'eau au moulin, et que
si le système dure encore, il produira inévitable-
ment la banqueroute un jour ou l'autre.

La passion des Russes pour la boisson est un véritable vice, et l'ivrognerie n'y inspire pas le même
mépris qu'en Angleterre, surtout chez le militaire.
Un officier qui peut ingérer impunément assez d'alcool pour voir tous ses camarades rouler sous la

table est regardé comme un véritable héros. Le climat, il faut être juste, est pour quelque chose dans l'ardeur du culte que l'on rend à Bacchus; quand le thermomètre est au-dessous de zéro, le corps réclame plus de calorique à l'extérieur et à l'intérieur que dans les climats plus tempérés.

Les officiers russes composent, pour combattre le froid, une singulière liqueur, nommée Jonka. Après s'être livré pendant le dîner à des libations dont on n'a pas l'idée en Angleterre, après avoir dégusté à grands traits les meilleurs crus de Bordeaux, et à pleine coupe le vin de Champagne, on se fait apporter un grand bol d'argent dans lequel on verse de l'eau-de-vie, du rhum, des liqueurs variées et des vins blancs et rouges, secs et doux; on ajoute des pommes, des poires et d'autres fruits coupés en petits morceaux; on remue le tout, et l'on met le breuvage sur le feu. On le verse ensuite vivement dans les verres, et on le fait circuler autour de la table; la force de cette boisson dépend du temps qu'elle reste sur le feu; ce liquide est une véritable épreuve pour l'estomac et pour le cerveau. Mais nous sommes en Russie, et à la guerre comme à la guerre. Tant que les classes élevées de ce pays s'abandonneront à l'ivrognerie, autant qu'elles le font, il ne faut pas espérer voir les classes inférieures résister à ce fatal entraînement. J'ai dîné ce soir à table d'hôte. Ce mode de service est tout nouveau en

2.

Russie, où le dîner à la carte était seul connu et pratiqué jusqu'à présent.

Avant de se mettre à table, les convives s'approchent d'une sorte de buffet, sur lequel se trouve du caviar frais, merveilleux hors-d'œuvre, inconnu en Angleterre, puisqu'il y arrive toujours plus ou moins salé ; des sardines, des anchois complètent cet assortiment d'apéritifs. Après avoir fumé des cigarettes, et bu un petit verre de liqueur, les convives vont s'asseoir à table ; on mange avec le potage, en guise de pain, des petits pâtés de viande et de riz. En général, les soupes, surtout au poisson, sont excellentes ; pour soutenir la chaleur animale à une température voulue, dans cette glaciale contrée, il est nécessaire d'absorber une bonne dose d'azote.

J'avais pour voisin un militaire, un général du génie ; nous eûmes ensemble, tout en dînant, une longue conversation. « Vous autres Anglais, me dit-il, vous vous imaginez que nous convoitons l'Inde ! Mais ne savez-vous donc pas que d'ici peu les indigènes réclameront leur indépendance ? J'étudie minutieusement tout ce qui se passe dans l'Inde, je vous y suis pas à pas, et je vois que vous faites tout ce qu'il faut pour aider les Indiens à voler de leurs propres ailes. Vous instruisez le peuple, vous lui enseignez l'anglais, bientôt les indigènes pourront lire vos journaux ; déjà les hommes d'un certain rang savent aussi bien ce qui se passe dans votre pays que

vous le savez vous-même. Le jour approche, où
quelqu'un mettra le feu à la mèche ; alors que ferez-
vous ? L'Angleterre consomme son propre suicide ;
elle n'a d'autre pouvoir sur les Indiens que la puissance de la force, et l'on dirait qu'elle tient à les
mettre en état de secouer le joug ! — Croyez-vous
donc, répondis-je, que si nous étions voisins, comme
vos hommes politiques semblent le souhaiter, il n'y
aurait pas dans l'Inde plus d'agitateurs que maintenant ? »

Là-dessus, il resta absolument muet, et je suis
encore à attendre sa réponse..... Certains arguments
mis en avant par mon interlocuteur me semblaient très-
plausibles ; mais je ne pouvais accepter, par exemple,
son opinion sur l'imprudence qu'il y a à répandre
l'instruction parmi les indigènes ; bien sûr que plus
ils seront éclairés, mieux ils comprendront que leur
intérêt est beaucoup plutôt d'être gouvernés par l'Angleterre que par la Russie. Quant à savoir s'ils désirent se gouverner eux-mêmes, c'est une question
que je ne me charge pas de résoudre. Me trouvant
un jour à bord d'un paquebot de la Compagnie Pé-
ninsulaire Orientale, je rencontrai un chef hindou
avec qui je liai conversation ; il était allé en Angleterre, où il avait reçu le meilleur accueil. « Les Anglais sont-ils aimés dans l'Inde ? lui dis-je un jour.

—Vous êtes un grand peuple, répondit-il, vous
avez le respect de la liberté, la passion de l'indépen-

dance. Eh bien ! n'aimeriez-vous pas être les maîtres chez vous ? »

Le lendemain de mon arrivée, j'allai à l'ambassade d'Angleterre ; tout le personnel était sorti, à l'exception de l'attaché militaire, que je ne pus voir, parce qu'il prenait une leçon. Je rencontrai dans la journée quelques amis auxquels je parlai du projet qui m'amenait, à Saint-Pétersbourg ; personne ne m'engagea à le mettre à exécution. « Aller à Khiva ! disait l'un, autant vaudrait entreprendre d'aller dans la lune. Non-seulement les Russes n'oseront pas vous arrêter franchement, mais ils s'en prendront à notre *Foreign Office* et l'amèneront à le faire en leur lieu et place. Les Russes, en vrais Orientaux d'ancienne date, défiants comme eux, s'imagineront que vous êtes envoyé à Khiva pour exciter contre eux la haine des Khiviens. Rien ne saurait leur persuader qu'un officier anglais peut entreprendre un tel voyage à ses risques et périls, et simplement pour l'amour de l'art. »

« Écoutez ce que je vais vous raconter, me dit un autre de mes amis. Dernièrement, un officier qui se disposait à partir pour le Turkestan eut l'idée d'emmener avec lui un domestique anglais ; c'était un homme qui, je crois, avait servi comme simple soldat dans les gardes anglais. Un général russe, ayant eu vent de la chose, le fit venir, et lui adressa cette question :

« — Écrivez-vous dans le *Times ?* » Le domestique, présumant qu'il importait fort à ses intérêts de répondre affirmativement, lui dit : « Je n'y ai pas « encore écrit, général, mais j'espère m'y mettre « bientôt. »

« — Eh bien ! n'oubliez pas ceci, reprit le général « d'un ton ferme et résolu, s'il me revient aux oreil- « les que vous ayez adressé une ligne, une seule li- « gne en Angleterre, sur ce que vous avez vu chez « nous, je vous fais pendre sur l'heure. »

L'Anglais, tout interloqué, ne savait plus quelle contenance tenir. Il savait soigner un cheval, et son ambition ne portait sans doute pas plus haut, mais se voir menacé de mort s'il écrivait à sa famille n'était pas gai ! Il consulta les uns et les autres, et, dans le nombre, quelques autorités de Saint-Pétersbourg. Il finit cependant par partir avec l'officier russe; mais à peine arrivé à Kasan, celui-ci reçut l'ordre de renvoyer son domestique par le chemin où il était venu. »

Les soldats russes sont peu scrupuleux, paraît-il, dans l'Asie centrale, et le général Kauffmann se met en garde, autant que possible, contre toute révélation qui viendrait de ce côté trahir la vérité. D'après les comptes rendus de témoins oculaires, il semble que la défiance du général Kauffmann n'est pas tout à fait déraisonnable.

Dans l'après-midi, j'allai faire une visite à

M. Schuyler, secrétaire de la légation des États-Unis à Saint-Pétersbourg; il est, je crois, le premier diplomate qui ait reçu des Russes l'autorisation de visiter leurs possessions orientales; observateur très-fin, très-profond, il possède en outre la langue russe comme un vrai Moscovite.

Je le trouvai occupé à classer des notes de voyage; il me donna une foule de renseignements utiles sur ce que j'avais à faire pour essayer de pénétrer jusqu'à Khiva.

En arrivant à Saint-Pétersbourg, il s'était mis tout de suite à apprendre le russe, pensant, non sans raison, que le diplomate incapable de converser ou de lire un journal dans la langue du pays où il est accrédité s'y trouve comme le poisson hors de l'eau, et touche indûment l'argent qu'il perçoit. M. de Bismarck, lorsqu'il vint à Saint-Pétersbourg comme ambassadeur, étudia également le russe, et même l'apprit à fond. Malgré de tels précédents et des exemples si convaincants, je n'en reste pas moins persuadé que l'idiome russe ne fera pas de sitôt partie du programme de nos examens, et que force sera pendant longtemps encore d'expédier les affaires par l'intermédiaire des interprètes.

Je me présentai un peu plus tard, dans la journée, chez le frère du comte Schouvaloff, afin de lui remettre personnellement la missive dont le comte m'avait aimablement chargé pour lui; mais il était absent, en sorte que cette lettre de recommandation resta à l'état de lettre morte.

En arrivant à l'hôtel, je constatai avec ennui qu'il n'était encore rien arrivé à mon adresse ; je ne m'expliquais pas le retard que le général Milutin mettait à me répondre, je m'en inquiétais d'autant plus que je me rappelai alors, mais trop tard, que je n'avais point glissé de gratification dans la main de l'huissier que j'avais chargé de mon placet. Omission impardonnable, car je devais me souvenir qu'un Anglais, longtemps en mission à Saint-Pétersbourg, m'avait averti que l'art de semer l'or à propos, en Russie, est une condition essentielle au succès de tout ce qu'on entreprend. Depuis les huissiers, jusqu'aux maîtresses des officiers, tous et toutes ont leur tarif. « N'oubliez pas, me répéta plus d'une fois mon ami, qu'en Russie la clef d'or, sous forme de roubles, ouvre toutes les portes comme par enchantement. »

Sans partager complétement l'opinion de mon compatriote sur la cupidité russe en général, et des huissiers russes en particulier, je me décidai à écrire de nouveau au général Milutin. Il me sembla, une fois ma lettre partie, que ma conscience était allégée d'un poids immense, et que la réponse du général allait enfin arriver ! En attendant, toujours déterminé par l'idée de visiter Khiva, je continuai à me renseigner de tous les côtés sur la route que j'aurais à suivre.

# CHAPITRE III

M. Schuyler me conseilla de me rendre à
Khiva par Astrakan, la mer Caspienne, Krasnovodsk,
d'enfourcher là un cheval, et de franchir les steppes
jusqu'à Khiva. Ç'eût été indubitablement l'itinéraire
le plus simple à suivre, mais j'appris dans la journée par un journal que l'accumulation des glaces in-
terrompait la navigation de la mer Caspienne, et
que de plus le Volga était gelé ! Je cherchai aussi à
sonder quelques officiers russes dont j'avais acci-
dentellement fait la connaissance, mais ils ne purent
me donner aucune information précise ; ils suppo-
saient seulement qu'il existait un bureau de poste à
Khiva, et que les Tartares y apportent les lettres à

cheval, sans pouvoir me dire si ces Tartares venaient
d'Orenbourg ou de Tashkend. Je pris donc le parti,
si le général Milutin m'envoyait une réponse affir-
mative, d'aller à Orenbourg, et là, de me renseigner à nouveau sur ce qu'il me restait à faire. Si, au
contraire, je recevais une réponse négative, j'étais
résolu à aller droit en Perse, y gagner la frontière
russe, la longer, et me rendre enfin dans l'Inde par
Merve et Bokhara. Ce tracé offre un grand intérêt,
mais que de difficultés pour arriver à reconnaître
toujours la ligne de démarcation du territoire russe!
Car, comme je l'ai dit en commençant, la dernière
carte russe dressée par l'état-major à la date de 1875
offre sur certains points des lacunes qui prouvent
que le géographe lui-même s'est trouvé dans l'impossibilité d'indiquer exactement les frontières
que la Russie reconnaît aujourd'hui dans ces régions.

En même temps, les bruits les plus contradictoires
circulaient sur le compte du général Kauffmann. Les
uns prétendaient qu'il avait bel et bien donné sa
démission; les autres, qu'il avait reçu une épée d'honneur, et que l'un de ses officiers avait obtenu la même
récompense. La seule chose qui paraissait vraie, c'é-
tait que le général était parti de Tashkend, et se
rendait à Saint-Pétersbourg. Fallait-il voir dans ce
départ la conséquence des troubles du Kokand? ou
bien venait-il prendre les ordres du général Milu-

3

tin avant de gagner encore quelques marches du
côté de Kashgar?

Il n'existe pas de pays où les commérages foison-
nent comme en Russie : la presse est bâillonnée par
une censure rigoureuse, absolue ; mais la pensée,
séquestrée sous cette forme, prend sa revanche d'un
autre côté. Tout cancan sort dru de son germe, s'é-
lançant à tire-d'aile dans toutes les directions ; chacun se charge de renchérir sur l'anecdote que lui a
racontée son voisin, s'inspirant du système d'amplifi-
cation dont la fable de la Fontaine *les Femmes et
le Secret* est restée le modèle.

Ma seconde lettre au général Milutin ne tarda pas
à produire le résultat désiré ; quoique j'eusse très-
distinctement indiqué mon adresse à l'hôtel Demout,
ce fut à l'ambassade d'Angleterre que le général
m'envoya sa réponse. Il m'informait enfin qu'un ordre
avait été expédié aux autorités de la Russie d'Asie,
pour m'accorder aide et protection sur les circonscriptions afférentes à leurs commandements, mais il
ajoutait que son gouvernement se trouvait dans l'impossibilité d'acquiescer à mon désir de voyager au
delà des frontières russes, parce que, plus loin, les
autorités russes ne pourraient répondre de ma sécurité. Cette conclusion m'étonna, la chose allant de
soi. Comment, en effet, le gouvernement serait-il
responsable de la vie d'un voyageur par delà les
frontières russes ? Le gouvernement de la reine

Victoria l'est-il du sort de celui qui passe par Natal pour aller dans l'Afrique centrale? Merve et Herat n'appartiennent pas plus à l'empire russe que le centre de l'Afrique à la Grande-Bretagne! Alors, pourquoi parler d'un mandat que rien ne vous impose? Il y avait deux conséquences à tirer de cette lettre : soit un excès de vigilance de la part du général à mon endroit, soit la crainte que mon voyage dans l'Asie centrale fût contraire aux intérêts politiques et militaires de son gouvernement. Le moyen employé par le général pour me détourner de mon entreprise me surprit, je l'avoue. Les officiers russes sont-ils donc si différents des officiers anglais que la simple perspective d'un léger risque à courir soit une raison suffisante pour les faire renoncer à leurs projets de voyage? Il était une question que j'eusse été désireux de poser au général, à condition toutefois qu'il eût bien voulu s'engager à y répondre, non pas officiellement, mais avec la franchise militaire : Eût-il consenti, lui, capitaine, à revenir à Saint-Pétersbourg par la seule raison qu'un gouvernement étranger lui aurait refusé sa protection au delà des frontières qu'il reconnaît comme siennes? Non certes, cette considération ne l'eût pas empêché d'aller de l'avant, et j'ai une trop bonne opinion des officiers russes pour croire qu'un tel argument ait jamais eu raison de leurs projets de voyage.

Cependant cette fameuse lettre, du noir sur du

blanc, était là devant moi; il ne me restait qu'à remercier le général de l'autorisation qui m'était
accordée de voyager dans l'Asie centrale; j'ajoutai
en post-scriptum que je reviendrais probablement
par Tashkend et Téhéran. Mon idée était d'aller de
Khiva à Merve, de Merve à Meshed (territoire
persan), ensuite à Shikarpoor par Herat et la passe
de Bolan, puis de revenir en Europe par le Cachemire, le Khasgar et Tashkend, ou par Caboul,
Bokhara et Kasala.

Mes derniers préparatifs étant vite achevés, je
réexpédiai en Angleterre le superflu de ma garde-
robe, et je fis l'acquisition d'une paire de grandes
bottes en toile, dites Valenki, vrais remparts contre
le froid. Le lendemain je quittai l'hôtel, à huit
heures du matin; en quelques minutes, j'arrivai à
la gare du chemin de fer; et j'y trouvai des employés d'une ignorance inouïe, car je ne pus tirer
d'eux aucun renseignement sur la longueur du
parcours de la ligne ferrée dans la direction d'Orenbourg.

« Va-t-elle jusqu'à Samara ?

— Non.

— Jusqu'à quelle destination puis-je faire en-
registrer mes bagages ? » Pas de réponse. Je pris, de
guerre lasse, mon billet pour Penza, station de cette
ligne, et je m'occupai ensuite de l'enregistrement
de mes colis. La boîte qui contenait mes car-

touches attira l'attention d'un employé qui se tenait auprès des balances.

« Qu'est-ce que cela? dit-il en regardant la caisse avec défiance; c'est très-lourd. »

Observation juste, car pesantes étaient les cartouches, et j'en avais quatre cents que j'emportais avec moi, mais ces munitions de guerre me causèrent souvent autant d'ennui à moi-même, que de fatigue à mes chameaux.

« Ce sont, répondis-je, de petits tubes remplis de poudre.

— Oh! des instruments qui contiennent du plomb, dit-il.

— Oui, repris-je, ce sont des instruments très-utiles, faites-y attention, je vous prie. » Sur quoi, l'employé me délivra mon bulletin d'enregistrement.

L'installation des chemins de fer entre Saint-Pétersbourg et Moscou est peut-être encore supérieure à celle des lignes qui vont de la capitale à la frontière allemande. On y trouve des compartiments-lits excellents, qui peuvent rivaliser pour le confort avec les paquebots de la Compagnie Cunard. Je me blottis dans une place d'encoignure; mais, à peine assis, je fus aussitôt dérangé par deux dames vêtues de noir, qui montèrent dans notre wagon, pour solliciter, la bourse à la main, notre générosité en faveur des blessés de l'Herzégovine. « J'espère que cet argent ne profitera pas moins aux soldats valides qu'aux malades, dit un voyageur; pauvres diables, c'est surtout d'armes qu'ils manquent !

— Je donnerais tout ce que je possède pour voir l'écrasement des Turcs, » dit un autre voyageur, en tirant de sa poche un porte-monnaie bien replet, où il puisa l'or sans compter. Tout le monde suivit cet exemple de générosité. Ne voulant pas me faire remarquer, je mis à mon tour ma modeste obole dans la bourse qu'on me tendait.

« Merci, frère, me dit mon vis-à-vis, ce secours entretiendra la blessure ouverte; plus tôt les Turcs seront vaincus, mieux cela vaudra; à quoi bon avoir une flotte dans la mer Noire, si l'entrée des Dardanelles nous est interdite? Plus la lutte se prolongera dans l'Herzégovine, plus nous aurons de chance d'entrer à Constantinople.

— Mais de quel œil, dis-je, les Anglais verront-ils ces événements ?

— Oh ! l'Angleterre ne signifie plus rien aujourd'hui ; l'esprit de mercantilisme l'a rendue si indifférente à tout, qu'on peut lui donner bien des coups de pied avant qu'elle se décide à ruer. Comment son gouvernement a-t-il laissé sans mot dire le prince Gortschakoff dénoncer le traité de la mer Noire?

— Il avait bien choisi son moment, dit un des voyageurs, c'était après Sedan.

— Avant ou après Sedan, qu'importe ! l'Angleterre

est comme un taureau trop gras, elle ne sait plus se
servir de ses cornes.

— Mais sa flotte? demandai-je.

— Que peut-elle en faire? Bloquer la Baltique?
la gelée se charge de cette besogne pendant six
mois de l'année ; empêcher l'importation des
céréales de nos provinces méridionales en Angleterre? mais cela fera tout simplement hausser le
prix du pain à Londres, et puis après? Il est sûr
que l'Angleterre ne s'avisera plus d'envoyer des
troupes en Crimée.

— Puisse-t-elle en envoyer au contraire, dit un
autre voyageur, maintenant que le chemin de fer de
Sébastopol est en exploitation ! « Je fis observer à mon
interlocuteur que l'Angleterre ne pouvait faire la
guerre sans alliés, mais que si l'Autriche et l'Allemagne se joignaient à elle.... Là-dessus un des
Russes qui voyageaient avec nous m'interrompit en
s'écriant :

« Ah ! ces porcs d'Allemands, nous nous battrons
avec eux quelque jour! Lorsque le Tsarevitch sera
sur le trône, nous leur donnerons, s'il plaît à Dieu,
une bonne raclée, nous chasserons toute cette grossière engeance de la Russie, où ils s'engraissent
depuis trop longtemps à nos dépens.

— Supposez au contraire qu'ils soient vainqueurs?

— Eh bien! que peuvent-ils faire? s'arrêter en
Russie leur est impossible, même s'ils étaient ca-

pables de nous attaquer. Nous jouerions le vieux jeu, nous reculerions. La Russie est grande, et il y a bien du terrain derrière nous.

— L'Allemagne peut s'emparer des Provinces Baltiques ?

— S'en emparer ! mais j'aime à croire que Gortschakoff les donnera plutôt à Bismarck, à la condition que l'Allemagne ne compromettra pas les espérances que les Russes ont fondées sur la dépossession de la Turquie.

— Autant pactiser avec le démon qu'avec Bismarck ; il prendra tout, ne donnera rien. Nous n'avons pires ennemis que les Prussiens, si ce n'est toutefois les Autrichiens ; mais ceux-là, ils ne sont pas redoutables pour le moment ; les Tchèques et les Hongrois leur donnent trop de tablature ; d'ailleurs, nous les battrons tôt ou tard.

— Quelle serait en Russie la plus populaire de ces deux guerres ?

— La guerre avec l'Autriche, assurément, parce que nous savons qu'il ne nous serait pas difficile d'aller à Vienne ; mais nous ne sommes pas prêts pour une guerre avec l'Allemagne. Notre armée n'est pas en état de se mesurer avec celle de de Moltke ; il nous faut pour cela choisir notre temps, puis l'Empereur aime trop son oncle ; mais quand le Tsarevitch aura pris les rênes de l'empire, la guerre avec l'Allemagne est chose sûre. En ce moment, du reste,

Bismarck ne tient pas à rentrer en campagne ; il aimerait bien mieux voir la Russie aux prises avec l'Angleterre, l'Autriche et la Turquie ! Le vieux renard suivrait de loin le conflit, sauf à escompter sournoisement le quantum des avantages qu'il en pourrait retirer. Si nous étions vainqueurs en Autriche, je suppose, le chancelier réclamerait la Hollande et Vienne, comme part du butin et récompense de ses manœuvres, et si nous étions battus, il s'emparerait des Provinces Baltiques.

— Mais vous êtes peut-être Allemand ? me dit un des voyageurs.

— Non pas, répondis-je vivement, je suis Anglais, et je vous remercie de cet intéréssant entretien. »

Nous sommes le lendemain à Moscou. Comme l'arrivée des trains ne coïncide pas avec le départ de ceux pour Penza, je profite de ce temps d'arrêt pour prendre un traîneau et faire une visite au consul anglais, M. Leslie, dont j'avais fait la connaissance à l'un de mes précédents voyages à Moscou. Son poste est purement honorifique, mais il n'existe peut-être pas en Europe de consulat où l'hospitalité soit pratiquée envers les Anglais avec autant de libéralité.

Moscou, avec ses rues interminables, ses coupoles d'azur doré, son fantastique Kremlin, ses trois cents églises, leurs clochers et leurs clochetons,

3.

avec ses édifices polychromes, a été si souvent peint
et dépeint, que je renonce à le décrire à mon tour.
En réalité, je n'eus que le temps de serrer la main à
mes amis du consulat, de boire à la hâte une tasse
de thé au Traktir de Moscou, de saisir au vol une
mélodie aimée, jouée sur le vieil orgue de ce
restaurant fameux, puis enfin de regagner au plus vite
la station du chemin de fer. Le traîneau que j'avais
à mes ordres marchait comme si le diable l'eût emporté. Le cocher, à moitié ivre, criait à tue-tête :
*Bereges! bereges!* (gare! gare!) toutes les fois qu'il
allait accrocher un autre traineau conduit par un
cocher encore plus ivre que lui, collision qui ne
manquait pas de produire un échange d'injures par-
ticulières à cette classe de gens dans tous les pays du
monde.

# CHAPITRE IV

Fraude au détriment des compagnies. — L'ancien esprit de servage. — Des tendances socialistes et nihilistes. — L'empereur Alexandre et l'influence religieuse en Russie. — Le clergé plus puissant que le Tsar. — Les salles d'attente. — La superstition et la saleté.

Me voilà donc installé en wagon ; je reste seul dans mon compartiment jusqu'au moment où monte avec moi un employé chargé de l'inspection de la ligne de Moscou à Riazan. Son voyage a pour objet de reconnaître si les trains ne sont pas soumis dans certaines stations à des retards peu justifiés, l'administration ayant été depuis quelque temps saisie de plaintes relatives à l'irrégularité du service. On prétendait que c'était la faute des chefs de gare ; que leur défaut d'exactitude dans l'accomplissement de leurs devoirs était la cause principale des retards dont on se plaignait. Là-dessus l'inspecteur était parti, mais le télégraphe marchait encore plus vite que lui et rendait le résultat de sa mission à peu près illusoire.

« Tous les employés s'entendent comme larrons en

foire, me disait mon compagnon de voyage; à peine
suis-je aperçu sur le quai, que déjà tous les chefs de
gare de la ligne sont prévenus de mon arrivée! »

Certaines fraudes donnèrent aussi lieu autrefois
à de nombreuses plaintes, alors que les chefs de
train, au mépris des lois les plus élémentaires de la
probité, se livraient à des spéculations fantastiques
sur le tarif des billets de chemin de fer.

« Quelle classe? demandait le chef de train au
voyageur.

— Première.

— Eh bien! prenez ce billet de troisième classe,
donnez-moi quelques roubles, et je vous laisserai
monter en première. »

Mais cet escamotage, bientôt découvert et puni,
n'eut pas longtemps de fâcheuses conséquences sur
les recettes; néanmoins les chemins de fer russes ne
sont pas encore pour les actionnaires un placement
très-productif.

Je compris d'après ce que me dit mon compagnon
que j'aurais dû prendre mon billet pour Sizeran,
point extrême de la ligne dans la direction d'Orenbourg. Mais il était trop tard pour payer la différence; force me fut donc d'attendre jusqu'à Penza
pour reprendre un autre billet et faire de nouveau inscrire mes bagages.

La nuit venue, l'atmosphère fraîchit considérablement, un froid tout à fait arctique nous péné-

trait malgré toutes nos fourrures. A Riazan, nous changeâmes de train et il fallut y rester une heure. Un Russe, homme de haute naissance, à coup sûr, s'aperçut que le poêle du wagon était à peine tiède ; là-dessus sa colère éclata en injures d'une violence extrême sur la tête du vieil employé coupable de cette négligence ; le pauvre homme, plus mort que vif, pleurait et criait comme un vieux chien sous les coups de fouet !

On a aboli le servage plus vite que l'esprit du servage, et quoiqu'il y ait longtemps que les serfs soient émancipés, ils ne s'affranchissent pas pour cela des idées de soumission et de respect dans lesquelles ils ont été élevés. Il est bien heureux du reste qu'il en soit ainsi ; car fatal pour la Russie sera le jour où les tendances socialistes et nihilistes qu'on constate déjà dans les villes se répandront dans les campagnes.

Il n'y a dans le cœur du paysan russe qu'un seul sentiment plus fort que son amour pour l'Empereur. Cette affection pour *leur père*, comme ils l'appellent, est, du reste, bien fondée ; car l'empereur Alexandre, en abolissant volontairement le servage dans ses États, s'est exposé à un danger immense. Cette résolution exigeait un très-grand courage personnel ; peu d'empereurs, en effet, eussent osé braver le mécontentement des riches pour rendre aux pauvres justice et liberté !

La seule influence, dis-je, capable de contre-
balancer dans l'esprit du peuple son affection pour
le Tsar est l'influence religieuse. Il n'existe peut-
être pas de pays dans le monde où celle-ci soit
aussi puissante ; la religion doublée de superstition
acquiert un degré de force devant laquelle l'empereur Nicolas lui-même devait baisser pavillon ; l'autorité religieuse domine certainement l'autorité
politique. Jusqu'ici, heureusement, les deux pou-
voirs marchent de conserve, car la moindre fissure
entre eux compromettrait sérieusement la solidité
de l'édifice.

Dans la salle d'attente, les domestiques faisaient
circuler vivement du thé brûlant réclamé à cor et à
cris par les voyageurs.

La quantité de thé que peut contenir l'estomac
d'un Russe est quelque chose de prodigieux pour
tout étranger, voire même pour un Anglais ! Les blan-
chisseuses anglaises, qui jouissent sous ce rapport
d'une réputation méritée, ne sauraient à coup sûr
soutenir la comparaison.

Un grand samovar[1] placé sur le buffet, sifflait en
lançant sa vapeur fumante ; ce n'est pas au moyen
d'une lampe à esprit-de-vin qu'on y maintient l'eau
à l'état d'ébullition, mais en plaçant des charbons
ardents dans un gros tube. L'économie était, je

[1] Théière de cuivre.

pense, à l'ordre du jour en Russie à ce moment, car je remarquai que chacun vidait plusieurs tasses de boisson brûlante, en tenant le même morceau de sucre entre les dents.

Je profitai de mon temps d'arrêt à Riajsk, pour examiner l'intérieur des autres salles d'attente et y faire, comme on dit, des études de mœurs.

Rien n'était plus curieux que ce mélange de différents types de nationalités, grouillant pêle-mêle comme du bétail. Là, un marchand tartare, coiffé d'un petit fez jaune, vêtu d'une longue robe rayée, chaussé d'immenses bottes, dort dans un coin, soutenant dans ses bras une femme sur le visage de laquelle un voile épais est rabattu ; à côté d'eux, un bambin en haillons s'amuse sans façon avec le bonnet de fourrure de son père. Plus loin, un homme dont le nez busqué dénonce la race israélite, ronfle comme un orgue, tout en serrant de temps à autre convulsivement contre son cœur un petit sac de cuir, source évidente pour lui d'anxiété et de préoccupation que le sommeil lui-même ne saurait interrompre !

Au milieu de ce campement, les types des paysans n'excitent pas moins ma curiosité. Debout, couchés, appuyés, ils offrent à mes regards les attitudes les plus diverses, leur costume collant en cuir non tanné, avec la petite ceinture de cuir plaquée d'argent et étroitement serrée, met singulièrement en

relief la perfection de leurs formes et la finesse de
leur taille de guêpe. Ils chantent à mi-voix en
chœur une sorte de mélopée qui me remet involontairement en mémoire les Psaumes de David. Un
vieux Bohkarien, vêtu d'un cafetan asiatique, type
remarquable, frappe surtout mon attention ; il
est assis près du poêle dans cette pose orientale que
les tailleurs de l'Occident se sont appropriée. Sous la
magie fantastique de l'opium, il semble goûter par
anticipation les joies et les ivresses du paradis de
Mahomet. Un jeune homme qui ressemble beaucoup au vieux Bokharien, et que nous prenons pour
son fils, fait bande à part. Un sentiment facile à
comprendre le tient sans doute éloigné du groupe
de paysans russes que je viens de décrire ; car s'ils
étaient moins avares d'ablutions, ils seraient à coup
sûr plus heureux eux-mêmes, et leurs compagnons
de voyage aussi !

La superstition et la malpropreté sont sœurs
jumelles en Russie ; j'ai souvent remarqué que plus
un paysan russe tient aux signes extérieurs du culte,
moins il a le goût de l'eau et du savon.

A Penza, j'eus à peine le temps de prendre mon
billet pour Sizeran, point extrême de la ligne ferrée.
Je montai dans un wagon-salon dont tous les sièges
étaient encombrés de paquets, sacs de nuit et couvertures de voyage. Les employés du chemin de fer,
pour éviter d'ajouter un wagon de plus au train,

avaient jeté là tout ce menu bagage pendant que les voyageurs des autres wagons étaient dans la salle d'attente. On comprend la difficulté de reconnaître le mien du tien au milieu de cet amoncellement. On y parvint cependant à la lueur vacillante d'une chandelle, chacun tiraillant à grand'peine du fond de ce dédale son propre bien.

Je vis d'après ce que me dit mon compagnon de route, homme robuste et dans la force de l'âge, que la route la plus directe pour me rendre à Orenbourg était de me diriger sur Samara; il y allait lui-même et m'offrit de louer avec lui, à frais communs, un troïka, grand traîneau à trois chevaux; j'acceptai sa proposition.

Nous arrivâmes à Sizeran, où mon compagnon était à coup sûr très-connu, car les employés du chemin de fer, après l'avoir salué respectueusement, s'empressèrent de porter nos bagages dans la salle d'attente. Nous fîmes au buffet une longue station; ce que nous y prîmes valait tout ce qu'on pouvait trouver ailleurs; cela nous surprit d'autant plus qu'il y avait soixante heures que nous marchions dans la direction de l'Asie, c'est-à-dire en sens inverse de la civilisation. En réalité, le déjeuner qu'on nous servit n'aurait pas été désavoué par le chef d'un restaurant français.

Nous arrêtâmes alors le plan de notre voyage. Mon compagnon trouva à louer dans le voisinage un

traîneau à trois chevaux pour nous conduire, et cela
sans relais, jusqu'à Samara, distance d'environ
quatre-vingt-cinq milles ou cent trente-cinq kilomètres de Sizeran.

# CHAPITRE V

« Vous ne vous êtes pas mis suffisamment en garde contre le froid, me dit mon compagnon, lorsque je me présentai devant lui. Nous sommes à 20 degrés Réaumur au-dessous de zéro, et il fait du vent. Ceux qui n'ont pas l'expérience d'un hiver en Russie ne comprennent pas ce que la plus légère brise ajoute aux rigueurs de la température. Quand le thermomètre est très-bas, la puissance du vent est immense; l'air vif, piquant, vous transperce de part en part malgré les fourrures et le reste. » Bien décidé que j'étais à me défendre de mon mieux contre les intempéries, je m'affublai d'un costume composé de vêtements superposés, à travers lesquels l'air, m'imaginais-je, ne pourrait se glisser.

Trois paires de bas des plus épais et montant jusqu'au-dessus du genou, une paire de souliers découverts doublés de fourrure, des galoches de cuir, une paire d'énormes bottes montant jusqu'aux hanches, et enfin, pour finir par où j'aurais dû commencer, cet épais pantalon de drap que mon tailleur m'avait garanti comme une défense à l'épreuve du froid le plus rigoureux ; je riais de bon cœur des proportions gigantesques que mes jambes avaient acquises.

Je puis me moquer du vent maintenant, me disais-je en moi-même ; en réalité, celui qui dut se moquer de l'autre, ce fut Éole, et non pas moi !

Mais je clos la digression et je reprends la description de mon calfeutrage : une épaisse chemise de flanelle, une seconde chemise, un gilet ouaté, un vêtement chaudement doublé, une immense pelisse, un bonnet de fourrure et enfin un passe-montagne, sorte de capuchon pointu avec des pattes qu'on attache sous le menton.

Ainsi armé de pied en cap contre le froid, j'allai retrouver mon compagnon de voyage, qui avait, lui aussi, subi une véritable métamorphose. On eût dit un colosse de Rhodes en paletot d'hiver !

Quel succès de fou rire n'aurions-nous pas obtenu dans Piccadilly, ainsi fagotés ! « A la bonne heure, me dit mon compagnon, en me toisant de la tête aux pieds, voilà, cette fois-ci, un vrai costume hyberboréen ! Néanmoins, je crains encore que vous ne souffriez du froid ; j'ai l'expérience des traîneaux, et je sais qu'il faut au moins un ou deux jours pour s'aguerrir. Quoique je ne doive pas aller plus loin

que Samara, je serai bien aise lorsque je serai libéré
de ce moyen de transport. »

Mon compagnon passa alors la bandoulière de
son fusil sur son épaule; ayant entendu dire combien
les loups sont nombreux dans le pays, je voulus
suivre son exemple, mais la chose me fut tout à fait
impossible, l'ouvrier qui avait fourni ma bandoulière n'ayant pas prévu les dimensions phénomé-
nales que me donnerait mon nouvel accoutrement.
Dans l'impossibilité de mettre mon fusil sur mon
épaule, je l'attachai au sac qui contenait ma selle.
Notre voyage devait durer trente-six heures, à
travers un pays dépourvu de toute ressource alimentaire; j'emportai donc, pour ma part, quelques
côtelettes dans des boîtes de fer-blanc; mon compagnon se chargea du beurre et du thé, choses de
première nécessité pour tout Moscovite. Mais
bientôt notre embarras fut grand à l'endroit de nos
bagages; réduits à leur plus simple expression, ils
excédaient encore l'espace dont nous pouvions disposer. En effet, après avoir entassé valise, fusil,
selle, sac, boîte à cartouches, et recouvert le tout de
paille, il manquait entre ce siége improvisé pour
moi et la capote du traîneau la place nécessaire
pour ma tête. J'étais littéralement plié en deux, le
nez sur les genoux. Enfin, après avoir tenu conseil
sur ce point, nous nous décidâmes à louer un second
véhicule. « Quel vent, disait mon ami, quel vent!

nous frissonnons même dans nos fourrures. » Le
nouveau traîneau était infiniment préférable au
premier, par la seule et bonne raison qu'il était un
peu plus grand ; l'autre, véritable cercueil à roulettes,
soumettait à la torture les personnes dont les jambes
sont d'une longueur peu ordinaire.

Maintenant reste à décrire le mode d'attelage de
cette voiture. Elle est, comme je l'ai indiqué plus
haut, traînée par trois chevaux, sur le dos desquels
la neige jetait, ce jour-là, une couverture de cygne
plus blanche que chaude. Le cheval placé entre les
brancards a la tête passée dans un grand collier de
bois peint et surmonté d'une petite clochette ; les
deux autres sont attelés avec des traits extérieurs
fixés aux côtés du traîneau. Ce système de harnachement a pour objet de laisser le timonier marcher
devant lui d'un bon pas et d'accorder aux deux autres
toute liberté de trotter, de galoper en se jetant de
droite et de gauche avec une allure indépendante et
échevelée.

Le rôle du juste milieu est donc là, comme
ailleurs, d'une utilité première. Oui, le troïka ainsi
attelé, passant grand train, c'est-à-dire faisant seize
kilomètres à l'heure, a quelque chose de très-
original et d'élégant, surtout si les chevaux sont
assez bien dressés pour que ceux des côtés et celui
du centre soutiennent et conservent l'indépendance
de leurs allures respectives.

Le grelot suspendu au collier de notre cheval tinte gaiement à chacun de ses bonds ; le soleil se lève radieux, la matinée est splendide malgré la vivacité du froid. La quantité d'oxygène que nous absorbons aurait eu raison de l'anémie la plus invétérée. Tout à coup nous nous sentons entraînés sur le penchant d'un terrain incliné, notre cocher tourne court ; le sol assurément devait être fortement ondulé, car chaque cahot nous faisait sauter dans notre traîneau comme des pois sur un tambour ; enfin la vue des mâts des nombreuses barques que le froid retenait captives dans ces glaces de fer nous apprit que nous étions sur le Volga.

La perspective de ce grand chemin glacé présente un spectacle plein de couleur locale, alors que les paysans sur leurs patins de bois escortent les traîneaux chargés de coton ou des marchandises qu'ils conduisent d'Orenbourg au chemin de fer. Parfois un léger troïka lancé à fond de train semble se précipiter sur nous ; le cocher avertit le nôtre de se ranger ; mais celui-ci, sans céder à l'injonction, met tout en œuvre, fouet, invectives et adresse, pour marcher de front avec son concurrent.

Toute condition particulière d'âge disparaît sous ce ciel inclémnet ; jeunes et vieux, l'haleine congelée par les frimas, tous ont une barbe d'octogénaire. On prétend que le fleuve est gelé seulement depuis peu, que récemment encore des bateaux chargés des

blés de la Russie méridionale naviguaient entre
Sizeran et Samara. Le blé se vend ici quarante kopecks la mesure de vingt kilogrammes, tandis qu'à
Samara la même quantité coûte seulement dix-
huit kopecks. On projette la construction d'un pont
suspendu un peu plus bas sur le Volga ; on espère
avoir un chemin de fer dans ces parages ; on croit
qu'avant deux ans il sera terminé entre Samara et
Saint-Pétersbourg, et même qu'on le prolongera
jusqu'à Orenbourg.

Le coup d'œil devient de plus en plus pittoresque
à mesure que nous filons sur cette nappe glacée qui
brille comme une cuirasse d'acier aux rayons du
soleil levant. Ici, par une suite de phénomènes que
je ne me charge pas d'expliquer, une masse d'eau,
paralysée sans doute dans sa course écumante et
tumultueuse, projette un bastion ; là des piliers, des
blocs, des flèches, des contre-forts fantastiques et
hardis; plus loin, une fontaine aux colonnes doriques
et ioniennes reflète les fleurs prismatiques des
stalactites de diamant suspendus à son sommet.
Un obélisque, que, s'il était de pierre, on pourrait
croire venu de Thèbes, se cache derrière des colon-
nettes revêtues d'une pâle couche de neige ; puis là-
bas, un temple romain, une salle du palais des
Césars précédée d'une sorte de vestibule porté sur
quatre colonnes élancées.

Le vent a produit dans ces latitudes glacées les

mêmes bouleversements géologiques que dans le
désert de Berber. En continuant à avancer, on trouve
quelques cabanes de pêcheurs; le commerce du
poisson est très-considérable dans ces parages. Le
sterlet du Volga est un morceau des plus recherchés
en Russie; j'en ai souvent mangé, mais sans jamais partager l'enthousiasme qu'il excite généralement. Les
arêtes de ce poisson sont gélatineuses, ce qui les rend
faciles à mâcher. Le sterlet tient à la fois du bar-
billon et de la perche, et a surtout le goût de vase
du premier; c'est un poisson presque inconnu en
dehors de la Russie, où il coûte des prix fabuleux.
Pour le servir dans les conditions voulues, il faut
qu'il ne fasse qu'un saut de l'eau sur le feu. Un
beau sterlet vaut environ trente à quarante roubles,
quelquefois davantage. Le Volga et Saint-Pétersbourg ne sont pas voisins comme on sait, mais il existe
dans presque tous les restaurants de Saint-Pétersbourg
de petits réservoirs destinés à conserver les sterlets;
c'est là que les amateurs vont les choisir eux-mêmes,
achat que le propriétaire facilite, du reste, à son
client, en retirant les sterlets de l'eau à l'aide d'un
filet.

Les Cosaques de l'Oural ont une manière de
pêcher l'esturgeon, me dit mon camarade, que je ne
crois pratiquée nulle autre part en Europe. A une
certaine époque de l'hiver, une escouade de cavaliers
se réunit sur le bord de l'eau; là ils descendent de

4

cheval et font une large tranchée à travers le fleuve;
ils y placent ensuite des filets de façon à le barrer
entièrement; après quoi ils remontent à cheval et
longent au galop les rives du fleuve sur huit ou
dix kilomètres. Cette charge à fond de train a pour
objet d'effrayer le poisson et de le faire fuir dans la
direction des filets qui interceptent son passage. La
quantité d'esturgeons est telle que leur poids suffit
quelquefois à rompre les filets; jugez du désappointement des pêcheurs lorsque tel est le résultat d'une
si rude journée de labeur !

En Angleterre, on estime peu l'esturgeon; on ne le
sert pas sur les tables recherchées; en Russie, c'est
tout le contraire. En effet, une tranche d'esturgeon
froid avec de la gelée et du beurre de raifort n'est
pas chose à dédaigner. Que de mets anglais ne
valent pas celui-là ! La partie la plus estimée de
l'esturgeon est le caviar, c'est-à-dire la laitance.
Lorsque ce poisson est encore presque vivant, les
Russes en enlèvent la laitance et s'en pourlèchent. Il
y a trois espèces de caviar : tout à fait frais, ou non
salé; moins frais, ou un peu salé, et enfin conservé,
c'est-à-dire très-salé; c'est celui-là que nous connaissons en Europe, où il arrive pressé en baril; on en use
pour faire des sandwiches et autres délicatesses de
ce genre. Inutile d'ajouter que cet apéritif est non
moins propre à développer la faim que la soif.

# CHAPITRE VI

Un trou dans la glace. — Deux alternatives. — Passé l'eau. —
Le saut périlleux. — Prix de la terre. — Notre première
halte. — Le vannage du blé. — Les idoles russes.

Notre cocher appuyant vigoureusement vers la
berge, notre traîneau changea tout à coup de direction; mais, la glace venant à se rompre sous le
poids, nous nous aperçûmes que l'un de nos chevaux se débattait dans l'eau. A cet endroit, cependant,
le fleuve n'ayant guère qu'environ quatre pieds de
profondeur, il y avait toute chance de repêcher l'a-
nimal. La question de savoir comment nous pourrions
atterrir pour notre propre compte nous préoccupait
bien davantage, je dois l'avouer; car notre traîneau,
étant séparé de la terre par une distance considérable, nous craignions qu'il ne fût impossible de la
franchir sans nous immerger.

« Diable ! dit mon compagnon de route, il faut
descendre, étudier le terrain et choisir ensuite le
meilleur endroit pour traverser en sûreté.

— Je vous ferai bien passer, moi! nous dit
notre moujik, dont la peau ressemblait à s'y mé-
prendre à du cuir de Russie.

— Donnez-vous-en bien de garde, lui dit mon compagnon en faisant la grosse voix, et attendez-nous ici. »

Nous allâmes donc reconnaître le terrain ; cette étude préliminaire nous fit découvrir un passage où il n'y avait pas plus de douze pieds entre les deux bords de la glace. Des pêcheurs nous offrirent leur assistance ; l'un d'eux nous tendit une longue perche pour nous aider à accomplir plus aisément notre saut périlleux. Mon compagnon me regarda avec un sourire mélancolique où la résolution de ne pas se laisser arrêter par un obstacle n'excluait pas celle d'en triompher par la prudence.

« C'est effrayant, me dit-il, mais la nécessité est une raison péremptoire, et quand il faut, il faut ! »

La-dessus, il prit la perche et en enfonça solidement une des extrémités dans la vase ; puis, se ravisant une seconde fois avant de prendre son élan, il dit :

« Que va-t-il arriver, si la glace cède sous moi ?

— Eh bien ! répondis-je, vous prendrez un bain, voilà tout. De grâce, trêve d'atermoiement ; car plus l'attente est longue, moins la résolution est ferme, et il ne fait pas bon discourir ici en plein vent ! Allons, voyons, sautez donc.

— Peut-être serait-il plus sage, reprit-il encore, de rester dans le traîneau, car, de cette façon, la partie inférieure de ma personne serait seule

mouillée, tandis que si la glace se casse, je ne suis
ni léger ni élastique, comme vous voyez, je serai
gelé sur place. »

A cet instant, ses appréhensions furent en partie
justifiées, la glace céda, et il se trouva avoir déjà un
pied dans l'eau.

« Je suis fixé sur ce que j'ai à faire; bien certainement je serai aussi vite dessous que dessus:
non, toutes les joies de ce monde et de l'autre ne
pourraient me décider à me confier à cette diablesse
de perche. » ·

La situation était critique, je l'avoue; il y a des
moments dans la vie où le courage d'un homme
semble se figer dans ses veines; sensation très-pénible, souvent éprouvée par moi au moment de sauter
à cheval des obstacles périlleux; mais je me sentais
alors entouré d'une galerie de spectateurs qui servent toujours de stimulant à l'amour-propre, tandis
que cette fois-ci j'étais seulement en présence de
quelques moujiks et de mon compagnon, qui, n'ayant
pas voulu affronter le danger, aimait autant n'être
pas témoin du courage d'autrui. Entre deux éventualités désagréables, il fallait choisir celle qui l'était
le moins : ou être traîné sous l'eau, ou y tomber en
sautant. Je donnai la préférence à la seconde hypothèse. La satisfaction évidente des paysans russes, et
leurs remarques non moins fondées qu'irrespectueuses
sur les dimensions anormales de nos personnes, ne

4.

contribuèrent pas peu à réveiller mon amour-propre.

« Sont-ils gras! disait l'un.

— Jolie graisse, disait l'autre; ils sont fourrés comme des chats!

— Oui, mais ils ne sont pas aussi courageux, ni aussi adroits, reprenait un troisième. Ah! comme je sauterais à leur place!

— Eh bien! dis-je vivement en l'interrompant, sachez que cela peut bien vous arriver plus tôt que vous ne pensez, car j'éprouve un terrible désir de vous jeter dans l'eau, la tête la première, pour bien apprécier la largeur et la profondeur du trou qui nous arrête ici. »

La surexcitation que j'éprouvai à la suite de ce speech me fut en réalité fort utile; saisissant la perche d'une main ferme et nerveuse, je m'apprêtai à en finir : un... deux... trois, et me voilà d'un bond sur le bord opposé, sans avarie plus grave qu'une jambe mouillée. L'eau gela instantanément sur ma botte, qui semblait enveloppée dans un étui de cristal.

« Allons, vite, dépêchez-vous! » me criait mon compagnon, qui était arrivé en se faisant remorquer par le traîneau. Le fait est qu'il ne me permit même pas de vérifier si mes cartouches et autres bagages n'avaient pas eu à souffrir de ce bain de siège intempestif, et que nous repartîmes sans plus causer.

La valeur de la terre augmente tous les jours dans les environs de Sizeran, depuis que le chemin

de fer est ouvert jusque-là. Un desyatin de terre
(2,7 acres, un peu plus d'un hectare) coûte maintenant vingt roubles, tandis qu'à Samara, la même
superficie de terre vaut à peine dix roubles. La
propriété foncière constitue un excellent placement
en Russie; la terre rapporte, en moyenne, 7 à 8
pour 100, net d'impôt et de toute autre charge.
Un Anglais très-clairvoyant, pressentant la plus-va-
lue probable de la propriété dans le voisinage de
Samara, a acheté dans ces parages une grande
propriété, et mon compagnon m'assure qu'elle
doublera de valeur dans deux ou trois ans.

Nous approchons enfin de notre première halte;
c'est une ferme bien connue, Nijny Pegershy Mootor,
située à vingt-cinq verstes de Sizeran; des hommes
vannent du blé dans une cour, près de l'habitation.
Le procédé qu'ils emploient est assurément antédi-
luvien : ils jettent le blé en l'air avec une pelle; le
vent enlève la poussière, les barbes, les menues
pailles qui s'y trouvent mêlées ; après cette opération, on considère le blé comme suffisamment purgé
de ses impuretés, et on l'envoie au marché. La propreté de cette ferme nous frappa ; du reste, aucun
animal vivant n'avait droit de cité dans la maison;
promiscuité qui est passée presque à l'état de règle
générale en Russie, où il n'est pas rare, surtout en
hiver, de voir un veau se prélasser dans la pièce de
la maison où se réunit la famille.

Ce bâtiment d'habitation de forme carrée, construit en bois, se compose de deux pièces d'assez grandes dimensions, mais peu élevées de plafond et chauffées par un grand poêle de brique. Une porte massive en bois, placée à l'extérieur, donne accès à une petite antichambre, à l'extrémité de laquelle est placé l'obraz, sorte de petite chapelle qu'on trouve dans presque toutes les maisons en Russie. Les obraz varient à l'infini, mais ont toujours un caractère local très-prononcé; ce n'est pas en général l'image du Sauveur qu'on y vénère, mais celle de la Vierge et des saints, ciselée sur des plaques d'argent et de vermeil, historiée de mille glands d'or en acier, cuivre et soie. Le respect avec lequel on salue ces images d'une multitude de signes de croix surprend d'autant plus un protestant qu'on lui a souvent répété que la religion grecque et la sienne sont à peu près identiques dans le fond et dans la forme. Les russophiles expliquent le culte que les paysans russes rendent aux images en disant qu'ils les considèrent simplement comme des symboles, et qu'en réalité c'est le Dieu vivant qu'ils adorent. Mais lorsqu'on a voyagé en Russie et vu, de ses yeux vu, ce qui s'y passe, on est profondément persuadé que l'adoration des images se développe au détriment de l'adoration de la divinité. L'obraz et le pèlerinage de Kiew suffisent à prouver que la sainte Russie est encore plus superstitieuse qu'orthodoxe.

Nous revenons à nos moutons, c'est-à-dire à la ferme dont j'ai commencé la description. Au-dessus du poêle, haut de cinq pieds environ, on a placé des planches qui servent de lit pendant la nuit et de séchoir pendant le jour. Le moujik apprécie plus cette plate-forme que toutes les autres parties de la maison ; c'est là qu'il va se reposer et savourer cette volupté de la transpiration, qui est pour lui à nulle autre pareille ; c'est du reste un des meilleurs moyens de s'armer en guerre contre les intempéries du dehors.

Les bâtiments d'habitation ont coûté deux cents roubles, c'est-à-dire environ huit cent vingt-cinq francs. La fermière, alerte et robuste, est justement fière de son domaine. Beaucoup plus civilisée que ne le sont en général les femmes de sa condition dans les provinces russes, elle sait lire, écrire... et compter, bien entendu.

Notre attelage est enfin renouvelé, le cocher qui doit nous conduire achève ses derniers préparatifs ; il enroule ses pieds de bandes de laine bien chauffées au poêle, met successivement deux paires de bottes, dont une bourrée de foin ; passe son pardessus de peau de mouton, se coiffe d'un bonnet de fourrure, prend ses gants, son bachelique, et se déclare prêt à partir.

En quittant la maison, le froid nous saisit littéralement à la gorge ; le thermomètre était descendu de

plusieurs degrés depuis une demi-heure, le vent
nous fouettait le visage, sifflait, soufflait, redoublait,
faisant voler devant lui des milliers de flocons de
neige, tremblotants, scintillants et diaphanes. Pour
combattre le froid inerte et entretenir la circulation
du sang, mon compagnon frappait vigoureusement
des pieds la caisse de notre traîneau.

# CHAPITRE VII

L'onglée. — Les chevaux gâtés. — Appréciation de la distance par notre cocher. — Halte. — Nos compagnons de voyage. — Un colporteur dévot, mais sale. — Splendide lever de soleil. — Les affaires sont les affaires. — La superstition et la saleté.

L'onglée, ce vieux souvenir de jeunesse, commence à me faire cruellement souffrir; je me livre alors, pour combattre cette torture, à ce mouvement de balancier commun à tous les cochers du monde; la neige tombe à gros flocons. Notre moujik suit le tracé difficilement; nos chevaux fatigués piétinent avec peine sur ce sol malaisé; des coups de fouet bruyants comme des coups de fusil frappent leurs flancs décharnés, le tout accompagné d'une grêle de jurons et d'invectives carabinées. « Stupides brutes, chevaux de coton! on dirait qu'ils n'ont jamais mangé un picotin d'avoine: » Bref, à ce moment, une rafale d'une violence extrême fait presque chavirer notre traîneau.

« Quelle distance y a-t-il encore d'ici le prochain relais? » cria mon compagnon à notre cocher;

sur un ton qui prouve que l'humeur de l'homme se
ressent toujours un peu de celle du temps.

« Quatre verstes seulement, monseigneur », lui
dit-il, tout en faisant des efforts vigoureux pour
remettre notre traîneau dans sa position normale.

Une verste russe, à la nuit tombante, et dans les
conditions que j'ai cherché à décrire, est une mesure des plus variables : c'est tantôt un mille écossais, tantôt une lieue irlandaise ; en réalité, la verste
équivaut à peine à deux tiers d'un mille anglais, un
kilomètre. Aussi, lorsque, après avoir marché encore
pendant une heure, on nous dit qu'il nous restait
deux verstes à faire avant d'arriver au prochain
relais, nous comprîmes que notre cocher n'avait pas
conscience de la distance, ou souci de la vérité. Enfin, nous voilà arrivés à un long village isolé, composé de maisons semblables à celles que j'ai déjà
décrites ; nos chevaux s'arrêtent devant une habitation détachée ; le propriétaire s'avance pour nous
recevoir. « Le samovar, vite le samovar ! » dit mon
compagnon.

Nous suivons notre hôte à la hâte, accrochons
notre pelisse au râtelier, ôtons nos galoches et nous
installons près d'un poêle dont la bienfaisante influence ne tarde pas à ranimer nos membres presque
paralysés. Nous mettant à l'aise, le dos au poêle,
nous examinons à loisir le milieu dans lequel nous
nous trouvons. Jamais l'origine israélite ne nous

parut plus visible, plus incontestable que sur les personnes réunies dans cette pièce. Quelques boîtes ouvertes dans un coin nous font aussi facilement soupçonner la nature de la marchandise que celle du marchand. Elles contiennent des bijoux et autres objets destinés à tenter la fantaisie des femmes des paysans riches du voisinage.

Rien ne peut rendre les rudes épreuves qu'eut à subir notre nerf olfactif ; l'odeur de peau de bêtes, celle d'êtres crasseux et puants, combinées avec les exhalaisons graisseuses de vapeur culinaire, décident mon compagnon à demander à nos hôtes s'ils peuvent disposer d'une autre pièce pour nous. On nous fait passer dans une chambre où, en effet, l'air nous paraît respirable.

«Nous sommes en réalité un peu moins mal ici, » me dit-il, en ouvrant sa valise ; il en tira deux petites boîtes de fer-blanc remplies de thé et de sucre. « Allons, tante Teekla, vite le samovar », dit mon compagnon à la vieille aïeule, qui tenait la maison. Cette pauvre femme, courbée, ridée, contractée, semblait bien près d'être centenaire, si elle ne l'était déjà. Elle nous apporta de ses mains noueuses le samovar demandé, qui, chauffé à toute vapeur, jette çà et là sa fumée blanche.

Je procédai de mon côté au déballage de mes petits ustensiles de ménage.

« Permettez-moi d'être votre officier tranchant »,

5

me dit mon compagnon, en essayant d'enlever avec la
pointe d'un couteau le contenu d'une boîte de
conserves, mais ce fut en vain ; il eût été plus facile,
je crois, de traverser les plaques d'un navire cui-
rassé avec un pistolet chargé de petit plomb! Le
morceau de viande s'était changé en morceau de
glace, et le pain en véritable pierre meulière. Nous
portâmes alors nos provisions sur le poêle, où il
fallut les laisser plus de dix minutes pour les
liquéfier.

Pendant ce temps, mon ami s'est préparé un
breuvage délicieux : une tasse de thé, sur laquelle
un faible remous faisait flotter une tranche de citron;
les délices de cette Capoue septentrionale semblaient
décidément mettre la joie au cœur de mon compagnon; c'est surtout après les privations qu'on apprécie les jouissances. « Qu'est-ce que le plaisir ? » demandait un jeune homme à son maître. « L'absence de
peine », répondit le philosophe. A celui qui nie les
sensations exquises que peut procurer une tasse de
thé, nous dirons : Traversez la Russie en traîneau
par un froid de vingt degrés Réaumur au-dessous de
zéro, et vous comprendrez ensuite les charmes de ce
liquide d'or !

Au bout d'une heure, nous voilà de nouveau
prêts à partir. Mais nous avions compté non pas sans
notre hôte, mais sans notre cocher qui ne paraissait
nullement décidé à lever l'ancre.

« Non, répondit-il à mon compagnon, non, mon petit père, je ne veux pas partir; la bourrasque de neige est épouvantable; nous nous perdrions au milieu de ces rafales et de ces tourbillons. J'aurais le nez gelé, ou je serais mangé par les loups. Je ne me fie pas à la glace; si elle vient à se rompre, nous serons noyés. Pour l'amour de Dieu, restons ici!

— Un bon pourboire vous sera donné, si vous consentez à partir », reprit mon compagnon.

« Non, non, dit le cocher; demain on se procurera de bons chevaux, et comme une flèche nous arriverons à la prochaine station. »

Voyant l'impossibilité d'avoir raison de son opiniâtreté, nous nous résignâmes à passer la nuit sur des planches; mais l'affreux tintamarre de l'antre voisin pénétrait de vive force nos oreilles; là, des marchands juifs, avides de gain, font feu de toute leur éloquence; l'ardeur avec laquelle ils vantent leur marchandise n'est comparable qu'à la vivacité des acheteurs pour la déprécier. Eussions-nous eu la tête posée sur un oreiller de dentelle, le ton criard de la vieille femme que j'ai décrite plus haut, et l'organe nasillard des Hébreux, auraient encore eu raison de notre sommeil.

A ce moment, un vieux colporteur, enveloppé d'une peau de mouton, entre dans notre chambre, commence par se signer et par se prosterner de-

vant l'Obraz ; puis, sa conscience mise en règle de
ce côté, il s'en va débattre avec notre propriétaire le
prix de location d'un cheval jusqu'à la station voisine. Ne, pouvant obtenir le rabais qu'il espère, il
rentre dans son gîte, ôte ses bottes, les jette près de
la tête de mon voisin, et se prépare ainsi à passer
la nuit avec nous.

Mais mon gentilhomme n'entendait pas de cette
oreille-là. Outre l'odeur *sui generis* du susdit colpo-
teur, il était fort à craindre que ses oreilles et sa
barbe ne fussent le réceptacle de certains hémip-
tères qu'il est superflu de nommer. Mon compagnon
signifia d'un ton ferme à cet intrus qu'il ne pouvait
rester avec nous ; puis, prenant délicatement la peau
de mouton de ce dégoûtant personnage entre le
pouce et l'index, et la tenant à bras tendu, aussi
éloignée que possible, il la lança bel et bien dans la
chambre voisine.

« Pour l'amour de Dieu, lui dit-il, en lui désignant la porte, passez ici avec vos semblables », ce
qu'il fit, mais ce ne fut qu'un renfort au vacarme
dont j'ai parlé, et un nouvel empêchement à notre
sommeil.

Quel étrange aspect offrait ce capharnaüm ! Sous
une clarté douteuse, gisaient notre propriétaire, sa
mère, sa femme, ses trois enfants, plus cinq colpor-
teurs dépenaillés, le tout sentant la graisse, et rendant absolument intolérable l'atmosphère méphi-

tique d'une chambre hermétiquement fermée. Le
tempérament des enfants ne semblait nullement souffrir de ce défaut de ventilation et d'air pur ; l'un d'eux,
un beau gars de douze ans, était l'image de la santé.

Il est un proverbe russe dont les paysans appré-
cient particulièrement la sagesse : « *L'oiseau mati-
nal trouve le vermisseau.* » La courte durée des
jours d'hiver impose fortement aux Russes la nécessité de se conformer à cet axiome. Or, c'est ce que
nous fîmes de notre côté, en nous levant ce jour-là
avant l'aube. Notre compagnon se chargea du thé
pendant que le cocher attelait, mais l'état du chemin
ne nous permettait plus de nous donner le luxe de
trois chevaux. Nous nous décidâmes à louer deux
petits traîneaux à deux chevaux, à mettre les bagages dans l'un et à monter, moi et mon compagnon,
dans l'autre.

Nous partîmes en bande très-mêlée : à notre tête
marchait le singulier colporteur qui prétendait, la
veille, être notre camarade de lit ; venaient ensuite le
traîneau aux bagages, puis, enfin, à l'arrière-garde,
moi et notre compagnon ; celui-ci tenait à ne pas
perdre ses bagages un instant de vue, les paysans
russes n'ayant pas toujours une idée bien nette du
tien et du mien.

Le lever du soleil fut brillant et radieux ; je
n'ai jamais vu dans aucun pays du monde une aurore d'une telle magnificence ; au bleu pâle succède

le bleu lazuli ; aux tons d'acier, le ton d'or ; aux
blancheurs lactées de l'aube, les rayons de feu du
ciel incendié. Devant un spectacle aussi magnifique,
l'œil est véritablement ébloui.

Une exclamation de notre cocher nous apprend
que notre harnais vient de se rompre ; une discussion très-vive s'engage entre cet homme et le colporteur, qui marche à la tête de la caravane. Impossible, paraît-il, de s'entendre sur la route à suivre.
Celui-ci prétend être seul à bien connaître le chemin,
et déclare ne vouloir l'indiquer que moyennant une
bonne réduction sur le prix de location de son
cheva l.

« Un marché est un marché », dit tout haut
notre cocher, pour se bien faire voir, sans doute,
de son propriétaire, qui le suit de près. « Oui, un
marché est un marché ; mais, de grâce, marchons : il
fait un froid horrible. » Mais cette injonction resta
sans effet sur l'âme mercenaire du marchand juif.
« Quant à moi, dit-il, chaudement vêtu comme je le
suis, que m'importe d'attendre une heure ou dix ? »
Après quoi il se remet à fumer, et semble indifférent
à tout. Les cochers eurent beau tomber à bras
raccourcis sur la réputation de sa mère, rien ne le fit
sortir de son impassibilité. Enfin, de guerre lasse,
notre propriétaire se décida à accorder la conces-
sion demandée. Nous voilà enfin partis ; la route est
fort accidentée ; lentement aussi marchons-nous jus-

qu'au prochain relais, ferme éloignée de dix-huit
verstes de notre dernière station nocturne, et d'environ quarante-cinq de la prochaine étape, qui est
Samara.

# CHAPITRE VIII

L'inspecteur des forêts. — Grelots interdits en ville. — L'hôtel Anaeff. — Un véhicule de singulière forme. — Loi sur
la diffamation. — Prix des provisions à Samara. — Proportion de la mortalité des enfants. — Podorojnayas ou permis
de circulation. — Le livre des réclamations. Difficulté entre
mes chevaux et leur cocher.

L'inspecteur des forêts arrive presque en même
temps que nous à la poste, pendant que nous atten-
dions nos chevaux. Il nous raconte qu'il y a dans le
voisinage beaucoup de loups et que les troupeaux
sont par suite exposés à de grands dangers; il ajoute
qu'il a tué plusieurs loups, pendant l'hiver, dont un
l'avant-veille. L'hôtelier, garçon robuste et bien
bâti, ayant aperçu mon fusil, nous propose de faire
une halte de vingt-quatre ou trente-six heures, et
nous promet une belle chasse. Mais mon compagnon
étant attendu à jour fixe, et moi, de mon côté, ayant
toujours devant les yeux, comme un véritable épou-
vantail, ma permission qui expirait le 14 avril, je
n'avais pas un jour à perdre ; le temps m'eût manqué matériellement, eussé-je eu le désir d'accepter
la proposition.

Après six heures de route, nous atteignîmes la rivière Samara, grand cours d'eau qui se jette dans le
Volga. Nous marchons depuis quelque temps lorsque
le cocher arrête tout à coup, descend de son siége,
fixe en l'immobilisant au collier de bois des chevaux
la clochette légendaire, et nous annonce que nous
arrivons en ville. On prend toujours en Russie cette
précaution, en entrant dans les faubourgs, afin de
ne pas effrayer les chevaux qui n'ont pas l'habitude
de ce joyeux tintement.

Nous traversons rapidement quelques rues; les
maisons spacieuses et bien bâties témoignent de l'aisance de ceux qui les habitent. Cinq minutes encore,
et me voilà sous le toit de l'hôtel Anaeff, qui me
paraît beaucoup plus confortable que je ne m'y
attendais à une telle distance de toute voie ferrée.

Il n'y a pas de temps à perdre, le jour avance et la
nuit arrive. Il est urgent de s'occuper tout de suite des
provisions pour le voyage. C'est là que mon compagnon et moi devons nous séparer, ses propriétés n'é-
tant pas sur la route d'Orenbourg. Ce n'est pas sans
regrets que je lui serre la main pour la dernière fois,
car je perds en lui un agréable compagnon, et la
perspective de voyager seul pendant des centaines
de kilomètres, sans jamais avoir à qui parler, n'est
pas chose gaie. Mais le proverbe « A la guerre comme
à la guerre » s'applique parfaitement à la campagne
d'hiver que j'ai entreprise, et il faut prendre brave-

5.

ment son parti des conditions d'isolement où je me
trouve désormais placé. Les préoccupations des détails matériels de mon voyage coupent heureusement court à toute réflexion philosophique. La première chose à faire est d'abord d'acheter un traîneau,
pour me porter, moi et ma fortune, à Orenbourg
et peut-être même à Khiva. Premièrement on m'en
montre un d'une rusticité sauvage ; on eût dit une
longue brouette ; je m'aperçois qu'il est fort avarié
et incapable de fournir le voyage. Le propriétaire
de ce grossier véhicule veut à toute force me convaincre des avantages de l'acquisition qu'il me
propose de faire, et semble être très-surpris quand
je lui dis que je ne peux pas admettre qu'une mauvaise voiture en vaille une bonne. Comprenant
que rien ne peut modifier mon opinion, le propriétaire consent à faire les réparations voulues, et à me
livrer le traîneau le lendemain matin.

Les lois contre la diffamation sont appliquées, en
Russie, de la façon la plus rigoureuse. Je lus dans
un journal que l'éditeur du magazine *le Dalo* venait
d'être cité en justice pour avoir qualifié de men-
diant un nommé M. W..., avec qui il avait passé un
traité pour une traduction. Le travail achevé, M. W...
réclama la somme de cinquante roubles pour règlement définitif du compte ; mais ne recevant pas de
réponse, il se présente chez l'éditeur, lui signifiant
qu'il ne quitterait la maison que lorsque satisfaction

serait donnée à sa demande. L'éditeur se décide
alors à lui envoyer le montant de ses honoraires
dans une enveloppe, portant cette inscription : « Sa-
laire accordé à la mendicité. »

L'avocat de l'éditeur fit valoir, entre autres circonstances atténuantes, le grand âge de son client.
Mais le tribunal, inflexible, l'a condamné à trois
mois d'emprisonnement. Punition bien méritée à
coup sûr ; je doute fort qu'en Angleterre on eût
été mis à l'amende pour un semblable délit. Les
lois contre la diffamation et l'injure constituent à
elles seules, en Russie, tout un Code très-volumi-
neux ; nombre de termes de mépris qui ne sont pas-
sibles d'aucune punition chez nous entraînent, en
Russie, ni plus ni moins que la prison.

Les habitants de Samara attendent impatiemment
que la ligne ferrée de Sizeran les mette en communication avec cette ville ; les propriétaires ruraux
ont le plus grand intérêt à l'achèvement de ce tronçon,
non moins propice à l'exportation qu'à la vente des
blés.

La vie matérielle est très-peu coûteuse à Samara :
le bœuf se vend sept kopecks (0 fr. 28 c.) ; le pain,
deux kopecks et demi (9 centimes) ; vingt bouteilles
d'eau-de-vie valent quatre roubles (16 francs). Les
habitants de ce pays privilégié peuvent donc se mettre en état d'éhriété à meilleur compte encore que
dans certain village d'Angleterre où, pour attirer les

clients, un aubergiste avait affiché sur sa porte cette réclame pantagruélesque : « Ici, on se grise pour deux sous ! »

Le mouton est encore moins cher que le bœuf; on le vend six kopecks la livre, tandis qu'une belle vache vaut trente roubles. Cent œufs frais valent environ un rouble et demi. Un des employés supérieurs de l'hôtel eut l'obligeance de me renseigner sur le prix de revient des subsistances à Samara. En transcrivant sur mes notes de voyage ces détails économiques, je perdis la foi dans les notions que j'avais toujours eues sur la latitude et la longitude de la terre promise, et je ne pus m'enpêcher de croire que Samara était réellement cette région bénie.

Aux célibataires effrayés par le prix excessif des subsistances et qui demandent s'il est possible de vivre avec deux mille cinq cents francs par an, nous répondons : « Allez à Samara. » Non-seulement ils s'y trouveront dans l'aisance, mais ils pourront même, s'ils le veulent, se donner le luxe d'un harem, pourvu que les femmes consentent à ne manger que du bœuf et du mouton.

Je ne sais qu'un seul pays où la vie soit moins chère encore : c'est dans le Soudan, où le bœuf entier se vend cinq francs, et cent œufs le même prix. Sur le Nil Blanc, la valeur de la chair humaine est encore plus dépréciée; peut-être aura-t-on peine à nous croire quand nous dirons qu'une mère nous

vendit là son fils pour quelques poignées de blé! Re-
passant un jour avec cet enfant dans son village, je
l'engageai à aller revoir sa mère; il me répondit en
pleurant : « Non, maître, non, ma mère n'avait pas
de blé, et vous m'avez nourri ; mon père me rouait
de coups, et vous ne m'avez jamais battu : de grâce,
permettez-moi de rester ici! » Pauvre petit Agau !
je l'emmenai avec moi au Caire, où il oublia bien
vite, je crois, son père et ses pénates, au milieu des
vices et des vertus de la capitale des Pharaons.

Aux conditions exceptionnelles de la vie facile et
plantureuse dont Samara et le sud de la Russie ont le
privilége, il y a un terrible revers de médaille : c'est
le chiffre effrayant que la mortalité y atteint; sur
mille enfants, trois cent quinze meurent d'un à
cinq ans; quarante de cinq à dix ; dix-neuf de dix à
quinze; dix-neuf encore de quinze à vingt-cinq ans.
Sur mille enfants, quatre cent vingt-trois n'arrive-
ront donc pas à l'âge de vingt ans. Voici d'autres chiffres que j'ai encore relevés sur un document de
statistique officielle : sur dix mille enfants, trois mille
huit cent trente meurent avant un an; neuf cent
soixante-quinze dans la seconde année; cinq cent
vingt-quatre dans la troisième. A quoi attribuer la
cause de cette mortalité absolument anormale ?

Est-ce à l'extrême rigueur du froid? est-ce à la
passion de l'alcool chez les parents? Ces deux circonstances y concourent, sans doute, pour une forte

proportion. J'ai souvent entendu les Russes éclairés et intelligents parler contre les hôpitaux d'enfants trouvés, et prétendre que ces établissements, créés pour combattre l'immoralité, ne servent en réalité qu'à développer le vice et la mortalité.

Une route postale a été établie entre Samara et Orenbourg ; les autorités y ont récemment organisé un système qui abolit l'ancien régime des permis de circulation. Le voyageur devait naguère se rendre, avant de partir, à un bureau spécial, là déclarer le but de son voyage et le nombre des chevaux qu'il demandait pour son traîneau. On lui remettait alors en même temps un document imprimé où son signalement était enregistré avec l'ordre, aux maîtres de poste, de le transporter de relais en relais jusqu'à destination. Maintenant cet ancien état de choses a été aboli et remplacé par un nouveau système. Une poste libre est établie entre Samara et Orsk, ville située à cent quarante milles (250 kilomètres environ) au delà d'Orenbourg. Le voyageur n'a qu'à demander aux différents relais les chevaux qui lui sont nécessaires, et l'on s'empresse de les lui fournir, aussi vite que faire se peut ; il paye d'avance quatre kopecks par cheval pour chaque verste à parcourir.

Je partis, comme il était convenu, le lendemain matin de bonne heure ; mon nouveau traîneau, parfaitement réparé, m'inspirait désormais toute confiance. Je devais me rendre en ligne directe à Smwesh-

laevskaya, premier relais, à environ vingt verstes
de Samara. Ce pays absolument plat n'incite pas à
la description; quelques arbres rabougris, épars çà
et là, en rendent l'aspect des plus pauvres; tout est
enseveli sous la neige, presque aucun signe de vie
dans ces solitudes; quelques corbeaux et corneilles
mélancoliques qui se lèvent de temps en temps pour
aller percher sur la cheminée voisine, et y recevoir
les chaudes effluves de la fumée. Cette partie de la
route ressemble complétement à celle qui l'a précédée; comment en serait-il autrement sous ce long
suaire dont on ne trouve la fin nulle part?

La propreté des maisons de relais me frappa. Le
mobilier se compose généralement d'un divan recouvert d'une étoffe de crin, de quelques chaises de
bois et de gravures représentant des portraits de la
famille impériale. On y trouve aussi un livre où les
voyageurs peuvent formuler leurs réclamations; un
inspecteur, chargé de faire une tournée mensuelle,
doit prendre note des plaintes qui y sont consignées.
Je me suis parfois amusé, pour tromper l'ennui de
l'attente, à parcourir ce recueil de récriminations,
auquel je collaborai plus d'une fois pour ma part et
pour me plaindre des chevaux qui mettent à si terrible épreuve la patience des voyageurs. J'arrivai à
Bodowsky, la station suivante, un peu avant le coucher du soleil. Je n'y restai que le temps nécessaire
pour avaler, à la hâte, une tasse de thé brûlant et

faire une bonne provision de colorique à opposer au
froid intense qui commençait à se faire sentir, le
thermomètre Réaumur marquant vingt-cinq degrés
au-dessous de zéro.

Nous voilà partis pour Malomalisty, distance vingt-
cinq verstes environ ; j'espérais arriver vers neuf
heures et pouvoir m'y lester d'un bon souper avant
de me mettre en route ; rien n'éperonne l'appétit
comme de voyager en traîneau l'hiver. Le climat a
des exigences auxquelles on est forcé de se soumettre pour soutenir le principe de vitalité. Mais
inutile, en Russie, de baser ses plans sur la mesure
habituelle du temps ; les gens du pays ont une in-
différence orientale pour tout ce qui est horloge,
pendule ou montre, et l'estomac du voyageur doit
en subir les conséquences.

Une effroyable détonation de coups de fouet
m'annonce que mes chevaux et mon cocher éprou-
vent de grandes difficultés et ne s'entendent plus ;
la neige nous aveugle, elle est tellement épaisse que
je n'aperçois plus mon automédon. Les chevaux
bronchent en tous sens et ne peuvent retrouver le
sillon d'où ils sont sortis ; bref, le cocher descend de
son siége, me jette les guides et va étudier sur le
terrain le chemin à suivre.

# CHAPITRE IX

Arrêtés par un chasse-neige. — Le Tchin. — La curiosité
russe. — Un inspecteur réactionnaire. — Le général Kryjinovsky. — Le général me soutient que je parle russe. — Intérêt paternel du gouvernement russe pour tout ce que je
fais. — La Russie et la Chine. — Un cocher nouveau marié.
— Un chameau amoureux.

La neige, poussée avec une force d'impulsion dont
nous n'avons pas l'idée en Angleterre, tombait
en flocons de plus en plus compactes. Elle recouvrait notre traîneau d'une telle carapace que nous
courions grand risque d'être ensevelis vivants, si
nous n'arrivions promptement à la station. Au bout
d'une demi-heure, le cocher revint de sa tournée
d'exploration, en me disant : « Quel malheur ! nous
avons fait fausse route, il faut revenir sur nos pas. —
Si vous avez perdu la bonne voie, lui dis-je, il doit
vous être aussi difficile de reculer que d'avancer.
Nous sommes juste à moitié chemin, marchons toujours devant nous. »

Notre cocher avait fini par retrouver la trace ;
mais le traîneau était entré si profondément dans la
neige, que les chevaux ne pouvaient le remettre en

marche ; la seule chose à faire était de descendre et
de s'entr'aider pour soulever le traîneau, ce que je
fis volontiers. Le moujik n'en croyait pas ses yeux ;
un gentilhomme russe eût préféré mourir de froid,
plutôt que de prêter la main à la besogne.

« Que faire ? » me demanda-t-il.

« Avancer », lui dis-je.

Mais la neige redoublait toujours d'épaisseur, et
menaçait de nous faire bientôt disparaître, nous, nos
chevaux et notre cocher, sous son drap mortuaire.
Si aguerri qu'on soit au danger, on ne saurait échap-
per à l'effroi d'une pareille perspective. Je donnai
donc l'ordre au cocher de retourner immédiatement
au relais que nous venions de quitter, injonction à
laquelle il obéit avec un empressement que les
chevaux secondèrent sans se faire prier.

Rien de plus désagréable, lorsqu'on voyage en
Russie, que les retards qui vous sont si souvent im-
posés en hiver par les chasse-neige. L'inspecteur de
la station se mit à rire de grand cœur en nous voyant
rentrer, et nous félicita de n'avoir pas eu à passer la
nuit à la belle étoile. Comme il m'avait conseillé de
remettre mon départ au lendemain, et que je n'a-
vais pas tenu compte de son avis, je ne pouvais m'en
prendre qu'à moi-même de ma mésaventure. Mon
hôte grillait d'envie de connaître ma position, mon
rang (tchin), de savoir si j'appartenais au civil ou au
militaire ; l'orthographe même de mon nom l'intri-

guait vivement. De tous les pays que j'ai visités, la Russie est à coup sûr le pays où la curiosité est la plus développée. Je ne saurais dire si cette propension est provoquée par la disette de nouvelles, ou si c'est affaire de tempérament. La curiosité du sexe faible, que l'on considère partout comme le *nec plus ultra* de l'indiscrétion, est bien surpassée en Russie par celle du sexe fort. Je parle, bien entendu, des degrés inférieurs de l'échelle sociale, quoique l'habitude de l'inquisition soit aussi très-développée dans les régions supérieures.

L'inspecteur dont j'ai parlé était un conservateur endurci ; rien ne lui paraissait plus déplorable dans le régime actuel que la mesure qui le dispensait de faire exhiber leurs passe-ports aux voyageurs ! « Je puis, disait-il, m'adresser à un boutiquier, l'appeler Excellence, et *vice versâ !* »

« Oui, disaient d'autres voyageurs qui passaient comme moi la nuit dans la maison, les bandits ont leurs coudées franches depuis qu'ils sont à l'abri des investigations de la police. »

Cet entretien ne laissa pas de me divertir, en me prouvant que tous ces gens n'avaient qu'une idée, qu'un désir : savoir qui j'étais, d'où je venais ; sur quoi, je tirai mon passe-port de ma poche, et, le présentant à l'inspecteur, je lui dis : « Tenez, voilà mon podorjnaya. » Il l'examina à l'envers, et prononça ensuite ces mots : « Je vois que vous êtes un Grec. »

Puis, tournant et retournant le papier qu'il avait
entre les mains, il ajouta : « Quelle belle couronne!
vous êtes sans doute un grand personnage qui se
rend à Tashkend. — Peut-être », lui répondis-je
d'un ton suffisant. « On annonce le prochain passage
d'une Altesse Royale, continua l'inspecteur; du
moins, c'est ce que j'ai su hier par un colporteur
qui passait par ici; il m'a même dit qu'un officier de
la maison du Prince devait précéder son maître, et
je pense que c'est à ce personnage que j'ai l'honneur de parler. »

Je fis un signe négatif à mon interlocuteur. Un
des voyageurs présents, plus vexé encore sans doute
que les autres de ne rien pénétrer de mon passé, de
mon présent et de mon avenir, me fit observer que
plusieurs vols avaient été commis dernièrement dans
les environs. « Rien n'est plus vrai », dit un
autre individu, et, là-dessus, tous me regardèrent
d'une façon passablement insolente. Cependant, la
soirée s'écoula, chacun à son tour succombant au
sommeil ; il se forma bientôt un concert semblable
à celui qui s'échappe d'un toit à porcs. Il réveilla
seul les échos de la nuit.

Je m'aperçus, le lendemain matin, que le vent
avait cessé de souffler à pleines joues, le tumultueux
ouragan de neige s'était enfin calmé ; le thermomètre avait monté à vue d'œil ; aussi me décidai-je
à profiter immédiatement de l'accalmie, sachant

qu'en Russie bien fol est qui s'y fie. Je demandai
donc des chevaux, et me mis en mesure pour quitter
la place. La neige était tombée en telle abondance
pendant la nuit qu'elle atteignait huit ou dix pieds
d'épaisseur. « Il s'en est fallu de peu, me dit mon
cocher, en me montrant de vraies montagnes de
neige, que nous n'ayons été engloutis là-dessous. Il
y aurait longtemps, à cette heure, que vous et moi
serions réduits à l'état de glaçons ! »

Un seul appareil télégraphique est établi sur le
bord de la route : c'est la ligne aérienne qui met
Saint-Pétersbourg en communication avec Tashkent ;
les poteaux du télégraphe sont très-utiles pour indiquer la ligne à suivre. Maintenant la scène se modifie légèrement ; de temps en temps un arbre émerge
à l'horizon, et rompt quelque peu la monotonie du
paysage. D'énormes chariots chargés de bois et de
fer circulent dans le voisinage du tracé du chemin de
fer ; les conducteurs de ces pesants véhicules, loin de
nous ménager un passage semblent résolus à l'occuper en entier. Mon cocher, voulant affirmer ses droits,
fait entendre bien haut, en passant, une volée d'épi-
thètes d'un calibre assez fort pour impressionner
l'oreille la moins délicate.

A quelques relais plus loin, je rencontrai le général Kryjinovsky, gouverneur de la province d'Orenbourg ; il allait en congé à Saint-Pétersbourg ; sa
femme et sa fille l'accompagnaient. Il s'était particu-

lièrement distingué dans le Turkestan, au début de
sa carrière, et devait au mérite dont il avait fait
preuve alors, le poste important confié à sa sagesse
et à sa valeur. Petit et mince, le regard vif et déterminé, tel est l'homme au physique; si tant il y a
qu'on puisse baser une opinion sur un premier entretien, je crus comprendre qu'il ne tenait pas à me
donner des renseignements utiles pour mon voyage,
et qu'à vrai dire même, il ne considérait pas mes
projets de très-bon œil. « Souvenez-vous que vous
ne devez aller ni en Perse, ni dans l'Inde, me dit-il;
vous n'avez qu'une seule chose à faire : retourner
dans la Russie d'Europe par le chemin que vous
venez de suivre. Vous parlez le russe, n'est-il pas
vrai ? » En prononçant ces derniers mots, ses yeux
plongèrent dans les miens avec une vivacité extraordinaire. Nous avions toujours parlé français
jusque-là.

« Oui, repris-je, mais il faut que vous soyez
bien clairvoyant pour l'avoir deviné, puisque nous
n'avons pas dit un seul mot en russe, et que c'est la
première fois que nous nous voyons. »

A cette observation, le général éprouva un embarras visible, car je le vis rougir légèrement. Les
autorités l'avaient à coup sûr informé que je savais
la langue russe, ce qui est fort rare chez un étranger, et involontairement il avait trahi le secret!

« Oh! dit-il, je soupçonnais seulement que vous le parliez. »

Pendant ce temps-là, sa femme et sa fille enlevaient leurs fourrures dans l'appartement même que nous occupions. Dans les constructions de ces maisons de poste, les architectes n'ont jamais eu en vue le confort de la plus belle moitié du genre humain ; pas une pièce ne lui est particulièrement réservée ; cette économie d'espace, que rien ne justifie, a pour les voyageuses, bien plus que pour les voyageurs, des inconvénients inénarrables.

Une fois remonté en traîneau, cette phrase du général roulait sans cesse dans mon esprit : « Ne pensez à aller ni en Perse, ni dans l'Inde, mais effectuez votre retour en revenant maintenant sur vos pas. »

L'intérêt paternel que semblait porter le gouvernement russe à tout ce que je faisais avait de quoi me surprendre. N'étais-je pas dans un pays où les autorités pratiquent la spoliation au nom de la religion et de l'humanité ? Pourquoi donc ce même gouvernement se montrait-il aussi ombrageux à l'endroit de mon voyage dans l'Asie centrale qu'un mandarin auquel j'aurais demandé l'autorisation de voyager dans le Céleste Empire ? Il faudra bien du temps aux Russes pour secouer les préjugés et les idées que leurs barbares ancêtres leur ont inculqués avec le sang qui coule dans leurs veines. Il est donc juste, quoique trivial, de dire : *Grattez le Russe, et vous trouverez : le Tartare, ça, c'est une insulte aux Tartares*, et aussi une vérité redite, mais qui est toujours une vérité : il suffit de gratter très-légèrement le Russe, pour voir le sang tartare reparaître.

Au bout de peu de temps, je fus frappé de l'air de mauvaise humeur de mon nouveau cocher; c'était un beau garçon robuste et bien planté, à qui j'avais promis un pourboire d'autant plus considérable qu'il me conduirait plus vite à la prochaine station. Quel pouvait donc être le motif de sa contrariété ?

« Qu'est-ce qu'il a ? dis-je au maître de poste, est-il malade ?

— Non, me répondit-il, mais il est marié depuis hier seulement, voilà tout ! »

Or, il pourra sembler cruel de ma part d'avoir ainsi persisté à enlever ce jeune homme aux douceurs de son nouvel hymen, mais il n'y avait pas moyen de faire autrement. D'autre cocher point, et je voulais partir. En admettant que je ne me fusse pas aperçu préalablement de sa contrariété, je n'aurais pas tardé à découvrir, à la manière insensée dont il conduisait ses chevaux, qu'il n'était pas dans son état normal. Accablées de coups de fouet, ces pauvres bêtes se cabraient, ruaient, cabriolaient comme si elles eussent été atteintes de la danse de

Saint-Guy. Je bondissais moi-même comme une balle élastique ; fusil, cartouches, sac, boîte, tout sautait à la fois. Qu'importait au cocher, contrarié dans ses amours, que nous fussions cahotés, disloqués, meurtris, pourvu qu'il retournât au plus vite près de son adorable Dulcinée ?

Une autre fois, déjà, j'avais eu maille à partir avec un chameau également séparé de sa Juliette. On le connaissait sous le nom de Magnoon, ou le Fou. Je ne saurais dire si ce surnom lui venait de ses propensions amoureuses ou non. Un jour, nous étions partis en nombreuse caravane, et Magnoon se trouvait probablement trop éloigné de la dame de ses pensées, que montait le cheik de notre compagnie.

Quoique déjà sur le retour, dame chamelle avait pour Magnoon des charmes irrésistibles. J'étais placé sur le garrot de celui-ci, à la tête de la caravane ; tout à coup la brise lui apporta l'écho de la voix plaintive et gémissante de sa bien-aimée ; les transports de joie qu'il en éprouva se traduisirent pour moi en soubresauts inouïs. Mon chameau, bondissant, ruant, me mit dans une position aussi ridicule que dangereuse aux yeux de tous, excepté aux miens, car je compatissais très-tendrement aux amours de mon pachyderme. Je glissais de son garrot exactement comme du toit d'une maison, me cramponnant à grand'peine à un petit cran ménagé

6

sur la selle. Tout à coup, il fit un brusque écart, et d'un bond gigantesque vola vers sa belle. Quelle singulière allure que celle du chameau ! Elle se rapproche de celle du porc par les jambes de devant et de celle de la vache par l'arrière-train. Le mouvement de tangage qui en résulte est nécessairement d'une violence extrême; quant aux ruades, elles étaient si vives, que je sautais sur le dos de Roméo comme un volant sur une raquette ! Le certain petit cran de ma selle que j'ai décrit plus haut me faisait subir un supplice équivalent à celui du pal, infligé à tout Chinois infidèle ; aussi n'éprouvai-je jamais un soulagement plus vif que lorsque Roméo et Juliette furent enfin réunis !

Eh bien ! cette course folle l'était encore moins que celle que me fit faire mon cocher nouveau marié ; car sous la mauvaise inspiration de sa lune de miel contrariée, il me versa trois fois de suite, moi et mes bagages ! A bout de patience, je résolus de le rappeler à la raison, en lui appliquant un vigoureux coup de pied au bas des reins.

« Pourquoi me rompre ainsi le dos ? me dit-il.

— Je vous rends ce que vous m'avez donné, répondis-je; non-seulement vous m'avez brisé les reins, mais vous risquiez en outre de perdre tout ce que je possède.

= Oh ! mon bon seigneur, ce n'est pas ma faute,

c'est celle de ces stupides bêtes. » Et là-dessus, il recommençe à les fouailler de plus belle. « Ah ! chevaux maudits, s'écriait-il, vous allez voir à quoi l'on s'expose quand on verse un gentilhomme ! »

# CHAPITRE X

La fatigue de ce voyage, sans repos ni trêve, commençait à m'éprouver sérieusement; toutefois, je continuai ma route tant que les chemins furent praticables et me rapprochaient d'Orenbourg.

Pendant les dernières cent verstes, nous ne rencontrâmes que très-peu de monde, sauf à une station, où se trouvaient quelques officiers qui se rendaient à Samara. Ils ne savaient apprécier exactement la distance qu'ils avaient encore à parcourir. Cet hiver était, suivant eux, le plus exceptionnellement froid dont ils eussent souvenance. La route quelquefois variait considérablement d'aspect durant l'espace de quelques kilomètres; le vent ravinait le sol à la façon des vagues de la mer ; mon traîneau, soulevé et abaissé tour à tour, avait des mouvements de tangage qui me faisaient penser que toute personne redoutant le mal de mer trouverait dans ces circonstances ce mode de locomotion tout aussi pénible que la traversée de la Manche, tandis que lorsque la route est unie, la rapidité n'est que douceur et agrément.

Les étoiles allument au ciel des feux qui scintillent dans la nuit avec le plus brillant éclat. Le bruit des grelots change de rhythme avec le changement d'allure des chevaux ; tantôt c'est un véritable carillon, tantôt c'est un faible tintement, suivant que le cheval monte péniblement ou descend à toute vitesse. J'étais encore à soixante verstes d'Orenbourg, lorsqu'on me dit qu'un certain détour abrégerait considérablement la distance ; je me décidai à profiter de cette information, au risque de ne pas trouver de chevaux dans les fermes sur la route, car les fermiers s'empressent de louer ceux qu'ils ont à l'écurie dès qu'ils en trouvent l'occasion.

Nous arrivons enfin à une petite bicoque qui rappelait en tout point une hutte irlandaise. Les quadrupèdes y vivent en complète promiscuité avec les bipèdes ; porcs, veaux, hommes, femmes et enfants grouillent pêle-mêle autour d'un grand poêle, trop petit encore pour chauffer suffisamment cette cabane ; néanmoins, on m'y fournit de bons chevaux, et je traversai enfin la rivière de Samara. Une fois en-

6.

core nous retrouvons quelques signes de civilisation,
on aperçoit même des maisons bâties en briques.
Mon cocher saute de son siége pour arrêter le joyeux
èbat des grelots. Nous approchons d'une ville ; quelques instants encore, et nous faisons irruption dans la
rue principale, au bruit retentissant des coups de
fouet : nous sommes à Orenbourg. Quelques minutes plus tard, je me trouvais dans une pièce bien
chauffée, et je goûtais l'inénarrable plaisir d'un bain,
volupté que peut seul apprécier à sa juste valeur
celui qui a parcouru cent verstes en traîneau pendant l'hiver en Russie, et qui comprend la portée de
la vieille maxime : « Propreté est presque sainteté. »
J'oubliais qu'en Russie cette dernière qualité est
trop souvent, hélas! associée à une malpropreté légendaire.

J'allais laisser bientôt la civilisation derrière moi.
Les draps étaient déjà un luxe introuvable ; lorsque
je demandai une serviette de toilette, on m'apporta
un « napkin[1] ». Les Russes en voyage doivent se
munir de draps et de taies d'oreiller, ou s'en passer
et se contenter d'une couverture. L'architecte qui a
construit l'hôtel où je suis descendu ignorait les
principes les plus élémentaires du bien-être ; car,
pour passer des chambres dans la salle à manger, il
faut traverser la cour! On comprend ce que cette or-

---

[1] Serviette de table de la dimension d'un mouchoir.

donnance a de défectueux par une température de trente degrés au-dessous de zéro.

Les clients ordinaires de l'hôtel sont surtout des officiers ; un billard, dont le tapis est usé jusqu'à la corde, se trouve au rez-de-chaussée ; on y joue nuit et jour. Le domestique, préposé au service du buffet, n'a ni paix ni trève, sans cesse occupé qu'il est à servir : caviar, poisson, hors-d'œuvre de tout genre, liqueurs et vins de toute espèce.

Il n'y a pas en réalité de pays dans le monde, pas même aux États-Unis, où l'on s'adonne à la boisson comme en Russie. Il est possible que l'extrême froid oblige les habitants à prendre de grandes libertés avec leur estomac ; mais le nombre toujours croissant de malades russes qu'on rencontre l'été à Carlsbad, et le genre de maladie qui les y amène (les affections du foie), prouvent que le goût des liqueurs fortes est fatal à leur santé.

Le lendemain matin, je me réveillai avec un mal de tête affreux et le sentiment qu'on éprouve lorsqu'on est à moitié asphyxié par le gaz. J'eus bien de la peine à me lever. Après avoir ouvert la porte de la chambre et respiré une bouffée d'air pur, je sentis mes jambes fléchir sous moi. Je voulus faire quelques pas, je trébuchai et tombai ; je compris alors qu'on avait dû fermer la clef du poêle, la veille au soir, et que les exhalaisons empoisonnées du gaz s'étaient répandues dans l'appartement. La chambre

qu'on m'avait donnée était heureusement très-vaste.
Les poêles russes, si bien établis qu'ils soient, demandent toujours beaucoup de surveillance ; toute
négligence à cet endroit peut être mortelle. Il se
passe, en effet, peu d'hivers où l'on n'ait pas à déplorer de nombreux décès par asphyxie.

Plus tard dans la journée, je me rendis chez un
Américain pour qui j'avais une lettre d'introduction ;
il me reçut avec l'hospitalité habituelle à ses compatriotes, et se mit entièrement à ma disposition. Malheureusement, il ne put me donner aucune information sur Khiva ; il était en mesure de me fournir
des renseignements très-précis sur Tashkent, Samarcand et Kokand, mais rien sur Khiva. Il me recommanda d'aller voir un M. Bektchourin, un Tartare,
professeur de langues orientales à l'Académie militaire russe, qui, disait-il, en savait plus long sur
Khiva que tout autre habitant d'Orenbourg.

En rentrant à l'hôtel, le domestique me dit que
le directeur de la police m'avait envoyé l'ordre de
passer immédiatement au bureau central. Il me parut étrange de me faire parvenir un ordre par le canal d'un domestique plutôt que par celui des autorités russes. Néanmoins, j'obéis tout de suite à cette
injonction. Le directeur de la police dans le bureau
duquel je fus introduit avait, paraît-il, le grade de
colonel dans l'armée ; il me dit qu'il désirait savoir
ce qui m'amenait à Orenbourg.

« Je vais, lui dis-je, dans l'Asie centrale.

— Je ne puis, reprit-il, vous permettre de poursuivre votre projet, à moins que vous n'ayez directement obtenu la permission des autorités de Saint-Pétersbourg. Il y a un ordre spécial qui interdit aux étrangers de pénétrer dans le Turkestan. » Je lui montrai la lettre du général Milutin, écrite en français; il la lut avec difficulté et me dit :

« Quelle route vous proposez-vous de prendre ?

— Par Kasala, et de là probablement à Tashkent et à Khiva...

— Oui, dit-il, car vous trouverez là des informations que personne ne peut vous donner ici. »

De là je me rendis incontinent chez M. Bektchourin, le personnage tartare dont j'ai déjà parlé.

M. Bektchourin, vieillard de grande taille et de beau port, m'ouvrit lui-même; il était admirable dans sa robe de chambre orientale, serrée à la taille par une écharpe; sur sa tête, le fez traditionnel témoignait de son adhésion à la foi de Mahomet. Quoique un peu surpris de voir un étranger, il m'invita de la manière la plus courtoise à entrer chez lui, et lorsque je lui eus exposé l'objet de ma visite, il me dit : « Mon cher monsieur, je suis entièrement à votre disposition, mais il faut commencer tout d'abord par prendre une tasse de thé. » Un domestique entra et apporta quelques tasses de ce breuvage. Bektchourin me passa une cigarette, en alluma une lui-même, et but à petites gorgées le liquide inspirateur.

Je lui dis que ma visite avait d'abord pour objet de lui demander des renseignements sur la route de Khiva, et ensuite de savoir s'il n'aurait pas quelque bon domestique à me recommander. Il me répondit :

« Commençons, premièrement, par la route de Khiva. Nous sommes en hiver, mon bon monsieur; le Syr Darya (Jaxartes) et l'Amou Darya (Oxus) sont gelés ; les difficultés seront immenses ; il vous faudra faire à cheval plus de cinq cents verstes par des steppes couvertes de neige. Si nous étions en été, vous n'auriez pas le moindre obstacle à redouter. Une fois arrivé à Kasela, plus connu sous le nom de fort nº 1, vous auriez pris le bateau à vapeur, qui vous aurait débarqué à quelques kilomètres de Petro Alexandrovsk, notre fort sur le territoire khivien; il n'y aurait ni danger, ni fatigue à courir; en hiver, c'est tout différent. Je vous conseille très-sincèrement d'abandonner totalement votre idée, ou de revenir en été pour la mettre à exécution. » Je lui fis remarquer qu'ayant pris la peine de venir jusqu'à Orenbourg, en hiver, je n'abandonnerais pas ainsi un plan arrêté avant de quitter Londres.

« Très-bien, mon cher monsieur, très-bien, continua l'aimable vieillard; si vous voulez poursuivre votre projet, je ferai tout ce qui dépendra de moi pour vous être utile, mais je devais commencer

par vous dire ce que je pensais. Je ne puis positive-
ment vous donner aucun renseignement sur les
routes; à ce moment de l'année tout dépend de la
quantité de neige qui est tombée sur les steppes.
Vous verrez cela seulement à Kasala; quant à vous
recommander un domestique, je n'en connais pas
pour l'instant, mais je vais aller aux informations,
non pas que je me soucie beaucoup de la tâche,
ajouta-t-il, car voici ce qui m'est arrivé dernièrement avec un Américain et le secrétaire de la légation des États-Unis à Saint-Pétersbourg, MM. Macgahan et Schuyler, pour lesquels on m'avait prié
de chercher un domestique dans les vingt-quatre
heures. Nous avions, ma femme et moi, remué ciel
et terre pour leur trouver un honnête Tartare, non
pas qu'il y ait autant d'honnêtes Tartares que d'honnêtes chrétiens, mais M. Schuyler désirait un
domestique qui pût parler le russe et qui connût un
peu les habitudes européennes. Après avoir cherché
de tous côtés, au dernier moment, un serviteur vint
s'offrir de son propre mouvement. Le temps me
manqua pour prendre des renseignements, et par
conséquent je ne pus rien savoir de bon ou de mauvais sur son compte. Mais j'appris plus tard que cet
homme était un voleur, et que M. Macgahan, qui a
écrit un ouvrage très-intéressant sur son voyage, a
parlé de moi dans son livre, en disant que c'était sur
ma recommandation qu'il avait pris ce domes-

tique. Eh bien, si je vous procure quelqu'un, vous
écrirez peut-être aussi un livre, et vous ferez
comme M. Macgahan, si vous êtes mécontent. Je
commence donc par vous prévenir que je ne
saurais être garant de l'honnêteté ou de la moralité
d'un domestique, malgré mon désir et mes efforts
pour vous trouver une personne digne de confiance. »

M. Bektchourin était la bonté et l'obligeance
personnifiées ; il me promit de faire toutes les recherches possibles, et je soulageai son esprit de son
grief contre M. Macgahan en lui promettant de
demander à celui-ci de faire dans sa prochaine édi-
tion d'*Une campagne sur l'Oxus* une note rectifi-
cative à l'endroit de M. Bektchourin. On recevait à
l'hôtel, en fait de journaux, l'*Invalide*. J'attribuai
ce choix au grand nombre de militaires qui fré-
quentent cette maison. Certain paragraphe d'un
vieux numéro du journal me montra l'intérêt bien-
veillant que l'auteur, un officier russe, prenait aux
affaires de l'Inde. Cet article expliquait qu'à l'exposition géographique de Paris, les cartes anglaises les
plus récentes de l'Atrek et de l'Afghanistan n'é-
taient pas exposées, tandis qu'une intéressante carte
du Pendjab, avec toutes les routes et étapes (carte que
le géographe, à coup sûr, ne comptait pas du tout
publier), figurait à cette exposition. Le lendemain,
j'allai faire une visite au général Bazoulek, gouver-

neur par intérim, en l'absence de Kryjinovsky. C'é-
tait un bel homme d'environ quarante-cinq ans,
d'aspect un peu solennel ; il était tout-puissant, en ce
moment, à Orenbourg, et chercha à m'inspirer la
plus haute opinion de son autorité. Il ne put ou ne
voulut me fournir aucun renseignement sur la route
que je devais suivre pour aller à Khiva, se bornant
toujours à la phrase sacramentelle : « Allez d'abord
à Kasala, et là on vous donnera toutes les informations désirables. »

Je lui demandai s'il y avait un bureau de poste à
Khiva ; il me répondit qu'il le pensait, mais qu'il ne
pouvait me renseigner sur la route prise par les courriers. En réalité, l'ignorance géographique de tous
les employés avec lesquels je me trouvai en rapport
avait de quoi surprendre tous ceux qui savent la
grande importance que les autorités militaires russes
attachent à l'étude de la géographie. A mes yeux, il
n'y avait qu'une manière de résoudre le problème :
c'est que les officiers russes, plutôt que d'être im-
polis, se résignent à paraître ignorants.

# CHAPITRE XI

Les Cosaques de l'Ural. — Deux mille cinq cents bannis. —
Dissidents. — Les exilés sont fouettés. — Une battue. —
Bruits qui courent sur le général Kauffmann. — Les officiers
du Tsar dans le Turkestan.

On ne parlait à Orenbourg que d'une récente
émeute provoquée par les Cosaques de l'Ural;
les habitants de la ville d'Uralsk, ainsi que
ceux du voisinage, s'élevaient très-haut contre le
service militaire obligatoire, récemment imposé à
tous par une loi nouvelle. Jusque-là, les fils de famille échappaient au service; les cadres étaient
remplis par des recrues appartenant aux classes inférieures. Dorénavant, tout était changé, on ne pouvait plus acheter de remplaçant; il s'en était suivi un
grand mécontentement chez les Cosaques de l'Ural;
la plupart d'entre eux étaient des Raskolniks ou dissidents de l'Église grecque et appartenant à l'ancienne croyance (*staroi vara*). Lorsque ces populations virent leurs fils ainsi incorporés fatalement
dans l'armée, elles se révoltèrent et appelèrent
l'Empereur l'Antechrist. C'en était trop pour les

pieuses autorités de Saint-Pétersbourg : deux mille cinq cents mécontents furent bannis de l'Uralsk et envoyés dans l'Asie centrale ; on croyait même à Orenbourg qu'une fournée de deux mille autres intransigeants ne tarderait pas à suivre la première.

Les délinquants étaient dirigés d'Orenbourg à Kasala, et de là sur le territoire khivien. Un détachement de cinq cents hommes avait été expédié à Nookoos, petit fort construit récemment par les Russes sur la rive droite de l'Amou-Darya.

Le commandant de Kasala éprouva, paraît-il, beaucoup de résistance de la part des exilés lorsqu'il leur ordonna de marcher sous escorte jusqu'à Nookoos. Ne pouvant triompher de leur obstination, il les fit attacher avec des cordes à des chameaux et fouetter ensuite par des Cosaques de l'Ural. Ceux-ci exécutèrent cet ordre avec une barbarie révoltante ; on m'assura que trois individus succombèrent sous leurs coups. Le commandant de Kasala avait écrit à Saint-Pétersbourg pour savoir ce qu'il fallait faire des autres insurgés.

G... m'apprit qu'une grande battue avait eu lieu dernièrement par ordre de Kryjinovsky, en vue de détruire les loups soupçonnés d'avoir fait de grands ravages dans le pays. Des escouades de rabatteurs dispersés sur un espace de plusieurs kilomètres avaient peu à peu rétréci leur cercle, mais pourtant

ils ne réussirent pas à prendre un seul de ces car-
nassiers.

Je finis par devenir très-sceptique, sinon à l'endroit du fait de leur existence, du moins à celui de
leur nombre. Je venais de parcourir cinq cents verstes
sans en rencontrer un seul ; il en existe assurément,
mais leur multitude et leurs méfaits sont, je crois,
fort exagérés.

Kauffmann, le gouverneur général du Turkestan,
avait, dit-on, demandé un nouveau renfort de deux
régiments de la Russie d'Europe ; on devait les expédier tout de suite dans le Turkestan, le général étant
en ce moment de sa personne sur la route de Saint-
Pétersbourg. A Orenbourg, on disait qu'il n'était
pas très-bien en cour, vu qu'il avait porté les
aigles russes dans l'Asie centrale beaucoup plus
avant qu'il n'entrait dans les intentions de l'Empereur.

On supposait le Tsar très-opposé aux idées
d'annexion en Orient, et l'on affirmait qu'il n'avait
accordé à ses généraux l'autorisation de marcher de
l'avant que sur les plaintes réitérées de ceux-ci, qui
prétendaient être entourés de tribus sans lois, lesquelles enlevaient et emprisonnaient brutalement
les sujets russes. « *Qui n'entend qu'une cloche n'entend qu'un son* », dit le proverbe, et jamais il ne fut
plus juste qu'en cette conjoncture ; car, les Kokandiens
et les Khiviens ne pouvant plaider leur cause eux-

mêmes, les généraux russes étaient bien sûrs de
gagner la leur.

Du reste, la soif de conquête des officiers russes
dans le Turkestan s'explique facilement ; ce sont,
pour la plupart, des fils de familles pauvres, mais
nobles, qui n'ont d'autre fortune que leur épée,
d'autre avenir que leur avancement. Il est donc naturel qu'ils s'attachent à l'idée de la guerre comme
à la planche de salut de leur ambition. Vivre dans
l'Asie centrale en temps de paix n'est chose ni en-
viable, ni agréable ; n'ayant donc rien à perdre, mais
tout à gagner à la guerre, il est tout simple qu'ils
ne cherchent qu'un léger prétexte pour provoquer
les représailles des indigènes. Pendant ce temps-là,
l'Europe prête une attention émue aux récits des
cruautés commises par les fanatiques de l'Asie centrale, de la magnanimité russe et de l'intolérance
musulmane !

L'idée d'une croisade contre les musulmans clôt
la bouche, les yeux et les oreilles d'Exeter-Hall. L'appât de la conquête se cache derrière le mot magique :
Christianisme ! L'épée et la Bible ont fait un pacte ;
des milliers d'indigènes sont moissonnés par cette
arme évangélique qu'on nomme le canon, et un beau
jour on apprend, par les journaux du matin, qu'un
territoire beaucoup plus grand que celui de la
France et de l'Angleterre réunies a été annexé aux
possessions du Tsar.

Que nous importe! s'obstinent à répéter quelques-uns de nos législateurs; plus tôt la Russie et
l'Angleterre se toucheront, et mieux cela vaudra,
C'est un avantage incontestable pour l'Inde d'avoir
des Russes sur sa frontière au lieu des barbares
afghans. La Russie cependant devrait comprendre
combien il est utile pour elle d'avoir des voisins civilisés sur sa frontière européenne. — Dans l'état actuel
des choses, elle est obligée de concentrer sur ce point
les deux tiers de son armée. Les Anglais qui soutiennent cette opinion ne savent pas, à coup sûr, qu'il
serait, au cas où cette hypothèse se réaliserait, indispensable de tripler notre armée dans l'Inde, et que,
nonobstant cette précaution, il ne serait pas trop
facile d'assurer notre sécurité.—Quarante-huit heures
seulement nous séparent de la Noël. Je venais de
passer quatre jours à Orenbourg, cherchant un domestique, sans jamais en trouver un à ma convenance. Je montai dans mon traîneau, et me rendis
chez mon ami Bektchourin. Quelques Orientaux s'y
trouvaient réunis et buvaient de grandes tasses de
thé vert très-fort, qu'on apprécie surtout dans l'Asie
centrale. Je me félicitai d'autant plus de ma visite à
cette heure chez Bektchourin, que j'eus la chance
d'y rencontrer le khan de Kokand, naguère un souverain, maintenant un exilé loin, bien loin de sa
patrie, et retenu dans la Russie d'Europe par ordre
du Tsar. C'était un homme robuste, bistré et bien

bâti ; la captivité ne semblait pas avoir pour lui de
très-lourdes chaînes ; il avait bien vite adopté les habitudes européennes et venait même, disait-on, de
donner un bal !

La fête avait eu un vrai succès ; la plupart des
jeunes beautés d'Orenbourg s'y étaient donné rendez-vous ; on prétendait même que certaines dames
de la ville se disputaient vivement l'honneur de
convertir le khan à la religion grecque et ensuite au
mariage d'après les rites russes ; mais prenant en
considération qu'il est déjà favorisé de quatre
épouses, la tâche semblait presque désespérée.
Néanmoins on avait tout à gagner au succès de l'entreprise, et l'on disait qu'une union avec le converti
serait loin d'être désagréable à quelques jeunes filles
d'Orenbourg. Des bruits fabuleux circulaient en
ville sur la fortune du khan. On accueillait avec
une vive satisfaction, dans tous les quartiers, la nouvelle qu'il allait se fixer à Orenbourg et acheter une
maison dans le voisinage ; son intimité avec M. Bektchourin et avec le général Kryjinovsky, gouverneur
de la province, l'avait décidé à prendre ce parti.
D'après mon ami Bektchourin, l'évaluation de la
fortune du khan était très-exagérée ; il était loin
d'être le Crésus qu'on supposait. Il avait emporté
avec lui, en quittant Kokand, de grands trésors
en or et argent, mais on l'avait détroussé sur la
route. A ce moment-là, il possédait encore en-

viron cent vingt mille roubles, c'est-à-dire à peu
près trois cent soixante-quinze mille francs, fortune
peu considérable aux yeux d'un agent matrimonial
en Angleterre, mais une grosse amorce pour les
dames d'Orenbourg en quête d'épouseurs.

Bektchourin me dit alors avoir enfin trouvé un
Bokharien qui m'accompagnerait volontiers dans
mon voyage, comme domestique; il parlait le russe,
le tartare et le persan, avantage qui ne pouvait manquer de m'être fort utile.

Un peu plus tard dans la journée, Bektchourin
vint me trouver à l'hôtel avec une figure fort longue;
c'était pour me dire que le Bokharien dont il m'avait
parlé ne pourrait sans doute pas faire mon affaire.
La femme de mon ami avait été aux renseignements et avait appris que le père et la mère de ce
candidat fumaient l'opium et qu'il était aussi soup-
çonné d'avoir les mêmes habitudes. Un domestique
qui fume l'opium doit être parfois une commodité
tout à fait incommode. M. Bektchourin m'amenait
comme domestique un jeune Russe qui avait été
clerc; il savait le tartare, il paraissait avoir grande
envie de m'accompagner; mais je vis tout de suite
qu'il espérait être traité sur le pied d'égalité et comptait ne pas me servir du tout. Il se rengorgeait avec
tant d'importance que je lui eusse encore préféré le
fumeur d'opium. Que faire? Décidément il eût été
plus simple de se mettre à la recherche de la pierre

philosophale qu'à celle d'un domestique dans Orenbourg. Bektchourin, cependant, n'entendit pas abandonner la partie : « J'en trouverai un, disait-il, soyez
tranquille.» Quelques heures plus tard, en effet, un
autre postulant se présentait, en me disant avoir été
à Tashkent, comme domestique de M. David Ker.
Il me dit que madame Bektchourin lui avait prêté
quelques roubles pour retirer son passe-port qu'il
avait mis en gage, un Juif lui ayant déjà avancé
quelque argent sur ce document. Le Tartare me fit
l'effet d'un brave et honnête garçon. Nous nous ar-
rangeâmes facilement ensemble ; il fut convenu qu'il
entrerait à mon service, qu'il serait payé à raison d
vingt-cinq roubles par mois et défrayé de tout.

« Vous n'auriez peut-être pas d'objection, seigneur, me dit-il, à m'avancer le montant de quelques mois de gages. Ma mère est très-âgée, et j'ai-
merais à pouvoir l'aider pendant mon absence. »
L'amour filial est un sentiment qui parle toujours en
faveur d'un homme. J'étais ravi, j'avais trouvé un
prodige. Je bénissais Bektchourin, qui m'avait enfin
procuré une telle perfection. Je donnai immédiatement à ce brave garçon la somme qu'il désirait. Là-
dessus il me dit adieu, en me promettant de revenir
à l'hôtel le lendemain et de bonne heure.

Je croyais alors avoir eu raison de la moitié au
moins des difficultés du voyage. J'étais en veine,
comme on dit ; l'espérance fait toujours des contes

7.

flatteurs; le lendemain, je m'éveillai à cinq heures et commençai tout de suite mes préparatifs de voyage. Mais l'aube avait paru depuis longtemps, et je ne voyais pas poindre mon domestique. Je sonnai et demandai à parler au maître de la maison.

« Avez-vous vu, lui dis-je, le domestique que j'ai loué hier?

— Oui, seigneur.

— Pourquoi n'est-il pas venu ce matin? Il devait être ici à six heures.

— Vous lui avez peut-être donné de l'argent?

— Oui, répondis-je, pour sa pauvre mère malade. »

Le maître d'hôtel fit alors une grimace qui ressemblait presque à une convulsion : sa mâchoire s'ouvrit d'une oreille à l'autre, sa bouche caverneuse avait des profondeurs incommensurables. Quelques dents jaunes, brillant à intervalles irréguliers, paraissaient prendre part à sa gaieté ; tantôt il caressait ses vieilles défenses avec sa longue langue, tantôt il la passait sur ses lèvres de la manière la plus comique.

« Sa mère malade! hi, hi, hi! quel animal! hi, hi, hi! »

A force de rire, il finit par en pleurer, les larmes tombant de ses yeux sur ses joues.

« Vous ne le reverrez, monseigneur, que lorsqu'il aura dépensé votre argent; il est allé *kookit*
(comme on dit, faire la noce). Ah! le fin renard! »

Là-dessus, le maître d'hôtel s'éloigne, visiblement
enchanté de la façon dont j'avais été joué par son
compatriote.

# CHAPITRE XII

Bien que citoyen américain, c'est-à-dire un homme pratique par excellence, et tout en étant déjà venu des États-Unis à Orenbourg, G... ne fit pas preuve de judiciaire dans les conseils qu'il me donna sur les provisions qu'un voyageur doit faire avant de se mettre en route. Si j'avais suivi ses avis, j'aurais acheté presque tout le contenu des boutiques d'Orenbourg. Les épiciers étaient ravis de mettre de côté, pour mon service, boîte après boîte de conserves de viandes. A la fin, je fus obligé de m'interposer, et de lui dire : « C'est très-bien, mais comment les emporter? — Les emporter ! reprit-il, mais un traîneau est le contenant le plus élastique qu'il y ait au monde, il s'étend à volonté; Schuyler et Macgahan en ont emporté bien d'autres! Je ne fais que commencer mon choix, nous irons ensuite dans un autre magasin. Ces losanges confits sont excellents, goûtez-les.» Puis se retournant vers l'épicier, il continua : «Quatre kilogrammes de chocolat, des pickles aussi... délicieux, quelques bouteilles... très-bien ! maintenant de la chandelle et de l'esprit-de-vin pour le réchaud, une lampe, quelques outils de charpentier pour réparer au besoin des avaries à votre traîneau, des paquets de corde, des clous, un tapis pour s'asseoir, du vin fin à offrir aux officiers russes: ils aiment le vin et en boivent volontiers, quoi-que vous n'en preniez pas vous-même. Allons ! une douzaine de bouteilles, n'est-ce pas ? me dit-il d'un air suppliant. Puis il faudra aussi penser aux petits cadeaux à faire aux indigènes, et acheter quelques miroirs, des colifichets, etc., etc.; vous en verrez, croyez-m'en, l'utilité. »

La nécessité d'enrayer la prodigalité de mon ami me parut urgente; inexpérimenté comme il était à l'endroit des expéditions du genre de celle que j'allais entreprendre, il imaginait qu'on ne pouvait voyager dans les steppes sans être muni d'une bou-tique tout entière d'épicerie, de menuiserie, de tapisserie, etc., etc.

« A vous avouer franchement, lui dis-je, je ne prendrai pas le quart des objets que vous avez fait mettre de côté pour moi, et je ne veux plus rien acheter. J'ai eu bien de la peine à me caser dans mon traînean, sans domestique, en venant de Samara ici, et je sais mieux que personne que ce genre de véhicule n'admet pas le superflu.

— Pas du tout, me dit G…, Schuyler et Macgahan avaient deux traîneaux : c'est chose arrangée, n'en parlons plus. » Puis se tournant du côté de l'épicier :

« Mettez encore quelques kilogrammes de cacao, j'aurai bientôt fini. »

Inutile de discuter avec lui ; la seule chose à faire était de laisser le marchand mettre de côté les différents articles sur son comptoir, et de dire que je reviendrais faire mon choix et payer.

Je me rendis ensuite à la Banque, désirant, pour m'alléger un peu, convertir en papier une partie de l'or que je portais toujours sur moi dans ma ceinture. La circulation du papier-monnaie est accompagnée en Russie de particularités très-curieuses et peu connues des étrangers ; l'avis suivant est imprimé sur chaque billet : « La Banque payera en or ou en argent, à présentation, le total de roubles inscrit sur le billet. » Arrangement aussi juste qu'excellent, s'il était pratiqué. Rien n'est plus difficile, au contraire, que de se procurer de l'or en Russie. Pendant mon séjour à Saint-Pétersbourg, je dus attendre une fois presque une heure tandis qu'un des employés était allé acheter en ville des demi-impériales.

Finalement, je payaï six roubles dix-huit kopecks
chaque demi-impériale, d'une valeur effective de
cinq roubles quinze kopecks (vingt francs cinquante
centimes), comme chacun sait. A Orenbourg, ayant
demandé à la Banque du gouvernement de convertir
quelques demi-impériales en papier, le caissier
refusa de m'en donner plus de cinq roubles soixante-
quinze kopecks. Je ne voulus pas consentir à la transaction, et j'allai à la Banque commerciale ; là, le
caissier m'offrit six roubles. Je lui montrai alors
quelques souverains anglais[1] ; il les admira beaucoup, mais refusa de me donner des roubles en
échange, à moins d'envoyer d'abord et à mes frais un
télégramme au directeur de la Banque à Saint-Pétersbourg, pour savoir quel prix il en donnerait. Je vis
que personne à Orenbourg ne changerait mes souverains à aucun prix, et je dus accepter ces conditions.

Le lendemain, j'appris que la Banque commerciale prendrait mon or anglais, mais à un change
beaucoup plus bas que celui de Saint-Pétersbourg.
Les difficultés que j'avais eues pour obtenir le change
de mes souverains feront facilement comprendre le
mépris avec lequel le caissier considérait les lettres
circulaires de Coutts et Cⁱᵉ et une lettre de crédit de
Cox et Cⁱᵉ, les uns banquiers, les autres agents de

[1] Le souverain anglais, évalué en monnaie française, vaut
vingt-cinq francs vingt-cinq centimes.

l'armée anglaise. L'employé regardait ces lettres de
change comme de vrais chiffons de papier ; je lui
dis qu'à Londres on les estimait autant que de l'or
en barre, mais il secoua la tête avec un air de profonde incrédulité. Malgré la quantité de métaux
précieux dont on suppose la Russie pourvue, il y en
a une grande disette dans les banques ; les caissiers
refusent de payer à la fois plus de cinq roubles, ou
dix-sept francs cinquante centimes, en espèces ; ils
font presque toutes leurs transactions avec du papier. Lorsqu'un Russe est sur le point de quitter
Orenbourg, avec la perspective d'un long voyage
en voiture, et qu'une somme d'argent lui est
absolument nécessaire, il doit envoyer à la Banque
plusieurs personnes comme commissionnaires;
chacune recevra alors cinq roubles d'argent. Par ce
procédé, le voyageur peut se trouver éventuel-
lement pourvu d'argent liquide , ce qui est tout
à fait indispensable pour voyager en Russie, les
inspecteurs des stations ayant rarement de la
monnaie pour le change. La quantité de papier en
circulation dans les possessions du Tsar est très-
surprenante pour l'étranger, et si la prospérité financière d'une nation s'apprécie par la quantité d'or
et d'argent qu'elle possède, la Russie doit être à la
veille d'une banqueroute.

Je dînai ce jour-là avec quelques officiers russes,
dont l'un est directeur des télégraphes à Orenbourg.

La conversation tomba sur la probabilité d'une rup-
ture immédiate avec l'Allemagne ; un des convives
dit que l'armée allemande ne pouvait employer
ses wagons sur les voies ferrées russes, vu que l'é-
cartement des rails avait été calculé tout exprès à
une largeur différente de celui des chemins de fer
autrichiens et allemands. Une autre personne fit observer que d'après ce qu'elle avait entendu dire, les
Prussiens avaient trouvé moyen de tourner la
difficulté, un officier du génie ayant inventé un
système de voitures et de machines pouvant s'a-
dapter à toutes les lignes ; elle ajouta que, s'il en
était ainsi, la différence de l'écartement ne mettrait
plus obstacle à une invasion de l'armée allemande.
J'excitai très-visiblement la curiosité de l'employé
du télégraphe ; il me fit nombre de questions sur
mon voyage ; finalement il dit à G... : « Soyez sûr
que nous ne le reverrons jamais ; il est chargé d'une
mission par son gouvernement, et dès qu'il l'aura
remplie, il retournera en Angleterre par un autre
chemin. »

Noël est arrivé ; il y a vingt-cinq jours que j'ai
quitté l'Angleterre, temps nécessaire pour aller et
revenir de Londres à New-York, et je ne suis encore
qu'à Orenbourg ! Tout à coup on m'annonça
M. Bektchourin.

« Avez-vous vu le domestique ? me dit-il.

— Non-seulement je l'ai vu et gagé, mais je lui

ai avancé cinquante roubles pour sa mère malade,
Il aurait dû être ici hier matin à six heures, mais il
n'a pas encore paru.

— Quel animal! dit M. Bektchourin, quel mauvais drôle ! Si vous saviez comment il a dupé ma
femme! Il était venu la trouver en mon absence, en
lui disant qu'il m'avait vu, et la priait de lui prêter
quelques roubles afin de pouvoir dégager son passe-
port. Dès qu'il eut obtenu ce qu'il demandait, il se
sauva ; mais laissez faire, nous le retrouverons, dit-
il, en secouant son poing avec colère. Ah! il lui en
cuira ! Mon cher monsieur, je vais de ce pas à la
police. »

Le brave homme partit en effet immédiatement.
Dans la soirée, je me rendis de mon côté chez quelques autorités ; je rencontrai le colonel Dreir, le
directeur de la police d'Orenbourg ; il me dit que
M. Bektchourin était déjà venu, et que l'affaire était
confiée au sergent Solovef, le plus intelligent des
agents du district. Ayant prononcé ces mots, le
colonel sonna et donna l'ordre d'introduire le sergent.

Après quelques instants, celui-ci arriva; c'est
un homme de haute taille, aux lèvres minces, au
nez d'aigle, à l'œil de lynx; il fit, en entrant, le salut
militaire, se tenant dans la position du soldat sans
armes, droit et roide comme un piquet.

« Vous avez entendu parler du vol commis au

préjudice d'un Anglais par un domestique tartare ?

— Oui.

— Il faut trouver le voleur.

— Je le trouverai.

— L'argent doit être rendu.

— Il le sera..... si toutefois il n'est pas déjà dépensé, dit le sergent.

— Sur-le-champ ?

— Sur-le-champ.

— Allez, dit le colonel.

— J'obéis », répondit le sergent. Et tournant sur ses talons, il sortit.

La difficulté de trouver un domestique à Orenbourg était évidemment si grande, que je renonçai à chercher plus longtemps. Je me décidai à continuer seul mon voyage, du moins jusqu'à Kasala ; là, pensais-je, je recommencerai à m'occuper de ce détail, et je verrai si dans cette partie du monde un Tartare honnête est un oiseau aussi rare qu'à Orenbourg. Le colonel Dreir me donna l'autorisation nécessaire pour me munir d'un *podorojnaya,* ou permis de circulation, jusqu'au fort n° 1 (Kasala) ; j'allai chercher cette pièce à la trésorerie, où elle me fut délivrée ; elle portait ces mots sur la suscription :

« Par ordre de S. M. l'empereur Alexandre, fils de Nicolas, autocrate de toutes les Russies,

« Fournir trois chevaux, un cocher au tarif légal, sans délai, depuis Orsk jusqu'à Kasala, au capitaine Frédéric Burnaby, fils de Gustave Burnaby. Donné dans la ville d'Orenbourg, le 15 décembre 1875. »

A peine de retour à mon hôtel, je reçus une nouvelle visite de Bektchourin. Tout en buvant notre thé, nous entendîmes le bruit d'un fourreau de sabre frappant les marches de l'escalier, et un grand vacarme dans la rue. Le maître d'hôtel entra presque aussitôt ; sa figure traduisait une grande surexcitation ; il avait évidemment à m'apprendre une nouvelle importante. Si, au lieu de ce maître d'hôtel, j'avais vu arriver un groom anglais, j'aurais cru que mon meilleur cheval avait une jambe cassée.

« Eh bien ! qu'est-ce donc ? m'écriai-je, votre femme est-elle morte ? Le feu est-il à la maison ?

— Non pas, seigneur, mais nous le tenons.

— Qui, le voleur ? dit Bektchourin.

— Oui ; le sergent est avec lui en bas, le drôle pleure ; domestiques et locataires font cercle autour de lui, le regardant comme une bête curieuse. Enfin, il est pris, voilà une bonne affaire ; le sergent peut-il vous l'amener ici ?

— Certainement », dis-je.

Un instant après, la porte s'ouvrit, et le délinquant entra, violemment poussé dans la chambre. Le sergent le suivait de très-près avec un air d'impor-

lance tout à fait comique ; il fit deux petils pas, puis
un grand, s'approcha du coupable, plaça la main
gauche sur l'épaule du prisonnier, et salua majestueusement de la main droite. Cette scène était vraiment risible : les domestiques ahuris, les locataires
ébahis, le maître d'hôtel s'essuyant le front avec la
serviette de table qu'il m'avait donnée comme serviette de toilette, ouvrant et fermant alternativement
la bouche, se pâmant d'étonnement ; le prisonnier
implorant grâce et miséricorde, le sergent rôide
comme une barre de fer, et enfin Bektchourin montrant le poing au coupable.

« Vous voilà enfin pris, mauvais sujet ! Ah ! c'est
ainsi que vous vouliez déshonorer notre race ! Eh
bien, laissez faire, vous allez en recevoir ; click,
clack, click, vous en aurez. Ah ! vous pouvez pleurer, dit Bektchourin au coupable, qui gémissait
d'avance en pensant à la bastonnade qui allait venir.
Et l'argent, sergent ? et l'argent ? qu'en a-t-il fait ?
Où avez-vous pris le voleur ? »

L'employé de la police n'était pas doué de la même
facilité d'élocution que son supérieur ; pour se donner le temps de rassembler ses idées, il fit encore un
salut solennel, puis lança brusquement cette phrase :

« Il a dépensé vingt-cinq roubles au café ; en voici
encore vingt-cinq. Les femmes ! oh ! les femmes !
Elles étaient deux avec lui. »

Après ce récit, le sergent déposa sur la table l'argent qu'il avait trouvé dans les poches de son prisonnier.

«Au nom du ciel, pardonnez-moi, s'écriait celui-ci en se jetant aux pieds de Bektchourin, mais j'ai bu..... elle a bu..... nous avons bu..... je vous rendrai plus tard votre argent.

— Très-bien, très-bien, dit Bektchourin; commençons d'abord par prendre celui-là, nous verrons ensuite ce que nous aurons à faire relativement à la bastonnade. Emmenez-le, sergent, et voyez s'il y a moyen de lui faire rendre ce qui manque encore. »

# CHAPITRE XIII

La surexcitation causée dans la maison par l'arrivée du prisonnier étant calmée, je partis avec mon
ami G..., pour aller acheter un costume complet de
peau de mouton, tel que le portent les paysans russes.
Pendant ce temps, le bon Bektchourin continuait à
me chercher un domestique. « Je veux vous en procurer un, me disait-il, vous ne vous en irez pas seul ;
il ne sera pas dit qu'il n'y a pas un honnête Tartare
à Orenbourg. »

G... me conduisit dans une rue presque exclusivement habitée par des marchands de fourrures. En
entrant dans une boutique, nous fûmes frappés de
l'odeur nauséabonde qu'elle exhalait. Il y a quelques

années, par une après-midi brûlante, lorsque l'eau était très-basse, la Tamise avait une odeur très-désagréable ; mais celle de cette petite boutique était encore plus infecte. Les peaux s'y trouvaient à tous les degrés de préparation ; la chaleur produite par un grand four à sécher était absolument insupportable ; seule, la nécessité où j'étais de me commander des vêtements très-chauds me retint un instant dans cet établissement, car ceux que j'avais apportés de Saint-Pétersbourg ne pouvaient pas me servir pour un voyage à cheval. La shuba ou pelisse est incommode pour chevaucher ; les vêtements de peau de mouton, malgré leur odeur, sont bien préférables à tous les autres, sous le rapport de la chaleur. On me prit mesure pour une redingote, faite avec le poil en dedans ; j'achetai aussi plusieurs pantalons semblables, une paire de bas longs ou hauts-de-chausses, également en peau de mouton, pour mettre pardessus quatre paires de bas de feutre ; le haut-dechausses devait être recouvert à son tour par de grandes bottes de toile. Je savais déjà par expérience que les chaussures de cuir sont tout à fait impropres à préserver les pieds du froid. Lorsque j'endossai ce costume sur celui que j'avais fait faire à Londres, il me sembla que je pouvais dorénavant braver le froid le plus rigoureux.

Dans la soirée, Bektchourin revint à l'hôtel accompagné d'un Tartare, exceptionnellement petit

pour sa race ; il n'avait pas cinq pieds de haut ; il
était, me dit-on, de noble naissance ; son père avait
été officier dans l'armée russe ; mais sa famille était
pauvre, et Nazar (c'était son nom) aimait beaucoup
les voyages et les aventures. Il me dit être prêt à
tout faire, à se prêter à tout, à aller partout ; il se
piquait d'une grande sobriété, parlait, paraît-il,
très-bien le russe et le dialecte kirghiz. Bektchourin
me répondit de l'honnêteté de Nazar ; il me pria, lui
aussi, de lui avancer cinquante roubles ; il ne s'agissait
pas cette fois d'une mère malade, mais d'une moitié
légitime. J'y consentis, non pas sans un léger sentiment d'hésitation, en me rappelant le tour qu'on
m'avait déjà joué ; Bektchourin m'embrassa, en me
disant bonsoir ; il fut convenu que le domestique
viendrait me trouver le lendemain à l'hôtel, et que
nous partirions le jour même.

Bien avant l'aube, j'étais debout, occupé à faire
mes derniers préparatifs. Quand Nazar arriva, j'avais
fini d'emballer presque toutes mes provisions ; le
moment décisif était venu..... Domestique, traîneau, chevaux, bagages, tout était là ! Mais comment arriver à mettre toutes mes caisses dans le
véhicule, et ensuite trouver de la place pour mes
jambes ? C'était un problème qui me paraissait presque insoluble.

Nazar arrangea d'abord les paquets d'une façon,
puis d'une autre, mais sans succès ; à la fin l'esprit

8

inventif du maître de l'hôtel vint à la rescousse ; on
attacha quelques boîtes de conserves de chaque côté
du traîneau, et je trouvai ainsi la place pour m'asseoir. Heureusement que le bagage de mon domestique lilliputien était proportionné à sa taille ; juché
sur ma boîte à fusil, laquelle était placée sur mon
sac à selle, il se balançait et regardait autour de lui
en attendant mes ordres : « En route! » criai-je.
Nous partons escortés par les bons souhaits de tous
les habitants de l'hôtel. Le vent est aigre et souffle
de l'est ; l'atmosphère est claire et pure ; quelques
pas encore, et me voilà longeant l'Ural ; nous rencontrons de temps en temps des chariots traînés
par des chameaux. Les lourdes voitures sont chargées de coton venant de Tashkent ; le voyageur
qui connaît les chameaux du Liban, ces navires du
désert, comme on les appelle, est frappé de la
petite taille et de la crinière de lion du chameau de
ces contrées. La nature leur a donné, du reste, tout
ce qu'il faut pour résister à un climat cruellement
rigoureux ; ils marchent impunément dans la neige
si épaisse qu'elle soit, quand les chevaux ne sauraient être d'aucune ressource. Ici, un Cosaque à
cheval, brandissant son grand sabre, passe comme
un éclair ; là, nous voyons quelques vagabonds kirghiz, dont la face rubiconde contraste beaucoup
avec la figure blême des Russes que nous avons
laissés derrière nous.

J'apprécie de plus en plus mes vêtements de peau de mouton ; l'air vif emportait leur mauvaise odeur aux quatre vents du ciel ; pour la première fois, depuis que je voyage en traîneau, je n'ai pas à souffrir du froid. Nous arrivons à la maison de poste en temps propice ; en moins de vingt minutes on renouvelle notre attelage, et nous voilà repartis. Rien de plus insipide, de plus dénué de couleur et de vie que le pays que nous traversons ; une immense plaine, rien de plus ; la chaîne peu élevée des montagnes de l'Ural qui se dessinent à l'horizon rompt seule la monotonie du paysage. Après avoir couru plusieurs relais, je me décide à faire une halte à Krasgorsk. Nazar mourait de faim. Il était parti sans déjeuner ; sa physionomie s'éclaira lorsque je lui fis part de mon projet. « Il y a là d'excellent lait et de bons œufs, me dit-il en se léchant les lèvres ; plût à Dieu que nous y fussions déjà ! » J'étais moi-même affamé comme un loup, car la tasse de thé que j'avais prise le matin à Orenbourg n'était pas un lest bien solide. J'invitai donc mon cocher à activer l'allure de ses chevaux, mais le proverbe bien connu : Plus on se presse, moins on avance, ne se trouva que trop justifié. L'après-midi s'avançait ; le disque d'or du soleil descendait majestueusement à l'horizon ; les exclamations bruyantes et réitérées de mon cocher me prouvaient qu'il n'était rien moins que satisfait de ses chevaux. Au moment du départ,

j'avais été désagréablement frappé de leur état
d'étisie*: ils étaient minces comme des lattes; les os
leur perçaient littéralement la peau. Ils étaient attelés à la manière russe, qui consiste à placer un
cheval entre les brancards et deux autres en flèche.
Pendant quelque temps, j'avais vu le fouet du cocher planer tranquillement sur la capote, et tout à
coup je le vois cinglant les pauvres bêtes à coups
redoublés.

« Qu'est-ce qu'il y a? lui dis-je.

— Bourân », fut sa laconique réponse; il était,
hélas! bien facile de comprendre que nous étions
menacés d'un chasse-neige. En effet, la neige éclate,
pour ainsi dire, en millions d'étincelles. Le vent
l'accumule d'une façon effrayante sur notre chemin,
l'atmosphère devient de plus en plus dense, chargée
qu'elle est de gros flocons de neige. Le froid est
âpre, incisif et violent. Les derniers rayons du soleil s'étaient évanouis, et, malgré mes précautions,
je me sentais aux prises avec les griffes d'un climat
glacial. Peu à peu l'obscurité rend tout ténébreux
autour de nous, à peine puis-je distinguer le dos de
mon cocher; mon petit domestique tartare, perché
comme un singe, m'informe tristement que nous
nous étions égarés : ce n'était que trop vrai. Nous
avions perdu la piste; nos chevaux surmenés,
fourbus, ne pouvaient se frayer un passage au
milieu de la neige massive qui les enveloppait jus-

qu'aux flancs. Alors mon cocher leur applique un vigoureux coup de fouet; il en résulte un mouvement d'impulsion auquel obéit à son tour le traîneau; le tout monte, descend, tant et si bien, qu'un des chevaux bronche, tombe, brise son harnais de corde et nous met dans l'impossibilité d'avancer. Il est évident que notre attelage est hors de combat. Si nos chevaux n'ont plus de jambes, notre cocher, lui, semble avoir perdu l'usage de ses bras, car son fouet reste inerte à côté de lui. Enfin, il descend de son siége, parvient à relever l'animal, sur le dos duquel il saute, et, se penchant à droite et à gauche, cherche à découvrir la piste perdue.

« Ah! que j'ai faim! me dit mon petit Tartare; je n'ai pas déjeuné, ma ceinture est deux fois trop large. » Et il la rétrécit de plusieurs crans comme pour mieux comprimer son appétit. Heureusement, j'avais dans ma poche du pain et du chocolat. Je partageai cet à-compte avec mon jeune affamé, et tous deux nous pourvûmes ainsi aux exigences les plus impérieuses de notre estomac.

Au bout d'une heure environ, mon cocher revint et me dit qu'il avait perdu sa route, qu'il fallait se résigner à passer la nuit dehors et que nous courions grand risque d'être gelés! Quelle destinée terrible! Le thermomètre est à je ne sais combien de degrés au-dessous de zéro; le vent nous brûle la peau comme avec un fer rouge; la neige menace de nous

8.

enterrer vivants sous sa poussière blanche ; pas de
bois, pas de broussailles pour faire du feu.

Mon sac, mon fameux sac de campement est impraticable : pas de pelle pour édifier une cabane de
neige, rien que la perspective de nous endormir
bientôt du sommeil des morts. J'ai d'abord des pico-
tements atroces aux mains et aux pieds ; ce que
j'éprouve aux ongles semble provenir plutôt de
l'application d'un fer rouge que du froid. Je souffre
cruellement, quoique l'avenir me réserve encore
bien d'autres tortures.

Un affaissement indescriptible m'envahit, un état
comateux me gagne. Mon domestique, qui murmure
contre son sort, me réveille heureusement ; le
pauvre garçon se serait bien donné de garde de me
livrer tout haut le secret de ses inquiétudes et de ses
souffrances. Je l'engage à venir prendre place à côté
de moi dans l'intérieur du traîneau ; je donne toute s
les fourrures dont je puis disposer à mon cocher
tartare, puis, me rapprochant de Nazar, je lui d is
qu'il faut nous roidir contre le sort et contre le
sommeil.

La sensation de douleur perd bientôt de sa vivacité. Ç'en est fait de moi, je m'endors..... D
riantes images, des festins copieux et succulents
passent, repassent et disparaissent dans mon imagination ; un violent coup de coude de mon voisin a
bientôt raison de ma somnolence. « De grâce, m

dit-il, ne fermez pas les yeux, ou vous êtes perdu. »
La résistance est difficile, l'effort est grand, mais je
reprends enfin pleine possession de moi-même ; cette
fois, c'est à mon tour de surveiller mon voisin et de
lui sauver la vie en l'arrachant au sommeil.

Pendant ce temps, mon cocher s'abandonne aux
élans naturels de son éloquence avec une force de
passion extraordinaire.

« Prie-t-il ? demandai-je à Nazar.

— Prier ! me répondit-il, oh ! non ; il jure contre
ses chevaux, qu'il accuse de notre infortune. »

La nuit s'écoula cependant. Il faut avoir été cloué
longtemps sur un lit de douleur en écoutant le tintement monotone du balancier, pendant que les ai-
guilles de la pendule décrivent leur cercle autour du
cadran, pour comprendre la joie que nous éprouvâ-
mes, lorsque la première lueur du jour nous apparut,
comme un rayonnement divin. Notre premier soin
fut de retirer notre cocher de sa tente glacée ; il
avait mieux supporté qu'on ne pouvait l'espérer
cette nuit cruelle. Il secoua la neige de ses fourrures, puis, après s'être étiré deux ou trois fois,
comme pour se bien assurer de l'élasticité de tous
ses membres, il remonta à cheval, afin d'aller chercher au prochain relais aide et secours. Une heure,
deux heures se passèrent, pendant lesquelles nous
goûtâmes un sommeil qui du moins cette fois était
sans danger. Enfin, à midi, je fus réveillé par la

poignée de main cordiale d'un fermier que notre
cocher avait envoyé à notre aide.

« Eh bien! frère, me dit-il gaiement, nous
sommes arrivés à temps, grâce à Dieu ! » Puis s'a-
dressant à quelques-uns de ses congénères venus
avec lui armés de pelles et de pioches, il leur dit :

« Allons, enfants, allons! soulevons le traîneau. »

Ils y réussirent, à notre grande satisfaction. Je
leur témoignai de mon mieux ma gratitude en leur
donnant une bonne récompense. Ceci fait, on attela
trois chevaux frais à notre véhicule ; nous retrou-
vâmes facilement notre route, et au bout d'une
heure nous étions à la maison de poste. Nous
avions mis vingt et une heures à faire vingt-quatre
kilomètres, mais nous devions nous trouver presque
heureux, car nous n'avions rien à perdre de plus que
du temps. Peu après notre arrivée, nous fîmes brave-
ment honneur à un échantillon du savoir-faire culinaire de Nazar : mélange de riz, chocolat, œufs cuits
sur un de mes petits réchauds ; ainsi réconforté, je
ne demandais plus qu'à repartir. Ma mauvaise chance
continua. Les dieux étaient toujours contre moi. A la
maison de poste, je trouve quatre voyageurs que la
neige forçait comme nous à rester en panne. L'un
d'eux est le courrier de la malle d'Orenbourg à Tashkent ; l'œil de feu, le poignard au côté, il a l'air prêt à
tout pourfendre ; c'est un garçon dont les maraudeurs

tartares ou kirghiz n'auraient pas, à coup sûr, facilement le dernier mot.

Il me dit que la bourrasque sévissait avec fureur,
et que poursuivre notre voyage dans de telles conditions serait acte non moins téméraire qu'insensé.
Le vent, suivant lui, était le vrai danger, parce que
les chevaux, auxquels il gerce la tête, finissent
presque toujours, en cherchant à se soustraire à cette
tourmente, par conduire le voyageur hors de la
bonne voie.

Sur ces entrefaites, survinrent un officier et sa
femme qui se rendaient de Tashkent à Saint-Pétersbourg. La jeune voyageuse ne paraissait guère en
état de supporter les fatigues qui l'attendaient encore
avant d'arriver à Sizeran. Son traîneau, bien fermé,
bien confortable, était cependant pourvu de tous les
préservatifs imaginables. Malgré tout, elle avait
beaucoup souffert du froid, surtout aux pieds; la
circulation du sang était parfois chez elle complète-
ment interrompue aux extrémités, le froid s'insi-
nuant quand même, glacial et incisif, à travers les
couvertures sous lesquelles elle disparaissait presque
entièrement. Nous trouvâmes là aussi un médecin
qu'on avait appelé près d'un malade, habitant un
village situé à vingt-cinq kilomètres dans l'intérieur,
loin de toute ressource médicale. Orenbourg était
encore le lieu le plus rapproché où l'on pût faire
appel. Le cas, paraît-il, était grave. C'était une an-

gine, affection toujours si redoutable à cause de
l'excessive rapidité de sa marche. La dépêche ex-
pédiée au docteur avait déjà huit jours de date ;
selon toute probabilité, le patient serait guéri ou
enterré lors de l'arrivée du fils d'Esculape. Le docteur n'était pas muni de nitrate d'argent ; il nous
demanda si nous ne pourrions pas lui en procurer,
ou à défaut quelque autre caustique puissant. Mes
compagnes de voyage, les pilules de Cockle, et mes
autres recettes anticholériques, n'étaient malheureusement pas applicables au cas en question. Si j'avais
eu affaire à un Arabe, j'eusse pu en administrer une
dose avec grande chance de succès, car c'est surtout
au fils de l'Islam que s'applique l'axiôme : « Il n'y a
que la foi qui sauve. » Du reste, n'est-ce pas pour
tous le meilleur acheminement vers la guérison ? La
saignée se pratique encore fréquemment en Russie ;
un des voyageurs russes présent parla de ce moyen
au docteur comme dérivatif de l'inflammation. Celui-
ci fit un signe de tête négatif, et commença à ce
sujet une dissertation entrelardée de citations latines,
destinées à nous convaincre de l'étendue de son
savoir classique. Ses préjugés contre la lancette
étaient évidents, ce qui ne veut pas dire qu'arrivé
près du pauvre patient, il n'en ait pas fait usage.

La propension du peuple russe à la curiosité ne
m'était pas encore apparue avec un caractère aussi
prononcé ; le vieux docteur me harcela de tant de

questions, que je fus sur le point, pour couper court
à ses investigations, de lui dire tout en bloc, mon
âge, ma fortune, et même ce que j'avais eu la veille
à mon dîner. La soirée, cependant, s'écoula tranquillement, et chacun finit par se laisser aller au
sommeil, les hommes étendus sur des planches, les
femmes sur des sofas. Malgré le manque absolu d'é-
lasticité de ma couche, je ne tardai pas, pour mon
compte, à tomber dans les bras de Morphée. Aucun
climat ne m'avait encore autant éprouvé que celui
auquel je venais d'être exposé. Les rayons brûlants
du soleil tropical du Sahara semblent capables de
dessécher la sève humaine ; une marche forcée à
dos de chameau laisse d'énormes fatigues, mais tout
cela n'est rien en comparaison des tortures que le froid
impose à celui qui voyage en Russie pendant l'hiver.

Plus d'une fois notre sommeil fut interrompu
pendant la nuit par des voyageurs arrivant d'Orenbourg ; ils s'installèrent les uns après les autres sur
les planches où nous avions pris place. Notez bien
que nous étions dans une obscurité complète ; aussi,
souvent, les nouveaux arrivants foulèrent-ils aux
pieds le courrier qui était couché par terre. A chaque fois, sa fureur éclatait, comme un cri de l'âme,
en jurons sonores. De son côté, le vieux docteur prétendait lui imposer silence, et profitait de l'occasion
pour nous gratifier de citations latines dont certes
nous l'aurions bien volontiers dispensé.

# CHAPITRE XIV

Je me décidai donc à profiter de la présence du
courrier. Je lui dis que je me proposais de continuer
le voyage avec lui, espérant ainsi arriver plus vite à
destination ; il y consentit volontiers. Après avoir
attendu longtemps l'attelage de nos traîneaux, nous
partîmes enfin. Cet arrangement m'offrait un avantage réel : celui d'user au besoin des pelles et pioches
dont le courrier était muni pour retirer son traîneau
de la neige, si les chevaux quittaient la voie ou s'ils
étaient renversés par la force de la tourmente. Une
seule chose m'inquiétait : c'était la difficulté de marcher de conserve avec lui, vu que les maîtres de poste
sont tenus de fournir toujours les meilleurs chevaux
aux courriers. Mais je connaissais déjà l'endroit vul-
nérable des cochers ; je savais que le pourboire ou

plutôt le *pour thé* est un moyen infaillible de gagner
leur affection; si votre générosité est bien établie,
ils vous conduisent volontiers sans nul souci des intérêts de leur maître; dans le cas contraire, ils ne
se font pas scrupule de mettre une heure et demie,
au lieu d'une heure, à faire dix verstes, comme le
tarif les y oblige.

Hélas! tous mes calculs étaient de nouveau dé-
joués; c'était à croire que quelque puissance occulte
prenait un malin plaisir à contrarier ma marche. Il
y avait à peine une demi-heure que le tintement des
grelots résonnait à mon oreille, quand je tombai
profondément endormi. Lorsque je m'éveillai, ce
bruit avait perdu toute sa sonorité; à vrai dire, il
était même presque insaisissable. Mes chevaux marchaient au pas; le cocher, qui était descendu de
son siége, fouettait les pauvres bêtes sans pitié, mais
aussi sans pouvoir les mettre au trot.

« A quelle distance sommes-nous du dernier relais? lui dis-je.

— Cinq verstes », répondit-il.

Je regardai à ma montre : nous avions mis une
heure et demie environ à faire quatre kilomètres, et
malgré le froid et les imprécations du cocher, il
était évident que cet attelage fourbu ne pouvait nous
conduire à la prochaine étape. Inutile donc de continuer de ce pas; je dis à mon cocher de faire volte-
face immédiatement. A mon arrivée au relais, je fis

9

venir l'inspecteur et demandai le livre des réclamations. J'écrivis tout de suite mes plaintes sur ce regis-
tre, disant qu'entre le moment où nous avions demandé des chevaux, le courrier et moi, et celui où l'on
nous en donna, quarante-cinq minutes au moins s'é-
taient écoulées; que l'attelage était détestable et incapable de fournir une course plus longue qu'une promenade. Je terminai mon rapport en disant que j'espérais que l'inspecteur serait puni de son incurie,
comme il le méritait. Je lus ensuite ma prose à haute
et intelligible voix à cet employé et aux voyageurs.
Ceux-ci, ayant déjà eu à se plaindre de la manière
dont le service se faisait dans cette maison de poste,
m'approuvèrent très-fort, mais l'inspecteur me dit
que c'était la première fois qu'on lui adressait un
pareil reproche, qu'il allait être ruiné, déconsi-
déré, etc., etc.; bref, il me supplia de lui pardonner
en m'assurant qu'il ne tromperait jamais plus personne à l'avenir.

« Pardon, cher petit père, pardon, répétait-il; je
vous promets de vous donner trois bons chevaux
bourrés d'avoine à en éclater et pleins de feu.

— Vous engagez-vous, lui dis-je, à me faire rattraper le temps perdu et à me mettre en mesure de
retrouver le courrier au prochain relais? Si *oui*, je
vous accorderai votre pardon; si *non*, vous aurez,
sachez-le, à vous repentir de votre négligence. »

L'inspecteur saisit avec empressement cette

planche de salut. J'écrivis alors au bas de la page
que, toute réflexion faite, je lui pardonnerais, si
j'arrivais dans le délai convenu au prochain relais,
c'est-à-dire de manière à y rejoindre le courrier. Je
dois ajouter que, à ma grande surprise, nous y fûmes
au temps voulu.

L'aspect du pays se modifie peu à peu et perd de
sa désespérante monotonie ; la chaîne de montagnes
basses à ma gauche se trouve quelquefois brusquement interrompue pendant plus d'un kilomètre ;
des herbes colorées de teintes diverses percent la
toison neigeuse du sol ; la végétation sylvestre se
relève en tons dorés ou brun safrané. Des ronces
olivâtres, des forêts de pins d'un vert sombre et
triste forment un contraste frappant avec le tapis
blanc qui couvre la terre. Des gouttes de rosée congelée sont comme les mailles d'un éclatant filet
sur lequel se reflètent toutes les couleurs de l'arc-
en-ciel. Des stalactites d'une ténacité indescriptible
s'entrelacent et se changent en un tissu d'une légèreté dont Arachné elle-même serait jalouse ; puis le
soleil darde parfois ses impitoyables rayons sur ces
tissus fragiles, brise le fil et le livre au souffle capri-
cieux de la bise. Là, des troncs d'arbres noueux et
trapus, des pins élancés et droits, bien enveloppés
dans leur manteau de neige, ressemblent à des
fantômes antédiluviens prêts à sortir de leur long
sommeil.

D'Orenbourg à Orsk il se fait un grand commerce
de châles et d'écharpes tissés de poil de chèvre,
d'une finesse incomparable. On ne saurait rien ima-
giner qui réunisse à un tel degré légèreté, souplesse
et chaleur. Un très-grand châle plié, et mis dans une
enveloppe de format officiel, ne pèse que quelques
onces et peut passer à travers une bague. Lorsqu'on a eu sous les yeux quelques-uns de ces spécimens, on comprend ce que l'auteur d'un conte
arabe avait dans l'esprit lorsqu'il inventa l'histoire
merveilleuse d'une armée abritée tout entière sous
une tente d'un tissu si léger, qu'il échappait presque au toucher. On offre encore d'autres sortes de
châles dans les maisons de poste sur la route. Les
femmes du pays, mères après filles, se chargent de
*faire l'article* au voyageur, comme on dit vulgairement. Elles mettent tant de passion à vanter leur
marchandise, qu'il est rare qu'on ne fasse pas
quelque achat. Elles tissent elles-mêmes des châles
fabriqués en poil de lièvre; ils sont plus moelleux,
plus souples encore que les châles en poil de chèvre,
mais un peu moins légers.

Le prix de cet objet de toilette féminine n'est pas
très-élevé : un beau châle coûte de trente à quarante roubles (cent vingt à cent soixante francs). Je
suis persuadé que si des négociants de Londres en-
voyaient leurs agents dans ce pays, ils y feraient de
fort beaux bénéfices, car les châles en question ne

sauraient manquer d'être vendus bien plus cher qu'ils n'ont été achetés primitivement.

En nous rapprochant de Podgornaya, relais de poste sur la grand'route, le chemin devint difficile et accidenté; la nuit était sombre, mais de vent point, heureusement. Toutefois, un brouillard très-épais avait surgi, conséquence inévitable de l'abondance de la végétation dans ces parages, et cette circonstance exposait notre cocher au grand danger de perdre la piste. A mesure que nous avançons, la route est de plus en plus difficile; la roideur des pentes est effrayante. Au moment où il ne s'en faut plus que de l'épaisseur d'un cheveu que nous glissions dans un gouffre, le chemin tourne brusquement et se sépare à angle droit de celui que nous suivions. Ce n'était certes pas là une excursion à faire à pareille heure, mais j'ignorais les dangers qui nous menaçaient, et je n'en mesurai l'étendue qu'en revenant de Khiva, lorsque je suivis la même route en plein jour. Les deux cochers hésitèrent longtemps avant d'entreprendre cette terrible descente; ils combinèrent leurs mouvements et arrêtèrent leur plan avec la plus grande circonspection; ils ne s'occupèrent d'abord que d'un traineau pour mieux rester maîtres des chevaux. Un seul faux pas pouvait nous perdre! Mais les dieux favorables nous protégèrent. La température s'était beaucoup adoucie en approchant d'Orsk. Je commençais à croire que le froid le plus rigoureux était passé, loin de prévoir, hélas! ce que l'avenir nous réservait encore! Après avoir traversé quelques ruisseaux gelés, nous entrâmes dans la ville; mon cocher criait : Oura[1] à ses chevaux, qui, eux aussi, ne semblaient pas fâchés d'arriver à l'écurie. La ville a un aspect très-propre, les maisons sont bien bâties; cet air d'aisance frappe agréablement après l'austérité du paysage que nous venions de contempler. Le cocher s'arrêta à une auberge connue sous le nom de Tzarskoé-Sélo; elle était remplie de paysans et de fermiers, la plupart ayant absorbé des liqueurs fortes à trop haute dose. Un homme installé derrière un comptoir, sous le porche, avait bien de la peine à répondre à tous les chalands qui venaient demander du vodki.

La quantité d'alcool que peut absorber un moujick fournirait un vaste sujet d'observation à Sir Wilfrid Lawson, et un nouveau thème pour ses dissertations sur les avantages de la tempérance. Si les Teetotalers (secte qui renonce aux liqueurs fermentées) entreprenaient de faire des prosélytes à l'étranger, ils devraient venir d'abord en Russie. Que de fois, en traversant les rues des villes et des villages de cet empire, n'ai-je pas vu quelque masse inerte couchée dans la neige glacée!

[1] Mot tartare, d'où vient peut-être le mot anglais : *Hurrah*; il signifie battre.

« Qu'est-ce qu'on aperçoit là-bas? demandais-je au cocher.

— C'est un homme ivre, voilà tout », me répondait-il en éclatant de rire ; comme si le fait d'un homme qui a perdu la raison et se rapproche de la bête était un bon sujet de plaisanterie.

Il se peut que, proportion gardée, il n'y ait pas plus d'ivrognes dans l'empire russe qu'en Angleterre et surtout en Écosse ; mais dans la Grande-Bretagne l'ivrognerie avilit un homme, tandis qu'en Russie il semble qu'on s'en fasse gloire.

Il y avait heureusement une place vacante dans l'auberge : on m'apporta enfin une cuvette et une serviette, la première ayant la dimension d'un bol et la seconde celle d'une serviette à thé ! J'envoyai Nazar demander immédiatement trois chevaux de poste au relais ; ayant pris la résolution de partir dans l'après-midi, il n'y avait pas de temps à perdre.

Mon domestique revint bientôt ; je devinai à sa physionomie radieuse qu'il devait avoir quelque mauvaise nouvelle à m'annoncer. En réalité, dans tous les pays que j'ai visités, la nature humaine, au moins en ce qui concerne l'élément domestique, est partout la même : l'inférieur se montre toujours enchanté d'avoir quelque chose de fâcheux à communiquer à son maître.

« Que se passe-t-il ? le traîneau est-il brisé ?

— Non, monsieur, mais il est impossible de se

procurer des chevaux, voilà tout ; le général Kauffmann a traversé la ville, et il a mis en réquisition,
pour son usage, tous ceux dont on pouvait disposer.
L'inspecteur dit qu'il faut attendre jusqu'à demain,
et qu'alors il mettra un vigoureux attelage à votre
disposition ; il fait bon ici, petit père, dit Nazar, en
regardant le poêle ; nous allons bien manger, bien
dormir, et nous partirons demain.

— Nazar, lui dis-je, à moi de commander, à
vous d'obéir : je veux partir dans une heure, il me
faut des chevaux. S'il vous est impossible d'en trouver à la poste, cherchez ailleurs : rappelez-vous
qu'il me faut des chevaux. »

Au bout de quelques minutes, mon domestique
revint avec l'air encore plus radieux que la première fois ; l'inspecteur ne pouvait me fournir
d'attelage, et personne dans la ville n'était disposé
à me louer des chevaux. Il ne me restait plus qu'à
me mettre moi-même en campagne. Nazar était évidemment résolu à passer la nuit à Orsk ; mais moi,
je l'étais tout autant à poursuivre mon voyage. En
quittant l'auberge, je hélai un traîneau, en faisant
signe au cocher d'avancer ; cet homme me paraissait plus avisé que ses congénères ; je montai dans
sa voiture, et lui demandai s'il ne pourrait pas m'indiquer quelqu'un ayant des chevaux à louer. Il me
répondit affirmativement, et me dit qu'un de ses
parents avait une écurie fort bien montée. Je m'y

rendis tout de suite , mais je trouvai la maison fermée et tout le monde sorti ! Je me sentis alors pris d'un véritable mouvement de découragement, et je me disais que j'aurais sans doute autant de difficulté à trouver des chevaux à Orsk qu'un domestique à Orenbourg.

Dans cette conjoncture, il était urgent de faire jouer le grand ressort, et je dis à mon cocher : « Si vous me conduisez chez quelqu'un ayant des chevaux à louer, je vous donnerai un rouble¹ pour votre peine. — Un rouble ! » s'écria-t-il en faisant une grimace convulsive de satisfaction ; puis, bondissant de son siége par terre, il alla parler à un petit groupe de Tartares qui marchandaient un panier de poisson salé ; il leur fit quelques questions, puis remonta lestement sur son siége en s'écriant : « Burr » ! (son que les cochers russes émettent pour faire partir les chevaux). Un vigoureux coup de fouet met de nouveau l'équipage en branle, et nous voilà lancés dans une autre direction. Arrivés à l'un des faubourgs de la ville, nous nous arrêtâmes devant une maisonnette de bois, à l'aspect sale et pauvre. Un individu de haute taille nous ouvrit ; il portait un vêtement tombant jusque sur ses talons. Un pantalon flottant, d'un jaune éclatant, était fourré dans ses larges bottes de cuir rouge ; un bonnet de

¹ Quatre francs.

9.

fourrure abritait son front. Il nous demanda quel
était l'objet de notre visite.

« J'ai besoin de trois chevaux, lui dis-je, pour
aller au relais voisin ; que me prendrez-vous pour
m'y conduire ? Vous savez que le tarif réglementaire
est de deux roubles.

— Les routes sont mauvaises, seigneur, mais mes
chevaux sont excellents et galopent une journée entière sans s'arrêter. Tout le monde les connaît et les
admire ; ils sont si potelés, si dodus ! Le gouverneur lui-même n'en a pas d'aussi beaux dans son
écurie. Je les gâte, je les aime ; ils vont comme le
vent, et excitent partout l'admiration et l'envie !
Tenez, venez plutôt en juger vous-même.

— Je ne mets pas leurs mérites en doute, lui dis-
je ; ce sont, je crois, d'excellents chevaux ; combien
me les louerez-vous ?

— Quatre roubles, mon bon seigneur, plus un
rouble comme arrhes ! Un petit rouble d'argent
pour moi seul ! Ah ! ensuite comme je vous bénirai !

— C'est entendu, lui dis-je ; envoyez immédiatement vos chevaux à l'hôtel Tzarskoé-Sélo. »

L'affaire étant réglée, je revins enchanté chez mon
aubergiste ; mais à peine étais-je arrivé que je vis entrer l'individu avec lequel je venais de m'entendre. Il
s'inclina profondément, ôta son bonnet de fourrure
d'un air majestueux ; puis, tirant de l'arrière-coin
d'une de ses poches le rouble que je venais de lui

donner, il me le jeta dans la main et s'écria : « Ah!
petit père, un des chevaux que je devais vous donner appartient à mon oncle, qui est furieux de
n'avoir pas été consulté dans cette transaction ; il dit
qu'il aime cette bête autant qu'un frère, et ne veut
pas consentir à la laisser sortir de l'écurie, à moins
que vous ne me donniez cinq roubles au lieu de quatre.

« Que faut-il faire ?

—Je lui ai objecté que le marché était conclu, je lui
ai montré le rouble que vous m'avez donné, mais il
ne veut entendre à rien.

— Eh bien ! dis-je, amenez les chevaux. »

Cinq minutes après, le même individu fait de
nouveau irruption dans ma chambre.

« Ah ! noble seigneur, vous avez devant vous un
homme tout honteux !

— Il y a de bonnes raisons pour cela, dis-je, mais
de quoi s'agit-il, qu'est-ce qu'il y a ? Le cheval de
votre oncle est-il mort ?

— Non, noble seigneur, non ; mais mon frère,
qui a sa quote-part dans la propriété des chevaux,
ne veut pas les louer moins de six roubles ; que
faut-il faire ? me demanda-t-il, avec une expression sournoise, remplie d'astuce, de cupidité et de
contrariété hypocrite.

— Vous avez une grand'mère ? lui dis-je.

— Oui, j'ai une grand'mère très-âgée.

— Eh bien, allez près d'elle, et dites-lui qu'en

pensant à l'ennui qu'elle pourrait éprouver s'il arrivait un accident à vos précieux chevaux, je renonce
au marché passé avec vous. Vous savez, dis-je avec
componction, que Dieu envoie souvent des épreuves
inattendues.....?

— Nous le croyons dans la simplicité de notre cœur !

— Eh bien ! pour ne pas inquiéter la bonne vieille
dame, en risquant de casser une jambe de derrière
au cheval de votre oncle, ou une jambe de devant
au cheval de votre frère, je ne partirai pas avec
vous aujourd'hui ; je suis décidé à attendre jusqu'à
demain les chevaux de la poste. »

Se voyant, cette fois-là, sérieusement menacé de
perdre le gain convoité, il ne pouvait dissimuler sa
mauvaise humeur ; d'abord, il se gratta l'oreille,
puis me dit : « Je conduirai Votre Excellence pour
cinq roubles.

— Eh bien ! et votre frère ?

— N'en parlons plus, c'est un animal, allons !

— Non, ajoutai-je, je prendrai les chevaux de la
poste ; on dit qu'ils sont excellents, qu'ils marchent
comme le vent ; tout le monde en ville les vante,
L'inspecteur, lui, fait plus encore, il les aime !

— Si Votre Excellence y consentait, je le condui-
rais pour quatre roubles.

— Mais vous n'y pensez pas. Et votre oncle ? Il vous
battra comme plâtre. Je ne voudrais pas vous exposer à être fustigé à cause de moi.

— Non, ne craignez rien, me dit-il; d'ici à cinq minutes, les chevaux seront attelés à votre traineau. »

Toutes les difficultés ainsi levées, nous partons enfin, au grand désappointement de mon petit domestique Nazar, qui s'était laissé instantanément incendier le cœur, comme disent les Orientaux, par une sirène aux yeux bleus, d'Orsk même. Est-il nécessaire de rappeler au lecteur que le drôle était bel et bien marié ?

# CHAPITRE XV

Ici, le pays change complétement d'aspect; nous avons laissé derrière nous toute trace de civilisation; nous voilà bien définitivement sur les steppes, non pas telles qu'on nous les dépeint pendant les mois d'été, alors que des tribus nomades, fidèles aux traditions de leurs ancêtres, émigrent de place en place avec leurs familles, leurs troupeaux et leurs bergers; dans ces conditions, la vue de cette vaste plaine est égayée par de pittoresques kibitkas ou tentes. Des centaines de chevaux qui paissent l'herbe épaisse sont une source considérable de richesse pour les propriétaires.

Une grande table, recouverte d'une nappe sur laquelle il n'y a rien, n'inspire qu'une impression de tristesse amère. Eh bien! donnez à cette nappe une étendue d'une centaine de kilomètres, et vous aurez l'idée la plus exacte de cette partie du pays. Je ne connais pas de description qui vaille cette comparaison. Ici, là, partout cette surface, sur laquelle se jouent les rayons du soleil de midi, brille d'un vif éclat. Mais à mesure que le roi du jour s'enfonce dans sa couche, cette nappe devient plus blafarde; elle se transforme dans la pénombre en un vaste océan triste et sans couleur.

Un nuage de vapeur et de brouillard se lève et intercepte quelquefois complétement à l'œil ce plateau d'argent. Non-seulement le brouillard rend l'air plus dense, mais le pays tout entier disparaît sous ce voile épais. Cette immensité inspire à la fois un ennui profond et un saisissement réel; c'est un cercle dont le centre est partout et la circonférence nulle part; telle est l'impression que me laissent les steppes en les explorant soit à la nuit tombante, soit au jour naissant, alors que, mourant de fatigue et de sommeil, mon œil cherche vainement à entrevoir un nouveau relais.

En arrivant à la première maison de poste, éloignée d'Orsk de vingt-cinq kilomètres, Nazar s'approche de moi et me dit :

« Je meurs de sommeil, mes forces vacillantes

m'avertissent que bientôt je ne pourrai plus continuer le voyage. »

Après avoir réfléchi un moment, je vis combien
Nazar avait raison de se plaindre ; libre à moi, de
temps en temps, de me reposer quelques moments ;
mais, quant à lui, la chose était matériellement impossible ; je me sentis tout honteux d'avoir, dans
mon égoïsme, ainsi abusé du bon vouloir et de la
force de résistance de ce brave garçon. Je me rappelai le courage avec lequel il avait supporté les
dures épreuves de la nuit que nous avions passée à
la belle étoile, et n'hésitai pas à faire droit à sa ré-
clamation. La perspective d'une nuit de repos lui
fit un sensible plaisir ; il allongea avec volupté ses
jambes engourdies près du poêle et s'endormit presque instantanément. L'inspecteur, homme d'un âge
mûr, gros, gras et souriant, aux joues rougeaudes
et en proie à une toux d'asthme fréquente, avait été
vétérinaire dans un régiment de Cosaques ; aussi les
habitants d'Orsk venaient-ils constamment réclamer
de lui aide et conseil. Il m'apprit que dans ces plaines on pouvait se procurer quatre-vingts acres pour
un rouble et demi.

Il me donna ensuite une foule de renseignements
précieux sur la valeur de toutes choses : à Orsk, une
vache vaut soixante-dix-sept francs ; un mouton
gras de deux ans, quinze francs cinquante centimes ;
une livre de mouton ou de bœuf, dix centimes ; un

excellent cheval, soixante-quinze francs ; un chameau, cent quatre-vingt-cinq francs, tandis que la
farine se vend un franc cinquante centimes le poud
(16 kilogrammes). Tels étaient alors les prix courants à Orsk ; mais, d'après le dire de l'inspecteur,
tout y est aujourd'hui incomparablement plus cher
qu'il y a quelques années, surtout lorsqu'on ache-
tait les choses de première main aux Tartares. Ceux-
ci ont beaucoup perdu, parait-il, par la peste bo-
vine ; on a bien tenté d'enrayer le mal au moyen de
l'inoculation, mais presque toujours sans succès,
d'après ce que m'a dit l'inspecteur.

Les Kirghiz n'ont, du reste, qu'une confiance
très-limitée dans les médecins et les vétérinaires. Ce
n'est qu'à grand'peine qu'on peut décider les nomades à faire bénéficier les enfants de la découverte
de la vaccine ; aussi, lorsque la variole sévit parmi
eux, elle y fait d'épouvantables ravages. Cette question d'épidémie mise de côté, la race tartare est
particulièrement bien partagée sous le rapport de la
santé. N'en déplaise à la médecine, la longévité des
habitants de ce district n'est nullement compromise
par le manque d'hommes de l'art. La maladie la
plus commune est l'ophthalmie, déterminée l'hiver
par l'éclat de la neige, et pendant les mois d'été par
la poussière et la chaleur.

A partir d'Orsk, le podorojnaya ou système de
passe-port est en pleine vigueur : mon permis de

circulation et ma propre personne sont soumis à
un examen méticuleux; il est patent que les employés des maisons de poste redoutent au plus haut
point qu'un individu quelconque échappe à leur vigilance, et file sur une autre étape sans avoir ses
papiers visés. A l'un des relais suivants, je subis un
interrogatoire tellement serré que je demandai si
quelque crime monstrueux n'avait pas été commis
dans le voisinage.

« Non, me dit l'employé, non; mais nous n'avons
pas besoin d'étrangers dans le pays, et particulièrement d'Anglais. Mes ordres sur ce point sont des
plus sévères. »

La dépense du voyage se trouvait alors réduite à
deux kopecks et demi par cheval, mais le podorojnaya devait être partout visé, parafé moyennant
finance, et cela dévorait plus que la différence; j'appris que la route de la poste est affermée à des
concessionnaires qui perçoivent un traitement fixe
pour faire le service postal; ils sont tenus d'entretenir un certain nombre de chevaux dans leurs écu-
ries et de les mettre à la disposition des voyageurs.
La malpropreté de ces maisons de poste est révoltante : les sofas, entre autres, sont dégoûtants; aucune installation n'existe en vue d'ablutions quel-
conques. C'est à croire que les Russes pensent que
l'eau et le savon sont choses superflues pour un
voyageur, et que moins on se lave, mieux cela vaut!

En arrivant à Karobootak, petit fort bâti par les Russes à deux cent quatre-vingts kilomètres environ d'Orsk, je constatai que le mot *fort* n'était pas approprié à cette position, qui n'est nullement fortifiée de manière à résister à une armée civilisée. Néanmoins, quelques hommes intrépides pourraient s'y défendre longtemps contre un nombre bien plus considérable de Kirghiz ou de cavaliers tartares. Force me fut de m'arrêter quelques heures à cette maison de poste. Nous étions sous le coup d'une épouvantable tourmente ; le vent rugissait autour de la maison, faisant tournoyer devant lui de tels tourbillons de neige, qu'aucun cheval n'était capable de supporter pareille lutte.

Dès que la tempête se fut calmée, je demandai trois chevaux pour mon traîneau ; mais l'écurie était vide, et nous dûmes attendre plusieurs heures. Du reste, le service est assez régulièrement fait, et les inspecteurs tiennent à exécuter leurs ordres au pied de la lettre. Au temps jadis, dans la Russie d'Europe même, on restait quelquefois de longs jours sans pouvoir obtenir de chevaux aux relais, l'inspecteur se préoccupant peu du sort des voyageurs, sauf le cas réservé des officiers.

On m'a raconté l'histoire d'un Français qui attendait ainsi depuis plusieurs jours dans une maison de poste, sans parvenir à s'y faire servir. Un officier russe arrive, qui n'est pas plus heureux ; là-dessus,

il prend son fouet et en frappe l'inspecteur à coups
redoublés, et le procédé décide promptement celui-ci
à mettre des chevaux à la disposition de l'officier.

Le Français, témoin de cette scène, suit l'exemple
qui lui est donné : sa canne a également bientôt raison du mauvais vouloir de l'inspecteur, et elle devint, pendant tout le cours de ses voyages en Russie,
une véritable baguette magique, avec laquelle il
triompha de tous les obstacles.

Il y a peu d'années, le fouet était encore à l'ordre
du jour en Russie. On prétend même que l'empereur Nicolas l'administrait lui-même à ses officiers;
maintenant, cette coutume est tout à fait tombée en
désuétude. Il me fallut donc rester à battre la se-
melle dans l'antichambre, tout en soupçonnant l'inspecteur d'avoir des chevaux dans son écurie. J'at-
tendis ainsi plusieurs heures. Enfin, on m'annonça
qu'on allait me donner des chevaux; la tourmente
de neige se calmait un peu, mais le vent continuait
toujours à faire rage, et le froid était d'une intensité
extraordinaire.

En quittant la maison de poste, j'oubliai de mettre mes gants fourrés; je m'installai dans le traineau, ma main droite dans ma manche gauche, et
*vice versa.* Ma pelisse de fourrure me servait en
quelque sorte de manchon. La route était moins
cahotante que d'habitude, le traîneau glissait sans
secousse; ce changement d'allure me fit l'effet d'une

potion calmante ; le dos appuyé au fond du traîneau, je m'endormis presque instantanément. Mes mains glissèrent de leur retraite fourrée pendant mon sommeil et tombèrent pendantes de côté, sans gants chauds et exposées à un vent d'est glacial ; ce vent, qu'on ne peut supporter soit en restant immobile, soit en marchant, était doublement dangereux alors que la marche du traîneau, en sens contraire, ajoutait encore à la violence de la brise. Au bout de peu de temps, je m'éveillai : une souffrance aiguë m'avait saisi aux extrémités ; eussent-elles été plongées dans un corrosif, destiné à m'enlever la peau des os, la sensation n'eût pas été plus douloureuse. Je regardai mes ongles : ils étaient bleus, ainsi que mes doigts et le creux de ma main ; le poignet et l'avant-bras ressemblaient à de la cire. Il n'y avait pas de doute à avoir : j'étais gelé, sérieusement gelé !

J'appelai mon domestique et lui dis de me frotter avec de la neige, pour surexciter ma vitalité défaillante. Malgré tous les efforts de Nazar, la souffrance, loin de diminuer, gagnait toujours du terrain sur l'humérus ; quant à l'avant-bras, il avait perdu depuis longtemps toute sensibilité.

J'étais là inerte près de Nazar, dont tous les efforts étaient impuissants à réveiller chez moi la sensibilité nerveuse.

« Ce n'est plus la peine, dit-il en me regardant tristement ; il ne nous reste qu'à nous rendre au plus

vite au prochain relais. A quelle distance sommes-
nous de la maison de poste? demanda-t-il au cocher.

— A neuf kilomètres environ.

— Marchez aussi vite que possible », lui dis-je.

Peu à peu la sensation aiguë gagne jusqu'aux
aisselles ; l'extrême froid agit évidemment de deux
façons sur le système nerveux : tantôt en faisant naî-
tre un besoin de sommeil, auquel la victime suc-
combe pour ne plus se réveiller; tantôt en la consu-
mant membre après membre comme sur un feu lent.

Pendant tout ce temps, la transpiration ruisselait
de mon front. Je brûlais littéralement..... La souffrance augmentait progressivement dans toutes les
parties attaquées : il y a des moments, dans la vie
d'un homme, où la mort elle-même est un bienfait.
On ne parlait alors, dans ces parages, que d'un
grand criminel qui allait être pendu. Je me souviens
de m'être demandé en ce moment si la souffrance
que j'éprouvais était moindre que l'agonie morale
sur le gibet.

La distance qui me séparait de la station serait-
elle jamais franchie? Chaque kilomètre me semblait
une lieue, et chaque lieue me paraissait un voyage
de vingt-quatre heures. Enfin, nous arrivâmes à destination. Je me rendis tout de suite dans la salle d'attente. J'y trouvai trois Cosaques auxquels je montrai mes mains; ils me conduisirent dans une pièce
voisine, ôtèrent mes vêtements, mirent mes bras à

nu et les plongèrent, jusqu'à l'épaule, dans un bassin d'eau glacée; je restai insensible à toute sensation; mes bras, bleus, violacés, flottaient inertes dans l'eau.

Le plus âgé des Cosaques secouala tête et me dit :

« C'est une mauvaise affaire, frère ; vous perdrez les mains.

— Elles tomberont, disait l'autre, si nous ne parvenons pas à rétablir la circulation.

— N'auriez-vous pas d'alcool ? » reprenait un troisième.

Nazar s'empressa d'aller chercher une petite bouteille d'étain remplie d'esprit-de-vin. On me retira le bras de l'eau, et les Cosaques commencèrent par le frictionner avec énergie. Ce massage, pratiqué par des mains calleuses, m'enleva l'épiderme. L'esprit-de-vin pénétra douloureusement sous la peau, en provoquant bientôt un élancement aigu à la jointure du coude. Je tressaillis légèrement.

« Est-ce que cela vous fait mal? me dit le plus âgé des Cosaques.

— Un peu, dis-je.

— Tant mieux », répondit-il. Puis s'adressant à ses aides, il leur dit :

« Allons, frères, allons, frottez toujours ! »

Ils continuèrent cette friction jusqu'à m'écorcher, puis enfoncèrent de nouveau mes bras dans de l'eau

gelée; l'impression fut pour moi des plus douloureuses.

« Très-bien, très-bien, dirent-ils; plus vous souf-
frirez, et plus vous aurez de chance de guérison. »

Il fallut encore quelques instants avant qu'il me
fût permis de retirer mes bras du bassin.

« Vous avez du bonheur, petit père, me dit
l'aîné des Cosaques : sans le secours de l'esprit-de-
vin, vos mains se fussent détachées de vos poignets,
et peut-être même eussiez-vous perdu le bras. »

Ces pauvres soldats avaient le cœur bon, sous leur
rude écorce; lorsque je voulus forcer leur chef à
accepter, pour lui et pour eux, un témoignage de
ma reconnaissance, le vieux soldat me répondit,
avec une noble simplicité :

« Ne sommes-nous pas tous frères dans l'infortune ? Ne nous auriez-vous pas également prêté aide
et assistance en semblable conjoncture? »

Je lui serrai cordialement la main et revins dans
la salle d'attente, où j'avais hâte de pouvoir m'étendre sur un sofa. La secousse physique que je venais
de subir avait déterminé, chez moi, un état de prostration complet; mes bras étaient très-douloureux,
l'esprit-de-vin ayant pénétré à vif dans les fissures
produites par l'énergie du frottement. Je ressentis
pendant plusieurs semaines encore les suites de ma
négligence et de mon étourderie.

# CHAPITRE XVI

Quelques stations plus loin, je rencontrai un officier qui me demanda avec le plus vif intérêt si j'allais à Kashgar. Il avait surpris qui j'étais, en questionnant l'inspecteur ; il m'assura ensuite qu'il y avait trente officiers anglais dans le Khanat, occupés à faire l'éducation militaire des habitants ; que mes compatriotes avaient déjà organisé une armée de dix mille hommes capables de résister aux envahissements des Russes ; il prétendit tenir cette nouvelle d'un des envoyés de Yakoob Bek, qui était venu de Kashgar à Tashkent pour en informer l'autorité russe ; j'affirmai cet officier, mais sans arri-

10

ver à le convaincre, qu'il n'y avait pas un mot de
vrai dans cette histoire ; il paraissait parfaitement sûr
que j'étais un autre agent de la perfide Albion, envoyé là pour enrégimenter des Kokandiens ou soutenir les Kashgariens contre les agressions de leur
ennemi du Nord. Je ne pus m'empêcher de lui faire
remarquer que si tels étaient mes desseins, il eût été
pour moi beaucoup plus simple de venir à Kashgar
par l'Inde plutôt que de traverser la Russie, c'est-à-
dire le cœur même du pays ennemi. Cet argument
resta sans effet. Il me dépeignit Tashkent comme
une sorte de terre promise. Le climat est excellent,
les habitants se glorifient d'avoir un théâtre. La
ville contient cinq mille Européens et environ
soixante-quinze mille indigènes, sans compter la
garnison.

D'après lui, le commerce avec Bokhara se développe rapidement, et Tashkent devient un centre
important d'exportation et d'importation. Mon interlocuteur est persuadé que l'intention du général
Kauffmann, gouverneur général du Turkestan, est
d'établir une voie ferrée allant de la Russie d'Europe
à Taskhent. Le tracé d'Orenbourg *via* Orsk, Kasala
et la ville du Turkestan, a été reconnu impraticable,
vu la nature du sol. La ligne qui mettra peut-être
en communication la capitale de la Russie avec l'O-
rient occidental passera probablement par la Sibérie ; il pense que quelque mesure décisive sera

prise d'ici à peu de temps pour mettre ce projet en voie d'exécution.

En approchant d'Irghiz, forteresse située sur la route d'Orenbourg à Tashkent, et beaucoup plus importante que celle de Karabootak, bien qu'également incapable de fournir une longue résistance contre une armée civilisée, Nazar s'écria : « Un loup ! » et, saisissant mon étui à fusil, il le débouclait fiévreusement : mais l'animal ne semblait nullement disposé à nous faire les honneurs de ces parages déserts, et il décampa dès qu'il nous aperçut, avec une rapidité telle qu'il nous était impossible d'espérer l'atteindre d'un coup de fusil. Après une autre longue et monotone course sur cette vaste plaine de neige que j'ai déjà cherché à décrire, nous arrivâmes à Terekli, un relais qui sert de point de démarcation entre le territoire placé sous le gouvernement du général Kauffmann et celui de l'importante province où commande le général Kryjinowsky, gouverneur général d'Orenbourg ; j'étais à cinq cents milles environ de cette dernière ville, et sur les confins mêmes de la province du Turkestan qui s'étend du point où j'étais alors jusqu'à une ligne non encore déterminée par les géographes russes.

Un colonel russe se trouvait à ce moment dans la salle d'attente. Il avait donné l'ordre à l'inspecteur de n'y laisser entrer personne. Je fus donc relégué

dans un autre recoin affecté à l'usage personnel de
cet employé. En ce lieu, le podorojnaya fut l'objet
d'un examen plus rigoureux encore qu'il ne l'avait
été jusque-là. L'inspecteur manqua de tous égards à
mon endroit, disant que si j'avais besoin de repos,
sa chambre pouvait suffire. Prétendre aux mêmes
avantages qu'un personnage d'un rang aussi élevé
qu'un colonel russe était, suivant lui, la preuve la
plus manifeste de mon outrecuidance.

L'intérieur des maisons de poste, dans ces parages, est plus confortable que sur la circonscrip-
tion placée sous le gouvernement du général Kryjinowsky. Les bâtiments sont construits en ciment et
non en bois, heureusement pour le voyageur, que
ce réceptacle d'insectes expose à des tourments in-
descriptibles ; le système de chauffage est aussi
mieux entendu ; autour de la salle d'attente court
un divan recouvert d'un tapis d'Orient, où l'on peut
s'étendre sans devenir instantanément la proie de la
vermine, comme cela nous était déjà arrivé.

Nazar vint me trouver à ce moment avec une
physionomie bouleversée. « Les bouteilles sont
cassées », me dit-il; en effet, je constatai que quelques bouteilles de pickles vigoureusement pimen-
tés n'étaient plus qu'un bloc de glace, et que le
verre était fendu ; je continuai à passer les
autres flacons en revue, et je m'aperçus que tous
étant dans le même état, il fallait nécessairement les

jeter. L'accident causé par le froid était d'autant plus
extraordinaire, que les objets en question avaient
été mis, bien enveloppés de laine, dans des caisses
en bois recouvertes de foin.

L'insouciance témoignée par les cochers de traineau à l'endroit de la vie de leurs clients était encore plus patente, s'il est possible, sur la circon-
scription [du général Kauffmann que sur celle du
général Kryjinowsky. Tant que la chose n'était pas
absolument impraticable, ils faisaient galoper leurs
chevaux sans trêve ni pitié. Dans chaque salle
d'attente, un avis informe le public que dans le cas
où l'obligation imposée au cocher par le voyageur
de faire plus de dix verstes à l'heure provoquerait
un accident à l'un des chevaux, le voyageur est pas-
sible d'une amende de quarante roubles [1], tandis
qu'un cocher peut vous briser bras et jambes sans
bourse délier ! Au relais suivant, Nazar, qui était
descendu de son siége pour commander un nouvel
attelage, me dit qu'il n'y avait pas de chevaux dans
l'écurie. D'après ce qu'on lui avait raconté, il était
clair que le concessionnaire de la route était ruiné.
Les chevaux, mal nourris, mal soignés, même pendant la saison la plus favorable, c'est-à-dire en hiver, avaient fini soit par mourir de faim, soit par
être saisis par les créanciers. De tout cela, il résulta

---

[1] Cent soixante francs.

10.

pour moi qu'au lieu d'avoir trois chevaux à mon
traîneau, on y attela trois gigantesques chameaux.
J'aurais cru qu'un de ces énormes quadrupèdes eût
suffi pour traîner mon petit véhicule, mais non ! Le
podorojnaya indiquait trois chevaux à fournir au
voyageur porteur de ce document, et il fallait se
conformer à la consigne. Telle était l'explication
que me donna Nazar.

Le coup d'œil de ces trois grands pachydermes
attelés par des cordes à mon traîneau était en vérité
de la plus haute originalité. J'ai usé de bien des
moyens de locomotion dans ma vie, depuis le ballon
jusqu'au bicycle, depuis les canots jusqu'aux bœufs
et aux vaches, depuis les chameaux jusqu'aux ânes,
sans oublier la chaise à porteurs, encore en usage en
Orient ; mais, de tous ces modes de transport, aucun
ne m'avait semblé aussi comique que ce singulier
attelage.

Un Tartare montait le chameau placé au centre ;
la coiffure seule de cet homme eût suffi pour attirer
l'attention. C'était un grand chapeau ressemblant à
un seau à charbon de terre renversé, duquel émer-
geait une sorte de protubérance en forme de corne ;
cet ornement prêtait un aspect diabolique au visage
empourpré du Tartare : le chapeau était en peau de
mouton ; le poil blanc placé en dessous produisait
un contraste frappant avec la face rubiconde de cet
homme. Au lieu du knoût traditionnel, il était armé

d'un fouet terminé par une mèche en corde fine ; il
en faisait, du reste, peu usage, et excitait plutôt son
attelage incommode par des cris que par des coups de
fouet; nous ne marchions qu'à raison de cinq kilomètres à l'heure environ. Tout à coup le chameau du
milieu s'arrête incontinent ; son cavalier est projeté sur
la neige la tête la première ; mais le tapis était moelleux, heureusement, et il ne résulte de cette chute ni
fracture, ni lésion. Le cocher remonte au bout de
quelques minutes sur sa selle ; il a modifié son
système d'attelage, en mettant un chameau en
flèche et les deux autres comme chevaux de brancards. Nous marchâmes d'un assez bon pas pendant
quelque temps ; mais le chameau placé en flèche,
ayant reçu un coup de fouet plus énergique qu'il ne
le jugeait convenable, se coucha par terre. Caresses
et cajoleries lui furent alors prodiguées ; on lui promit la stalle la plus chaude, l'eau la plus délicieuse
s'il voulait seulement consentir à se relever, mais il
s'y refusa absolument, jusqu'au moment où, se sentant péniblement pénétré et impressionné par le
froid, il se décida à quitter la position horizontale.
A partir de ce moment, l'allure de notre attelage se
ralentit encore, car notre cocher, craignant une nouvelle explosion de mauvaise humeur de la part du
délinquant, n'osait plus se servir du fouet autrement
qu'en le faisant claquer en l'air. Le chameau placé
en avant conclut sans doute que ses congénères re-

cevaient à leur tour une vigoureuse correction.
Loin d'en paraître affecté, il prit, au contraire, une
allure vive et allègre que les deux autres pauvres
quadrupèdes furent obligés de suivre, ce qui nous
permit d'arriver enfin à destination.

Le pays change alors complétement d'aspect ; des
herbes de couleurs variées émaillent les steppes.
Les Kirghiz ont profité d'une température plus
clémente, car, çà et là, des centaines de chevaux
broutent l'herbe tendre ; on se demande comment
ces animaux peuvent subsister pendant les longs
mois d'hiver, les Tartares ne donnant jamais ni
grain ni fourrage à leurs chevaux ; ils doivent se
contenter de ce qu'ils trouvent sous la neige ou
mourir de faim, comme cela arrive souvent à des
milliers de ces pauvres bêtes ; d'où il suit qu'un Tartare, riche aujourd'hui, peut être pauvre demain.
C'est le résultat habituel des ouragans de neige,
lorsque le thermomètre descend de vingt-deux à
vingt-sept degrés centigrades au-dessous de zéro,
mais plus fréquemment encore celui d'un dégel
passager ; il n'en faut pas davantage pour ruiner des
districts entiers. Le sol se recouvre alors d'une
croûte de glace impénétrable, et les chevaux meurent littéralement de faim, ne pouvant arriver à secouer la glace aussi facilement que la neige de
l'herbe glacée sous leurs sabots. L'intrépidité de
cette petite race indigène des steppes kirghises est

sans rivale. Cela tient peut-être à la même raison
qui donnait jadis aux Spartiates la supériorité physique sur les autres nations, avec cette différence,
toutefois, que le sort infligé ici par la nature aux
poulains malingres était brutalement imposé par les
parents spartiates à leurs enfants chétifs. Les Kirghiz ne mettent jamais de couverture à leurs chevaux, même par le froid le plus rigoureux. Ils se
dispensent également de les laver, pensant que la
neige absorbée par ces animaux leur tient lieu du
reste. A la fin de l'hiver, leurs côtes font saillie à
l'extérieur ; mais, une fois la neige disparue, la riche
végétation printanière qui la remplace a bien vite
raison de la maigreur du cheval, et le met en état de
fournir des courses d'une longueur qu'on trouverait
tout à fait invraisemblable en Angleterre ; cent vingt
à cent quarante kilomètres en un jour, par exemple.
Le type de la race chevaline kirghiz pèche par la
forme. L'allure du galop n'est pas très-vive chez cet
animal, mais il a un grand courage, et il peut franchir d'énormes distances, sans eau, sans fourrage,
sans repos. Lorsque les natifs ont en vue une longue
expédition, ils emmènent habituellement deux chevaux avec eux ; ils mettent sur l'un une outre remplie
d'eau et une petite provision de grain, et sur l'autre leur
propre personne, puis ils changent ensuite de monture pour soulager les pauvres animaux. On prétend
qu'un chef kirghiz fit une fois au galop, avec une

escorte de Cosaques (deux chevaux par homme), près
de deux cent soixante-quatre kilomètres en vingt-quatre heures, malgré les désavantages du terrain, et qu'il
ne résulta de cette course folle pour les chevaux
qu'une légère fourbure de quelques jours.

Une marche tout à fait merveilleuse fut exécutée en
1870 par le comte Borkh, dans le district de Sam : il
voulait explorer les routes de l'Ust Urt, et capturer,
s'il le pouvait, quelques villages kirghiz, où des
bandes de maraudeurs de la ville de Kungrad
avaient établi leurs quartiers. Il avait l'intention de
traverser le Tchin knord, et de surprendre à l'impro-
viste les tribus campées sur le territoire de Sam,
sur lequel, jusqu'à ce jour, de petits détachements
cosaques avaient seuls réussi à pénétrer. Pour bien
comprendre les difficultés d'exécution d'un tel projet, il faut se souvenir que le plateau de l'Ust Urt,
qu'on se proposait d'atteindre, est entouré d'une
ceinture de rochers escarpés connus sous le nom du
Tchink. Leur altitude est de quatre cents à six cents
pieds ; les sentiers tracés au bas de ce roc sont blo-
qués par d'énormes pierres. Le comte Borkh se mit
en marche aussi légèrement équipé que possible, et
presque sans bagages, afin de pouvoir plus facilement éviter les tribus nomades qu'il pourrait rencontrer. Ses hommes portaient des rations pour trois
jours sur leurs selles, et l'artillerie se contenta d'emporter le nombre de coups que peut contenir le

coffre de l'avant-train. L'expédition se composait de cent cinquante Cosaques d'Orenbourg, de soixante hommes d'infanterie montée, et d'un seul canon, dont on s'était chargé plutôt au point de vue de l'expérience que, pour tout autre motif, les autorités russes désirant savoir si l'artillerie pouvait être transportée dans cette direction.

Les troupes rencontrèrent, au début, de sérieux obstacles dans les passes nord du Tchink; les hommes et les chevaux tombaient continuellement. A la première passe, cinquante Cosaques à pied furent obligés de s'atteler au canon avec des cordes ; malgré toutes les difficultés que les troupes rencontrèrent, elles ne firent halte que le lendemain à Kurgan Tchagaï, après avoir franchi une étape de quatre-vingts kilomètres. C'est alors que se développa devant elles une plaine stérile, sablonneuse, et sans limite ; là, point d'herbe à tondre, et pour ainsi dire pas d'eau à boire, car on ne trouvait que de loin en loin des puits ayant cent quatre-vingts pieds de profondeur. Néanmoins, ce petit détachement fit encore quatre-vingts kilomètres tout d'un trait ; mais arrivé à ce point, le comte Borkh se vit obligé de rebrousser chemin, vu la disette absolue de provisions. Les Kirghiz, prévenus à temps de l'approche de l'ennemi, s'étaient enfuis quelques heures auparavant. Les troupes rentrèrent dans leurs garnisons (jebiske) le sixième jour, après avoir accompli une

marche de deux cent six milles dans un pays aride et
désolé. La chaleur avait été excessive. Le thermomètre marquait quelquefois quarante-six degrés au-dessus de zéro, pendant le jour tandis que les nuits étaient
non-seulement froides, mais glaciales. Les vivres
avaient si bien manqué que le quatrième jour de
l'expédition, les hommes furent obligés de tuer et
de manger le cheval d'un Cosaque. Il n'y eut pas de
malades dans le détachement ; douze chevaux seulement, qui avaient été montés par des fantassins, eurent le dos écorché ; ceci provenait de ce que les
selles n'avaient pas été suffisamment ajustées. Une
expédition d'une rapidité aussi extraordinaire fut
entreprise par le comte Borkh, dans l'été de 1869,
contre le Aul du Kirghiz Amentai, un chef qui campait à cette époque sur le teress Akhana, un tribu-
taire du Khobda.

Le comte Borkh, qui construisait alors le fort
d'Aktuibe, composa une colonne volante de soixante-
dix Cosaques d'Orenbourg, et, franchissant à cheval
presque cent trente-trois milles en deux jours, arriva
à un petit endroit peu connu, nommé Murtuk. Là,
le comte apprit qu'Amantai campait avec sa tribu, les
Chiklins ; l'esprit de clan est très-respecté parmi les
Kirghiz. Tout le succès de l'expédition était attaché à la chance de surprendre les Chiklins. L'inclémence du temps, qui fut comme on en voit rarement,
même dans les steppes, favorisa singulièrement le

plan du comte de Borkh. Profitant de la nuit, il ordonna aux Cosaques d'attacher leurs sabres, de couvrir leurs éperons de fer, et de mettre des muse-
lières aux chevaux pour les empêcher de hennir.
Grâce à ces précautions, les Cosaques traversèrent
les villages endormis, au milieu de l'obscurité et du
déchaînement de l'orage ; heureusement pour eux
que, de temps à autre, des éclairs leur permettaient
de distinguer la route. Les Cosaques, du reste, avaient
à leur tête un chef dans lequel ils pouvaient avoir
toute confiance.

Au lever du jour, le détachement était déjà
loin. Le comte Borkh vit alors, au bord d'un ruis-
seau, des signes du récent passage de quelques
Kirghiz qui fuyaient à bride abattue ; il se préci-
pita à leur poursuite et découvrit bientôt, dans un
large ravin, quelques campements, parmi lesquels
était celui d'Amantai. L'essentiel était de ne pas
laisser à l'ennemi le temps de se reconnaître ; défense est donc faite aux troupes de tirer ; le comte
Borkh tombe comme une bombe au milieu du
camp des Kirghiz stupéfiés, et leur intime l'ordre
de lui livrer l'Amantai, ce qu'ils firent immédiatement.

Les Cosaques, craignant d'être poursuivis en retournant chez eux, formèrent une sorte de carré
mobile et organisèrent une chaîne de tirailleurs autour des troupeaux capturés (neuf cents têtes de bétail

11

environ), se préparant en cas d'attaque à mettre pied
à terre et à tirer en s'abritant derrière leurs selles;
les Kirghiz suivaient à distance respectueuse ; mais
constatant les précautions prises par les troupes du
comte Borkh, ils commencèrent petit à petit à se
disperser. Le détachement ne mit que six jours à
atteindre Ak-Tuibé, et l'on n'eut pas la perte d'un
seul homme à déplorer. Distance parcourue : quatre
cents kilomètres; accident à constater : deux chevaux
fourbus !

On doit être convaincu, d'après ce récit, que la
race des chevaux kirghiz ne le cède à aucune
autre sous le rapport de la vigueur et de la force de
résistance ; un pays qui peut disposer de trois à
quatre cent mille cavaliers montés sur de tels chevaux est une puissance militaire formidable. Il ne
faut pas oublier qu'aujourd'hui les Cosaques ne sont
plus une troupe irrégulière comme autrefois ; leur
instruction militaire est aussi soignée que celle de
n'importe quelle troupe en Russie; on surveille la
justesse de leur tir avec une grande attention, et on les
exerce continuellement pour le service à pied. La
guerre de Crimée a été pour la cavalerie russe la vraie
école de l'expérience. Cette troupe n'était autrefois, nulle part en Europe, aussi mal organisée qu'en
Russie ; maintenant, il n'en est plus ainsi, elle a pour
chefs des officiers capables et intelligents ; et dans

la prochaine guerre à laquelle les Cosaques seront
appelés à prendre part, on verra combien cette cavalerie est supérieure à celle que nous avons trouvée
en Russie.

# CHAPITRE XVII

Les secousses imprimées au traîneau par l'allure
précipitée des chameaux avaient, paraît-il, si bien
disloqué la caisse en bois du véhicule, que l'inspecteur m'avertit qu'il ne fallait pas penser à continuer mon voyage, à moins de me procurer une
autre voiture. Nazar devina que ce conseil était intéressé de la part de l'inspecteur, et donné surtout en
vue de me faire louer un de ses propres traîneaux ;
mais, comme les chances paraissaient égales entre la
probabilité de voir mon traîneau aller jusqu'à Kasala, ou celle de rester sur la route (perspective peu
agréable au mois de janvier dans les steppes), je me
décidai à mettre de côté la raison absolue et à abandonner mon traîneau, ce que je fis avec un vrai sentiment de regret, exactement comme si je m'étais
séparé d'un vieil ami ; il y avait en réalité plus de

douze cents kilomètres qu'il me portait moi et ma
fortune.

Le traineau sur lequel je fixai mon choix ressemblait encore plus à un cercueil que le précédent.
Non-seulement il était court, mais étroit. Je m'y
blottis à grand'peine, et sans espérance de pouvoir
allonger les jambes avant le prochain relais.

On voit à la Tour de Londres un singulier instrument
de torture inventé par quelque génie diabolique du
moyen âge. On l'appelle la fille du balayeur. La victime
condamnée à ce supplice ne pouvait littéralement faire
aucun mouvement, son corps et ses membres étant
comprimés dans un espace tellement étroit qu'on ne
saurait mieux comparer le contenu et le contenant
qu'à des dominos dans une boîte. Le traineau dans
lequel je me casai avait bien de l'analogie avec l'instrument de torture en question : si Dante s'était
jamais trouvé dans une telle position, il eût assurément ajouté à la description de son enfer un tourment de plus.

Notre cocher s'arrêta à une maison de poste appelée Sopack. Nous nous rapprochions sensiblement de
Kasala, et en avançant dans le Turkestan nous passâmes près de grandes flaques d'eau saumâtre, recouvertes d'une épaisse couche de neige. A l'horizon,
à quarante verstes de nous environ, était la mer
d'Aral ; l'inspecteur nous dit qu'elle était gelée sur
une largeur de plusieurs verstes, ce qui rendait la

navigation impossible; une brise salée nous souffle-
tait le visage, nous desséchait l'épiderme, et nous
causait, malgré le froid, comme un mouvement fébrile. Le thé que nous prîmes n'était pas ce qu'il y
avait de mieux pour apaiser notre soif, car l'eau avec
laquelle on l'avait préparé était des plus salées, toute
cette partie du pays étant imprégnée de sel sur
une grande étendue. La mer s'en est certainement
retirée depuis une époque relativement assez récente.
La neige devenait de moins en moins épaisse; elle
ne formait plus qu'une croûte très-mince, et c'est à
peine si nos chevaux pouvaient venir à bout de tirer
le traîneau sur cette légère surface. Aussi, arrivés
au relais suivant, éloigné seulement de cinq
stations de Kasala, nous dûmes abandonner le traîneau pour la voiture. Nous marchions à pas de tortue. La route était tellement mauvaise que nos chevaux, pauvres bêtes à moitié mortes de faim et
réduites à un grand état d'anémie, pouvaient à peine
mettre une jambe devant l'autre. Un ciel de plomb
nous avertissait que l'hiver et ses frimas sévissaient
encore devant nous. La soirée était très-avancée
lorsque nous arrivâmes à l'avant-dernier relais; aussi
me décidai-je à coucher dans cette localité, et à
n'entrer en ville que le lendemain matin. L'ignorance où j'étais des ressources que Kasala pourrait
m'offrir, si j'y arrivais au milieu de la nuit, rendait
cette résolution prudente.

Au relais, je ne trouvai pas l'inspecteur, car c'é-
tait le jour de Noël, non pas d'après notre calendrier (nous avions passé cette fête à Orenbourg), mais
d'après le calendrier russe qui fait toujours tomber
Noël, selon l'ancien usage, douze jours plus tard
que chez nous. L'employé, trouvant la solitude pénible, s'était accordé un congé, et était allé au fort
n° 1 pour manger, boire et s'amuser.

Je dois dire que je regrettai d'arriver après cette
fête sacrée, célébrée avec non moins de pompe par
les Russes que par nous. Chez eux comme chez nous,
il est d'usage que tous les membres de la famille se
réunissent sous le même toit, riches et pauvres,
jeunes et vieux. La table du festin est préparée avec
une grande libéralité, et l'hospitalité est offerte à
tous. Puis, dans la soirée, un arbre de Noël chargé
de fruits et de présents réjouit le cœur des plus
jeunes membres de la famille. Mais toute médaille a
son revers, et le vodki comme le punch n'est pas
absorbé impunément. L'air abattu des Russes
le lendemain de la fête en fournit une preuve irrécusable.

A cette époque de l'année, les jeunes filles s'in-
génient de mille façons à consulter le sort sur l'é-
poux qu'il leur destine. Un des moyens le plus en
faveur est celui-ci : lorsqu'une jeune fille russe
regrette son trop long célibat, elle s'assied pendant
les heures mystérieuses de la nuit entre deux mi-

roirs, place une bougie à côté de chacun d'eux,
et les considère avec anxiété jusqu'à ce qu'elle
réussisse à y voir douze lumières. Les jeunes filles
prédestinées y découvrent même aussi parfois, dit-
on, l'image de leur futur époux; elles caressent
complaisamment ce rêve, dû, plus ou moins, au
mirage d'une imagination exaltée. L'épreuve du
souper en tête-à-tête est une autre manière de trouver le mot de l'énigme. La jeune fille met deux
couverts, et si elle est sous une bonne étoile, l'apparition de son futur époux viendra prendre place à
côté d'elle; inutile d'ajouter que comme garantie de
succès, elle ne doit faire connaître ses projets à personne.

On raconte qu'il était une fois une fille de fermier aimant d'amour un lieutenant. Celui-ci soupçonne la belle d'avoir, un soir, préparé un souper pour
deux... Il escalade le mur du jardin, et prend place
à côté de la jeune fille, qui, en dépit de l'évidence, croit
voir l'apparition et non la personne même de son
amoureux. Il part, oubliant dans son trouble l'épée
qu'il avait déposée au moment de se mettre à table.
La jeune fille serra cette arme dans son armoire, et
la garda comme souvenir de cette visite. Plus tard
elle épousa un autre jeune homme, d'humeur fort
jalouse, qui, trouvant l'épée en question, y vit une
pièce à conviction de l'infidélité de sa femme, et,
dans un accès de jalousie furieuse, il en pourfendit
sur-le-champ son épouse innocente.

Un troisième moyen de lire dans l'avenir, auquel on a souvent recours quand plusieurs jeunes filles sont réunies, c'est l'épreuve du coq. Chaque jeune fille prend une poignée de blé, en fait un petit tas par terre, et y cache une bague. On amène ensuite le sultan de la basse-cour; il trie le blé avec son bec, et laisse finalement à découvert la bague privilégiée. La jeune fille à laquelle elle appartient est certaine, suivant la croyance populaire, d'arriver première à la course matrimoniale.

Nous décampâmes à l'aube; on me dit qu'il y avait une auberge au fort n° 1, et, pour ne pas perdre de temps, je résolus de m'y rendre directement, sans m'arrêter au relais régulier de Kasala. En approchant de notre but, le pays est couvert de neige à droite et à gauche; l'étendue d'eau glacée est le trop-plein du Syr Daria ou Jaxartes qui a débordé de son lit pendant l'automne et a inondé tout le pays d'alentour. L'air est pur et transparent; je m'égaye à la seule pensée d'en avoir bientôt fini avec mon traîneau, car mon voyage allait enfin entrer dans une nouvelle phase : ma marche sur Khiva !

J'appris, chemin faisant, que la neige recouvrait le sol depuis Kasala jusqu'au Khanat nouvellement annexé, et je m'en félicitai, puisque cela me promettait d'avoir toujours de l'eau potable. Nous traversâmes donc la petite ville de Kasala, connue gé-

néralement sous le nom de Kasalinsk, ou fort n° 1.
Elle est peuplée de nomades kirghiz qui dressent
leurs tentes dans les faubourgs de la ville et émigrent au printemps, de marchands tartares et
russes qui habitent des maisons à un étage, bâties
en ciment. On rencontre dans les rues des Juifs, des
Grecs, des Khiviens, des Tashkantiens, des Bockariens et des échantillons de presque toutes les peu-
plades de l'Asie. Kasala, vu sa position géographique, a une grande importance commerciale dans
l'Asie centrale. Toutes les marchandises en destination d'Orenbourg venant de Bokara, de Khiva, de
Tashkent, du Kokan, doivent traverser cette ville.
La population est évaluée à cinq mille habitants. A
l'époque où je visitais cette localité, il s'y trouvait une
garnison d'infanterie composée de trois cent cinquante hommes sous les ordres d'un commandant,
un régiment de cavalerie de quatre cents hommes,
et des matelots de la flotte de l'Aral. Cette flotte se
composait de quatre petits steamers, tirant peu d'eau
et capables de remonter l'Amou Daria jusqu'à quelques milles de Petro-Alexandrovsk, fort russe élevé
sur le territoire khivien. Cette portion du pays a été
annexée récemment à la Russie en dépit des assu-
rances données par le comte Schouvaloff au dernier
ministère de la reine Victoria.

L'équipage de ces quatre petits steamers fournis-
sait un supplément d'environ sept cent cinquante

hommes à la garnison. Il y avait quelques canons de
quatre et de neuf ; et un petit détachement d'artillerie
tient toujours garnison dans cette ville. N'oublions pas
non plus de mentionner quatorze canons petits, mais
capables de lancer des obus de dix livres. Ces pièces,
enlevées à l'armement des steamers, pourraient, à
l'occasion, rendre de grands services. Le fort a la
forme d'une demi-étoile ; c'est un ouvrage en terre
défendu au sud par un rempart bastionné qui s'a-
vance vers les rives du Syr Daria, lequel a sur ce
point cinq cents mètres de largeur. Le fort est
entouré d'un fossé sans eau et d'un parapet haut de
huit pieds, épais de douze ; à l'intérieur se trouvent
les casernes qui peuvent loger deux mille hommes
de troupes et des magasins remplis de matériel. Ces
bâtiments sont construits en brique et en argile
sèche. Les fortifications ne tiendraient pas longtemps devant une armée régulière, mais elles sont
suffisantes pour tenir les Kirghiz en respect. Nous
descendîmes à l'auberge Morozoff, nom d'un spé-
culateur russe qui a bâti là une petite maison à un
étage, l'a meublée très-sommairement, comptant
sur les officiers de la garnison et sur les marchands
russes de passage à Kasala, pour alimenter son établissement et faire prospérer son industrie. Lorsque
je demandai une chambre, un domestique au type
juif me répondit que la ville était archipleine, et
qu'il n'y aurait pas de chambre libre avant quel-

ques jours. Il m'indiqua cependant un individu qui
tenait une espèce de maison meublée.

« C'est très-sale, me répondit ce domestique en
regardant mon habit de peau de mouton, mais je
pense que ça vous est égal. » Notez bien que le serviteur qui me tenait ce langage avait des raies de
crasse sur le visage, et que l'auberge Morozoff ne
pourrait soutenir, sous le rapport de la propreté,
la comparaison avec bien des toits à porcs du Leices-
tershire. Toutefois, il y a des degrés dans la malpropreté comme dans le vice, et le propriétaire de
la maison meublée ou plutôt du bouge où j'allais
chercher un asile était encore beaucoup plus malpropre que le domestique de l'auberge Morozoff.

« Une chambre ? me dit-il, oh ! non, ici il n'y a
pas moins de cinq ou six voyageurs par chambre ;
nos corridors mêmes sont pleins.

— Pouvez-vous alors m'indiquer une autre maison
meublée ?

— Non, et que le diable vous emporte ! » s'écrie-
t-il en me fermant la porte au nez, nous laissant,
moi et Nazar, échanger des regards mélancoliques.

« Ah ! l'animal ! me dit Nazar ; il fait un froid
épouvantable ici : qu'allons-nous faire, Excellence ? »

Une inspiration me traverse l'esprit... « Conduisez-
moi, dis-je au cocher, dans le quartier juif », pensant
que je pourrais peut-être dresser ma tente au milieu des tribus d'Israël : Abraham, Isaac, Jacob, tous

restèrent sourds à mes prières! De leur côté, les
mahométans ne se montrèrent pas mieux disposés à
accueillir ma demande et mes offres; c'était, du
reste, également fête religieuse chez les fils de Mahomet, fête correspondant à la date de la Noël russe.

De toutes les parties de l'Asie, des individus
étaient venus voir parents et amis; partout, ce n'é-
tait que bombance et réjouissance. Les Russes ab-
sorbaient du vodki à rendre gorge, et les mahométans se bourraient de riz et de mouton à bouche que
veux-tu; après quoi ils cherchaient dans les vapeurs
de l'opium l'oubli des peines de ce monde et un
avant-goût des joies de l'autre, c'est-à-dire un
harem entretenu gratis et à perpétuité de houris,
ni querelleuses, ni jalouses, mais toujours sourian-
tes et toujours jeunes.

Ne pouvant trouver de gîte à Kasala, je me décidai à me rendre au fort et à solliciter la protection
du commandant; il me reçut avec courtoisie et dé-
pêcha tout de suite un domestique pour me chercher
une chambre; en attendant, il mit à ma disposition
une pièce de sa maison où l'on m'apporta un grand
bassin de cuivre, de l'eau et du savon. Après un
voyage de douze heures, cette attention, toujours
appréciable, devient un véritable bienfait.

Les étrangers ne peuvent comprendre la passion
des Anglais pour l'eau; ils nous croient sales à cause
de notre besoin constant d'ablutions; un bain de

vapeur une fois la semaine est pour les Russes un embarras de richesse, au point de vue de la propreté; quant à l'idée d'un bain froid quotidien, c'est à leurs yeux quelque chose d'incompréhensible et comme le témoignage le plus irréfragable de l'excentricité du caractère insulaire. La pièce dans laquelle on m'avait installé était meublée avec la plus rigoureuse simplicité : un lit et quelques chaises en bois, mais le tout très-propre et sans trace d'insectes. Le domestique envoyé à Kasala à la découverte d'un abri quelconque revint sans avoir rien à m'offrir, pas même l'espoir d'être admis à passer la nuit dans une chambre avec cinq autres voyageurs !

Dans les steppes, on se soumet sans répugnance, paraît-il, à cette désagréable nécessité; j'ai vu quelquefois trois ou quatre officiers russes ainsi parqués dans une seule chambre.

# CHAPITRE XVIII

Le commandant me pressa de rester sous son toit au
moins jusqu'à ce que j'eusse trouvé un abri pour la
nuit ; sa femme m'apprit qu'un Anglais, officier du
génie, le major Wood, avait été leur hôte l'été précédent, qu'il s'était ensuite joint aux membres d'une
expédition scientifique russe, et était allé avec eux
jusqu'à Petro-Alexandrovsk. Le but de son voyage
était d'explorer le cours de l'Oxus. Cette expédition,
à l'époque où mon compatriote en faisait partie, alla
par eau jusqu'au fort ; mais depuis son départ les
officiers russes ont remonté soixante-dix verstes de
plus sur l'Oxus. Le commandant me dit que lorsqu'un

navire alors en construction sera achevé, on re-
montera beaucoup plus haut sur le fleuve, et qu'on
pénétrera peut-être jusqu'à sa source. Mais il faut
pour cela lutter avec la rapidité du courant, et les
machines des bateaux armés étant de peu de
force, il est fort difficile de triompher de cet obstacle. On a accordé à un amateur l'autorisation
d'organiser une flotte de bateaux pêcheurs pour la
mer d'Aral, où le poisson est, dit-on, fort abondant;
cela serait à coup sûr d'une grande utilité; car, en
cas d'urgence, ces bateaux pourraient servir à transporter des troupes sur l'Oxus. La distance de la mer
d'Aral à la Russie d'Europe est très-considérable; la
mer Caspienne et la mer Noire sont très-poisson-
neuses; il est probable que le créateur de cette
flotte de pêcheurs ne trouvera la spéculation rien
moins que lucrative, mais au point de vue militaire
elle peut être d'une grande utilité.

Mon hôtesse me verse du thé, m'offre une cigarette, et finit par en allumer une pour son propre
compte. En Russie, c'est presque l'ordinaire; les
femmes mariées, les femmes âgées, fument presque
autant que les hommes, même dans la meilleure
compagnie; heureusement les jeunes filles n'ont
pas encore pris cette habitude.

Les troubles du Kokand avaient, paraît-il, été fort
exagérés, les troupes russes n'y ayant jamais été
sérieusement compromises. Un officier de passage à

Kasala, en retournant de Tashkent à Saint-Pétersbourg, avouait à quel point lui et ses camarades
avaient été étonnés d'être pris pour de si grands
héros; ils devaient leur réputation, en grande partie,
à l'*Invalide*, journal militaire russe, qui prodiguait
les louanges, avec une exagération ridicule, aux
officiers du général Kauffmann. On n'avait pas, du
reste, le droit de s'en plaindre, puisque médailles
et décorations allaient pleuvoir sur l'armée russe ;
le général Kauffmann pensait aussi que si ce journal persistait à attaquer Yakoob Bek avec autant de
violence, il en résulterait probablement une campagne d'été contre Kashgar, éventualité que le général appelait de tous ses vœux.

Je me rendis ensuite à l'hôtellerie Morozoff pour
voir ce qu'on pourrait me donner à dîner; j'avais
une faim de loup, l'air vif des steppes étant le meilleur apéritif pour aiguiser l'appétit; je demandai au
domestique qui m'avait parlé le matin ce qu'il avait
à m'offrir.

« Tout ce que vous voudrez », me répondit-il. En
allant au fond des choses, je vis que le garde-manger
ne contenait que de la choucroute et du mouton
froid !

« Nous avons d'excellent vin », me dit-il, en apportant une bouteille de porto noir comme de
l'encre, et qui ressemblait à une décoction d'alcool

russe, épaissie avec de là suie ; « il est délicieux et célèbre dans tout le pays. »

La chambre qu'on m'avait donnée était oblongue ; l'ameublement se composait d'une table et d'un banc. Quelques 'peaux [de mouton jetées dans un coin prouvaient que cette pièce était déjà occupée. J'appris, en effet, que trois marchands y avaient passé la nuit, et qu'en leur absence le garçon avait pris possession de leur chambre.

S'il fallait en croire le domestique de l'hôtellerie, la fête de Noël avait été des plus brillantes ; il basait son appréciation sur la quantité prodigieuse de vodki qui avait été absorbée ; les habitants de Ka-sala pouvaient se vanter d'avoir célébré d'une ma-nière bien profane cette grande fête religieuse.

Je me procurai un traîneau, mais non sans quelque difficulté, car il n'y avait que cinq véhi-cules de ce genre à Kasala. Je me rendis alors chez le colonel Goloff, gouverneur du district ; il était sorti pour faire des visites aux familles des princi-paux officiers de la garnison, l'usage en Russie étant d'aller voir ses amis dans la semaine de Noël, et de leur adresser des compliments et des vœux. Le do-mestique me dit que le colonel reviendrait bientôt, et m'engagea à l'attendre, ce que je fis.

La maison était grande, bien construite, et n'avait qu'un étage, comme presque toutes les habitations de Kasala. A travers les doubles fenêtres, je voyais

deux sentinelles faire de temps en temps les cent
pas devant leurs guérites pour entretenir la circulation aux pieds, car le froid était glacial.

On trouvait, en entrant dans la maison, un petit
vestibule bien disposé pour permettre au visiteur
d'accrocher sa pelisse et de déposer ses galoches.
Quatre grandes chambres qui se commandaient
constituaient les appartements de la famille; il y
avait de beaux parquets dans chacune de ces pièces,
de belles glaces, quelques chaises et des tables pour
mobilier. De grands poêles ménagés dans les murs
étaient disposés de façon à communiquer une douce
chaleur dans toute la maison. Trois ou quatre pièces
servant d'office et de cuisine donnaient sur un petit
jardin et sur l'écurie située derrière l'habitation du
colonel.

Le bruit d'un traîneau s'arrêtant à la porte
m'annonça le retour du colonel Goloff. Un instant
après, il entra dans la pièce où je l'attendais. C'était
un homme grand et corpulent, ayant à coup sûr
dépassé la quarantaine; il portait un uniforme bleu
foncé. Il me dit avoir appris par les autorités de
Saint-Pétersbourg mon prochain passage à Kasala,
puis il ajouta qu'il ne pouvait m'autoriser à rester
plus longtemps sous le toit du commandant. « Sa
maison est petite, me dit-il; en outre, il a femme et
enfants; ici, je suis seul... Ma famille est allée en
Russie; vous devez venir chez moi. »

Je le remerciai tout en hésitant à accepter son offre.

« Non, reprit-il, sèchement cette fois, vous devez venir. »

Là-dessus, je retournai prendre congé du commandant. Ce ne fut pas sans peine qu'il me laissa partir. Je lui dis que non-seulement le colonel désirait qu'il en fût ainsi, mais qu'il le voulait; en un mot, que je croyais impossible de refuser son invitation.

Chez le colonel, je trouvai le salon de réception rempli d'officiers qui venaient offrir au gouverneur leurs compliments à l'occasion de la Noël; il m'apprit qu'il attendait d'autres invités dans la soirée, et que j'aurais là une occasion de voir les beautés à la mode de Kasala.

Tous les appartements étaient ouverts et éclairés; bientôt l'élément féminin commença à faire son apparition; toutes les dames étaient en grande toilette; il se forma bien vite de petits conciliabules, et des parties de whist malgré le bruit des conversations; de long en large circulaient de jeunes couples qu'une mutuelle sympathie rapprochait. Les hommes et les femmes, la cigarette à la bouche, remplissaient les salons de nuages de fumée. Toute morgue avait disparu de cette réunion, et rien n'était négligé pour mettre à l'aise les invités du colonel. Le général Kauffmann avait traversé Kasala quelques

jours auparavant; il a laissé une très-agréable impression au beau sexe, près duquel il est en grande
faveur. Chacun déplorait son départ, et se demandait pourquoi il était allé à Saint-Pétersbourg.

Un des officiers présents à cette soirée avait relâ-
ché pendant quelque temps à Lisbonne; il avait été
attaché à une escadre russe qui avait visité l'Amé-
rique il y a quelques années; il servait en ce moment
sur la flotte de l'Aral. Il me dit que son bâtiment
avait un faible tirant d'eau, tout au plus de trois ou
quatre pieds, et qu'il pourrait faire le trajet de
Petro-Alexandrovsk à Tashkent. La grande difficulté,
c'est la rareté du charbon, qu'il faut remplacer par
le bois, combustible non moins encombrant que
dispendieux pour le gouvernement. Les officiers de la
garnison enviaient tous sans exception l'heureux
sort de leurs camarades du Kokand qui avaient été
appelés à réprimer les derniers troubles; ils se
plaignaient tout haut, avec amertume, de la lenteur
de l'avancement et de la monotonie de l'existence à
Kasala.

« N'importe quel changement plutôt que de
rester ici, s'écria un officier qui était décoré
de plusieurs médailles et dont la physionomie révélait autant de décision que d'énergie; ici, c'est à
mourir d'ennui.

— Oui, dit un autre officier, quand nous serons
dans l'Inde, il y aura des chances d'avancement; mais

autant vaudrait se battre avec des faisans qu'avec
des Kokandiens : pas un de nos anciens n'a été
tué.

— Je ne pense pas que l'Angleterre intervienne
si nous attaquons Kashgar! reprit un officier plus
âgé que ses camarades.

— Qui sait? me dit un autre officier; nous nous
battrons le matin avec vous, et nous nous gri-
serons ensemble le soir pendant la trêve. Allons,
venez avec moi, et prenons quelque chose. »

Il me conduisit alors dans une pièce voisine où
les domestiques venaient d'apporter ce que les Russes
appellent le zakuski, lequel est composé de caviar,
de poisson salé, de petites tranches de pain, de
fromage, de saucisses fortement assaisonnées, et de
liqueurs de toutes sortes.

Je fus tout surpris de constater combien dans ce
milieu peu de Russes savaient le français; il n'y avait
peut-être pas là une seule femme capable de le parler; elles ne rougissaient pas de leur ignorance, et
c'était pour moi un vrai plaisir de trouver des gens
qui ne méprisaient pas leur propre langue. On
s'imagine généralement en Angleterre que les
Russes sont des linguistes émérites, parce que leur
langue nationale est tellement hérissée de difficultés que tout autre dialecte, après celui-là, semble
facile.

C'est une idée des plus fausses; la véritable raison

qui fait que les Russes parlent bien plusieurs langues, et cela avec une prononciation parfaite, c'est
que les enfants les apprennent fort jeunes, particulièrement à Saint-Pétersbourg et à Moscou. On
donne à l'enfant, dès qu'il est en état de parler, une
bonne française ou anglaise ; il apprend une nouvelle
langue aux dépens de la sienne, car la prononciation à
laquelle on se forme dans le bas âge est celle que l'on
conserve généralement toujours. A dix ans, il parle
le français, l'anglais et l'allemand, dont il n'étudie
la grammaire que plus tard. En Angleterre, nous tom-
bons dans le défaut inverse ; nous négligeons les langues vivantes et jusqu'à notre langue maternelle. Nous
consacrons toutes nos années de collége au grec
et au latin, espérant que ces connaissances nous fa-
ciliteront l'étude des langues vivantes. Eh bien ! c'est
alors une tâche impossible, car à l'âge de vingt ans
vous ne pouvez apprendre à parler une langue
étrangère sans conserver votre propre accent. Au
sortir du collége et des écoles, d'autres soins absorbent votre vie, le temps vous manque pour parache-
ver votre éducation : voilà pourquoi les Anglais sont
de détestables linguistes. Aucune modification n'est
apportée à notre mode d'éducation parce que les
professeurs, n'étant pas préparés à d'autres branches
d'enseignement, seraient exposés à perdre leur position si les parents exigeaient un nouveau système
d'études ; le professeur profite, l'élève périclite. Si

dans nos écoles on consacrait à l'étude du français et
de l'allemand le temps qu'on donne au grec et au
latin, les jeunes gens trouveraient, en entrant dans
la vie, qu'ils ont bâti une maison à deux étages au
lieu d'avoir simplement posé les fondements d'un
édifice qu'ils n'auront jamais le temps d'achever.

La soirée s'écoulait..... Les nuages de fumée qui
s'échappaient des lèvres des fumeurs devenaient de
plus en plus épais ; des domestiques apportèrent
alors deux magnifiques esturgeons sur la table du
souper.

Alors notre hôte, s'adressant à chacun de ses invités,
les pria de venir souper. Le tabac n'ôtant pas l'appétit
aux fumeurs, ils continuèrent, tout en mangeant, à
toujours fumer. Les vins les plus variés circulaient
sans repos ni trêve ; le bruit des verres qu'on entre-
choquait, en buvant à la santé de notre hôte, se mê-
lait souvent à là conversation.

« Ainsi, vous allez à Kashgar ? me dit un jeune
officier qui avait eu l'amabilité de m'indiquer les
célébrités du jour.

— Non.

— Pourquoi pas ? Vous rencontreriez une foule
d'officiers anglais en train de faire l'éducation militaire des sujets de Yakoob-Bek.

— Ne parlons pas politique, dit un officier plus
âgé ; nous aurons certainement à nous mesurer un
jour ou l'autre avec les Anglais ; mais, bien qu'ils se

soient battus contre nous en Crimée, ils valaient beaucoup mieux que les Français. »

On apporte encore de nouveaux plateaux chargés de plats, de petits biftecks et de pommes de terre frites qu'on renouvelait tous les quarts d'heure.

Il se faisait tard, je mourais de sommeil; il y avait dix jours que je ne m'étais déshabillé, et un voyage en traîneau éprouve toujours un peu la constitution d'un homme.

Mon hôte, heureusement, s'aperçut des efforts surhumains que je faisais pour rester éveillé; il tint à me conduire lui-même dans ma chambre.

« Vous avez apporté vos draps, n'est-ce pas? me dit-il. Oh! oui, cela va sans dire, vous êtes un voyageur trop expérimenté pour avoir négligé cette précaution. »

Ayant dit, il referma vivement la porte et partit. J'avais heureusement eu la prévoyance d'apporter d'Angleterre mon matelas à air, qui était d'un transport aussi facile que léger, car, rempli d'air, il ne pesait pas plus de deux ou trois livres et, une fois étendu sur le plancher, c'était une couche excellente. N'ayant avec moi ni draps ni couvertures, je fis comme les Russes en semblable conjoncture, et je m'étendis sur mon sommier de caoutchouc, bien enveloppé dans ma pelisse de fourrure.

La porte qui me séparait du salon était très-mince; la cloison n'interceptait que faiblement aussi le bruit

12

de la fête ; mais les éclats de rire joyeux et le tintement des verres ne sauraient empêcher un homme
de dormir quand il est vaincu par la fatigue ; je
perdis rapidement connaissance, et je m'endormis
profondément.

# CHAPITRE XIX

Le lendemain matin, à dix heures, Nazar entra
dans ma chambre pour m'annoncer que le colonel
Goloff s'habillait et que le déjeuner allait être bientôt servi. Je demandai un lavabo ; on me répondit
que ce n'était pas l'usage de faire ses ablutions dans
sa chambre à coucher, et l'on me conduisit dans une
pièce, sorte de lavoir où il y avait un évier et un
grand ustensile de cuivre qui contenait de l'eau ;
celle-ci s'écoulait par un trou pratiqué de côté, lorsqu'on tirait une ficelle attachée à une petite soupape.
Cette installation, toute primitive, était aussi froide
que peu confortable, car il n'y avait pas de poêle
dans ce réduit, et l'on ne pouvait se laver qu'une

seule main à la fois. Les stalactites s'étalaient en
franges dentelées sur les vitres des fenêtres, et, dans
de semblables conditions, les ablutions matinales
deviennent une épreuve plutôt qu'un plaisir. Bientôt, cependant, le colonel entra dans ma chambre
pour m'annoncer le déjeuner; le repas était frugal :
du thé, du pain, c'était tout. Une nourriture plus
substantielle est considérée comme très-inopportune
à cette heure du jour, l'habitude de souper très-
tard n'étant pas propre à réveiller l'appétit. Mon
hôte m'informa qu'il était allé cinq fois à Petro-
Alexandrovsk; que les Turcomans avaient été un
vrai fléau lorsqu'ils traversèrent l'Oxus, alors
gelé, et il me fit le récit de leurs fréquentes razzias
sur les troupeaux kirghiz. Il croyait urgent, pour
ma sécurité, de me faire escorter par des Cosaques.
« Ils vous accompagneront jusqu'à notre fort; là, le
colonel Ivanoff, commandant du district de l'Amou-
Darya, vous mettra en route sur Khiva, situé à quatre-vingts kilomètres de Petro-Alexandrovsk, et vous
donnera une nouvelle escorte. »

Je demandai à quoi je serais exposé si je péné-
trais, seul et sans protection, dans la capitale du
Khanat khivien.

« Gardez-vous-en bien, me dit-il, car il est fort
probable que le Khan vous ferait arracher les yeux,
ou vous garderait, dans une hutte en terre, pendant
cinq ou six jours, avant de vous accorder une au-

dience. » Je remerciai le colonel de ses renseignements qui partaient assurément d'un bon cœur ; j'é-
tais touché de voir que le brave gouverneur de
Kasala faisait quelque compte de ma vie, et je lui
en garderai toujours une vraie reconnaissance. Il me
promit de me procurer un guide ; là-dessus, tirant
le cordon de la sonnette, il dit à son domestique
d'aller querir un officier kirghiz :. celui-ci pourrait
communiquer avec ses compatriotes, leur dire que
je voulais acheter des chevaux, car il était impossible
d'en trouver à louer à Kasala, et le voyage devait se
faire à cheval ; il fallait encore des chameaux et un
kibitka ou tente circulaire. Comme provisions de
bouche, le colonel me recommanda d'emporter du
stchi, sorte de choucroute mélangée de viande coupée ; cette préparation, d'un transport facile, se conserve un temps infini, quand elle est une fois gelée ;
on en remplit tout simplement des seaux d'écurie.
La plus grosse difficulté, c'était le fourrage ; car il
fallait prendre avec soi des rations pour une
quinzaine de jours, et la ration ordinaire d'un cheval étant de douze livres d'orge, il en résultait qu'elle
était de trente-six livres pour trois chevaux, poids
qui, multiplié par quinze, représentait plus de cinq
cents livres.

Le colonel n'était pas d'avis que j'emportasse de
l'eau, car il présumait que nous trouverions partout
de la neige ; mais pensant qu'il serait peut-être utile

d'en faire provision, il me conseilla d'emporter, à cet effet, des sacs faciles à placer sur le dos des chameaux. Aux yeux du colonel, l'ennemi le plus redoutable que j'eusse à craindre était le froid, car on n'avait pas souvenance d'un hiver aussi rigoureux : deux personnes étaient mortes gelées à Kasala.

Le déjeuner étant achevé, le colonel me dit que ses affaires l'obligeaient à sortir, qu'il ne reviendrait qu'au moment du dîner, c'est-à-dire à deux heures. Je me proposai d'aller voir la ville pendant ce temps-là et de faire connaissance avec la population kirghise. J'emmenai Nazar en qualité d'interprète, afin de pouvoir converser avec les indigènes qui ne comprennent pas le russe. Le petit homme était plein d'admiration pour la splendeur et le luxe de la résidence du Gouverneur. Il me raconta avec enthousiasme le magnifique dîner qu'il avait fait la veille. Sa seule préoccupation était d'avoir mangé peut-être, sous forme déguisée, de l'animal impur, cas de conscience très-grave pour un Tartare, comme pour tous les mahométans. Nazar me prévint que le bazar ne serait pas ouvert à cause de la fête, et me dit que le matin, ayant voulu changer de la monnaie à la Banque, il avait trouvé cet établissement fermé.

Nous rencontrâmes quelques Kirghiz, hommes et femmes, à cheval ; celles-ci, à califourchon, montaient avec une aisance et une grâce consommées.

Nous vîmes aussi des Bockariens et des Khiviens ;

le type juif très-prononcé des premiers et leur teint
de cuir tanné forment un grand contraste avec
les Khiviens, dont la peau est beaucoup plus blanche.
Il est, du reste, assez difficile d'en pouvoir juger,
car les habitants sont si soigneusement enveloppés
dans leurs fourrures, que la seule partie de leur
personne qui reste à découvert est le tour des
yeux.

Quelques Cosaques de l'Ural, exilés de leurs pénates, marchent de long en large devant leurs habitations; les uns parlent de l'espoir d'être bientôt
graciés et de retourner dans leurs familles à Uraslk;
les autres s'entretiennent des difficultés insurmontables que présente la traversée des steppes, avant
d'arriver sur le territoire khivien, où ils crai-
gnent d'être prochainement déportés. La plupart de
ces hommes sont d'un âge mûr et doivent avoir
beaucoup souffert pendant le voyage qu'on leur a
fait faire à Kasala. Leur idée fixe semble être que
l'Empereur n'est pas responsable de leur malheureux sort, mais bien certains personnages ennemis
des dissidents qui, dans leur rapport au Tsar, auraient beaucoup exagéré les choses.

La ville de Kasala est fort mal tenue et ne fait
pas honneur aux édiles chargés de surveiller la voi-
rie. Les rues sont jonchées d'ordures et d'immon-
dices; si le froid ne les réduisait pas à l'état de glaçon, l'atmosphère serait empestée, et il est vraiment

surprenant que l'état sanitaire de la ville ne soit pas plus mauvais, surtout pendant l'été; dans les maisons assez élégantes et presque confortables, le service des vidanges ne se fait jamais, et quant aux water closets, je renonce à en parler; la description même la plus sommaire révolterait le lecteur. Je lui dirai seulement que lorsque le dégel arrive, les maisons suintent la fièvre, et que le chiffre de la mortalité double presque instantanément.

En dehors de la ville, les Kirghiz ont dressé leurs kibitkas; ces tentes servent d'habitations aux tribus nomades qui les transportent de place en place sur leurs chameaux. Un de ces abris était orné, à l'intérieur, de tapis épais aux riches couleurs et de coussins brillants sur lesquels les Kirghiz reposent; le feu était allumé au milieu de l'appartement et produisait une fumée aussi blanche qu'intense, qui s'élevait avec des enroulements de serpent jusqu'au toit, d'où elle s'échappait par un trou ménagé à cet effet. L'atmosphère épaisse prenait aux yeux; cela provenait des ronces qui abondent dans les steppes et qui servent de combustible. Les femmes kirghises qui vivent dans ces tentes ne semblent pas redouter le regard de l'étranger; elles ne se voilent pas la figure comme il est d'usage général chez les mahométans. Évidemment, elles étaient enchantées de ma visite, car elles étendirent avec empressement des tapis par terre en m'invitant à m'asseoir près d'elles. Leur extérieur n'a rien de séduisant.

Tout en respectant le plaidoyer de M. Macgahan en faveur du beau sexe en Tartarie, je ne peux m'empêcher de penser que cet énergique correspondant a l'admiration facile, car un visage large comme la lune et des joues rouge acajou, si fort appréciés chez les Kirghiz, ne sauraient répondre à mes idées de la beauté. La plupart des femmes kirghises ont de beaux yeux et de belles dents; mais l'ovale sans finesse du visage et les dimensions de la bouche laissent, somme toute, une impression peu agréable; les jeunes filles manquent de grâce, quoiqu'elles soient charmantes à cheval.

Le propriétaire du kibitka était un homme âgé, vêtu d'une longue robe brune ouatée; il faisait du thé en versant de l'eau dans un chaudron placé sur un trépied, tandis qu'une jeune fille distribuait des raisins secs autour d'elle. Les habitants de cette tente furent très-surpris lorsque je leur appris que je n'étais pas Russe, mais que je venais d'un pays lointain, situé du côté où le soleil se couche.

« *Anglitchanin,* Anglais », disait Nazar, et tous répétaient gravement le mot *Anglitchanin.* Un des Kirghiz demanda si j'avais amené ma femme avec moi, et parut tout étonné d'apprendre que je n'étais pas marié; tous, du reste, étaient d'avis qu'une femme est un élément de bonheur aussi indispensable à l'homme que son cheval ou son chameau.

Les Kirghiz ont un grand avantage sur les autres races mahométanes. Un jeune homme peut voir la jeune fille qu'il désire épouser avant d'arrêter les termes du marché avec les parents de celle-ci. Cent moutons, tel est le prix qu'on demande ordinairement. Il n'en est pas de même chez les Tartares qui ont une résidence fixe et qui n'émigrent pas de place en place. Là, l'homme qui veut acheter une femme a de grands risques à courir ; il a rarement l'occasion préalable de la juger soit au moral, soit au physique, car en public elle a toujours un voile sur le visage, et elle est soigneusement cachée aux regards des hommes.

La mère du prétendant, ou quelqu'une de ses parentes, ouvre quelquefois, par un stratagème, la campagne matrimoniale ; elle cache le futur mari derrière un meuble et invite la jeune personne à la venir voir ; se croyant seule, celle-ci enlève momentanément son voile, tandis que le jeune Tartare calcule *in petto* la valeur de l'objet..... puis le marché commence, les parents du côté féminin demandant d'abord une somme bien supérieure à celle qu'ils finissent par accepter.

« Elle a le regard doux, dit la mère, elle est jolie.

— Oui, répond la parente du prétendant, elle a de jolis yeux, mais elle laisse beaucoup à désirer

sous le rapport de la largeur du visage et des hanches ; en voulez-vous deux cents roubles (huit
cents francs) ? »

Le marché s'engage, se débat, se conclut ; puis,
sans plus de préliminaires ou de cérémonie, on pro-
cède séance tenante au mariage.

« Aimez-vous Kasala ? demandai-je à la plus jolie
jeune fille de la réunion.

— Non, dit une femme âgée, sans lui laisser le
temps de parler, toutes nous aimons mieux les
steppes ! »

En prononçant ces mots, elle jeta un regard dédai-
gneux à sa fille ; je sus plus tard, par Nazar, que
celle-ci préférait la civilisation de Kasala aux beautés de la nature et à la contemplation des steppes
sans bornes de la Tartarie.

En quittant le kibitka, je me rendis à l'hôtel Morozoff pour faire une visite à un jeune officier tartare, à qui j'avais été présenté la veille au soir ; je le
trouvai chez lui. Il habitait une petite chambre de
moitié avec un autre officier, qui restait là depuis
six semaines, soi-disant en route pour Petro-Alexandrovsk, où il devait rejoindre son régiment. Il était
probablement peu pressé de se rendre à son poste,
car je le trouvai encore à Kasala six semaines plus
tard. Le mobilier de la chambre était des plus mo-
destes : deux petits lits, des chaises de bois, quelques gravures françaises et des photographies ap-

pendues au mur, en faisaient tous les frais. Les
officiers étaient visiblement enchantés de recevoir
quelqu'un avec qui ils pourraient parler de Saint-
Pétersbourg. L'un d'eux alla querir deux bouteilles
de vodki. Il fut tout surpris de voir que je n'avais
pas l'habitude des liqueurs fortes. « Ce n'est pas
sans doute pour nous faire croire que les officiers
anglais ne s'enivrent pas, me dit-il, car la seule
chose qui donne du prix à l'existence, c'est l'eau-de-
vie. » Là-dessus il en avala un verre plein. La grande
difficulté était de faire comprendre à mes nouveaux
amis que j'étais venu en Russie sans être chargé
d'aucune mission de mon gouvernement, et que je
ne voyageais pas aux frais de l'État.

« Ainsi, vous auriez pu dépenser tout le temps
de votre congé à Saint-Pétersbourg, et vous n'y avez
passé que dix jours? » disait l'un.

« C'est bien extraordinaire », continuait le plus
âgé des deux, évidemment fort étonné que je me
fusse arraché si vite de ce qui est, aux yeux d'un
officier russe, l'Élysée même!

Cet officier, autrefois dans la garde, avait eu le
malheur de s'endetter; c'est alors qu'on l'avait
envoyé à Kasala, où il avait un emploi dans la
police. C'était un grand changement après la vie
de Saint-Pétersbourg; aussi trouvait-il le temps
effroyablement long; là, peu de dames à voir,
et si peu de chose à faire!

A Khiva, il y a au moins la perspective d'une guerre avec les Turcomans et une certaine surexcitation sous forme de rébellion à réprimer, ce qui donne au moins une chance d'agir et l'occasion de se distinguer !

En réalité, on ne peut causer une demi-heure avec les officiers de l'Asie centrale sans être frappé de leurs aspirations belliqueuses. Quant à moi, ce qui me surprend, c'est que la Russie ne s'étende pas plus loin encore dans l'Asie centrale. Sans l'Empereur, qui n'est pas très-partisan de cette rapide extension de territoire, les Russes seraient déjà à notre frontière indienne. Rien ne serait plus populaire parmi les officiers de l'Asie centrale, et même de la Russie d'Europe, qu'une guerre avec l'Angleterre, ayant l'Inde pour objectif. L'opinion publique n'étant représentée, comme on sait, que par l'élément militaire (lequel absorbera dans quelques années toute la population mâle du pays), nous devons nous tenir prêts à toute éventualité. Si la Russie venait à annexer Kashgar, Balkh et Merve, l'invasion de l'Inde ne serait pas un fait aussi invraisemblable qu'un grand nombre de gens seraient portés à le croire. La Russie appelant ses réserves pourrait, en cas de guerre, disposer d'un million trois cent mille hommes, et les huit cent quarante-sept mille huit cent quarante-sept hommes de l'armée active seraient alors disponibles pour l'offensive.

13

La province du Turkestan confine presque à notre empire de l'Inde. D'après le calcul russe, il y a dans cette province trente-trois mille huit cent quatre-vingt-treize hommes. J'emploie à dessein les mots *calcul russe* parce qu'il n'existe aucun moyen de vérifier ces chiffres. La plus grande partie des troupes de la Sibérie occidentale, d'Orenbourg, de Kasan pourraient être concentrées dans le voisinage de Tashkent, de Samarcand, sans que les Anglais se doutassent de la chose. Nous n'avons pas d'agents consulaires dans une seule des villes que traverseraient les troupes russes en s'avançant dans le Turkestan; il n'est permis à aucun Anglais de voyager dans l'Inde centrale; les journaux russes étant complétement sous la coupe de l'autorité, les renseignements qu'on livre au public sont plus ou moins sophistiqués. Le gouverneur du Turkestan peut organiser à notre insu d'importantes étapes et des dépôts considérables de munitions et de matériel de guerre à Samarcand, à Khiva et à Krasnovodsk; puis, un beau matin, nous apprendrons tout à coup qu'au lieu d'avoir à combattre un ennemi éloigné de six cent cinquante lieues de sa base d'opération, il a porté cette base à cent quinze lieues de notre frontière indienne, et qu'elle fournit pour la guerre les mêmes ressources que Moscou ou Saint-Pétersbourg.

Dans le Caucase, il y a une armée de cent cinquante et un mille cent soixante et un hommes, qui

pourrait facilement communiquer par eau avec Ashourade. Il n'existe aucun obstacle naturel dans la
vallée de l'Attrek, ni de l'Attrek à Hérat, qui s'oppose à une marche en avant. Si les Afghans, tentés
par l'appât du pillage des riches cités des plaines de
l'Inde, venaient se joindre à l'armée russe, nous
nous trouverions à coup sûr dans un grand embarras.

L'empire russe est divisé en quatorze circonscriptions militaires, outre la province des Cosaques du
Don ; la plupart de ces circonscriptions comprennent
plusieurs districts qui sont indiqués ci-après.

La table suivante représente le nombre de soldats
dans chaque district :

| Districts. | Hommes. |
|---|---|
| 1. SAINT-PÉTERSBOURG. — Il comprend les gouver-nements de Saint-Pétersbourg, Novgorod, Pskof, Olonetz, Arkhangel, Esthonie | 84,353 |
| 2. FINLANDE | 14,787 |
| 3. VILNA. — Vilna, Grodno, Kowno, Vitebsk, Minsk, Mohilew, Livonie, Courlande | 93,370 |
| 4. VARSOVIE. — Varsovie, Kalisz, Kielce, Lomha, Radom, Lublin, Petrikau, Plock, Siedk, Su-walki | 113,686 |
| 5. KIEV. — Kiev, Podolie, Volhynie | 58,816 |
| 6. ODESSA. — Odessa, Kherson, Icekatérinoslav, Tauride, Bessarabie | 63,391 |
| 7. KARKOV. — Karkov, Kursk, Oral, Tchernigov, Poltava, Orel, Koursk, Yoronèje | 65,457 |
| 8. MOSCOU. — Moscou, Tver, Jaroslav, Volodga, Kostroma, Vladimir, Nijni-Novgorod, Smo-lensk, Kalouga, Riazan, Tambov | 85,024 |

| Districts. | Hommes. |
|---|---|
| 9. KAZAN. — Kazan, Viatka, Perm, Simbirsk, Samara.............................. | 34,300 |
| 10. CAUCASE. — Kuban, Terek, Daghestan, Jakhatali, Tiflis, Erivan, Baku, Stavropol, Kutais. | 151,161 |
| 11. ORENBOURG. — Orenbourg, Ufa............. | 14,680 |
| 12. SIBÉRIE OCCIDENTALE .................... | 16,256 |
| 13. SIBÉRIE ORIENTALE...................... | 18,673 |
| 14. TURKESTAN. — Syr Daria, Semiretckensk...... | 33,893 |
| TOTAL... | 847,847 |

# CHAPITRE XX

En revenant chez le gouverneur, je le trouvai qui m'attendait pour dîner. Il me dit dans le cours de la conversation que l'officier kirghiz avait fait savoir à ses compatriotes que je désirais acheter des chevaux et qu'on m'en amènerait à choisir le lendemain. Un prêtre entra alors : c'était un homme d'environ trente ans, malpropre, mal peigné, ses longs cheveux tombant jusqu'au milieu du dos. Le colonel l'invita à s'asseoir près de moi. Ce prêtre était marié ; mais, s'il devenait veuf, il ne pouvait convoler, règlement qui garantit au moins aux femmes, en cas de maladie, les bons soins de leurs maris. La conversation roula principalement sur la question des chevaux, et je m'aperçus facilement que ce prêtre avait un cheval dont il voulait se défaire et qu'il désirait me vendre. Il me dit que les chevaux kirghiz n'ont pas

besoin d'être ferrés, à moins qu'il ne s'agisse d'une
course à faire dans le terrain rocheux des montagnes.
Bien que les cavaliers kirghiz fassent souvent trente
lieues dans un jour, leurs chevaux tombent rarement
boiteux ou malades. J'étais arrivé à Kasala dans un moment peu propice pour un homme qui désirait en repartir le plus tôt possible. Le lendemain, ne voyant
aucun cheval poindre à l'horizon, je demandai la raison de ce retard; on me répondit que la fête n'était pas
encore finie. Les Kirghiz continuaient à se bourrer de
riz, de mouton et de koumis (lait de jument fermenté),
et l'on ne pouvait les décider à quitter leurs pénates,
même pour courir la chance de vendre un cheval à un
chrétien. Il me sembla que le moment était venu de
mettre les services de Nazar en réquisition ; je lui dis
donc d'aller en ville annoncer à ses coreligionnaires
que j'étais décidé à payer des chevaux un bon prix,
mais à la condition qu'on m'en procurerait tout de
suite, sinon que je continuerais mon voyage par traîneau jusqu'au fort Pérovsky ; que là, j'achèterais des
chevaux, et qu'une fois pourvu comme je le désirais,
j'irais à cheval jusqu'à Petro-Alexandrovsk. Je pensais
que lorsque les Tartares me sauraient sur le point de
quitter Kasala, l'appât de l'intérêt personnel leur
ferait prendre mes affaires en considération. Je dis
aussi à Nazar de songer à la préparation du stchi et
d'acheter quarante livres de pain, dont la moitié aussi
légère que possible. Les boulangers russes excellent

dans cette fabrication, et si l'on faisait des échaudés aussi volumineux que des pains, on confondrait aisément les uns avec les autres; avantage fort à considérer lorsque le froid transforme la pâte ordinaire du pain en une substance granitique dont la hache seule peut avoir raison. Il m'est arrivé de casser mon meilleur couteau en essayant de couper du pain gelé.

En réalité, il n'entrait pas dans mes intentions d'aller à Perovsky, car je ne tenais pas à me rapprocher de la capitale du Turkestan. Saint-Pétersbourg est maintenant en communication télégraphique avec Tashkent, et même le fil est déjà posé jusqu'à Kokan. La distance de Kasala à Tashkent est de deux cent vingt lieues environ; le télégraphe existe aussi entre Saint-Pétersbourg et Orsk, ville située à cent soixante-six lieues de Kasala; et toutes les probabilités étaient que les communications officielles de Saint-Pétersbourg aboutiraient plus tôt au quartier général du général Kauffmann qu'à toute autre destination. Je ne tenais pas à me rapprocher de Tashkent plus qu'il n'était absolument nécessaire, car, tout en ayant obtenu du général Milutin, ministre de la guerre, la permission de voyager dans l'Asie centrale, il n'était pas impossible qu'il revînt sur cette décision; plusieurs de mes amis, craignant qu'il n'en fût ainsi, m'avaient fort conseillé de ne pas lanterner sur la route.

La communication de Nazar à ses compatriotes eut tout l'effet souhaité ; j'avais enfin trouvé le défaut de a cuirasse des Kirghiz : le gousset ! Décidément le temps presse, pensaient-ils, si l'on veut profiter de cette occasion de vendre nos chevaux. Les Kirghiz, tout en ayant de grandes affinités avec les Arabes, en diffèrent complétement sous ce dernier rapport. Les descendants d'Ismaïl consentent rarement à se séparer de leurs chevaux, tandis que les Kirghiz se défont volontiers des leurs pourvu qu'on leur en donne un bon prix. La chance de louer dès rossinantes à un chrétien n'était pas à dédaigner, et s'ils n'y réussissaient pas, ils avaient encore la possibilité de lui vendre un bon cheval trois fois plus cher qu'il ne valait. Mais les maquignons des steppes ne sont ni plus ni moins retors que ceux des autres pays. Il est aussi difficile de tirer son épingle du jeu avec un marchand de chevaux tartare qu'avec un marchand de chevaux anglais. A partir de ce moment, un vrai défilé commença devant la porte du gouverneur. Cette procession se composait d'indigènes, tous plus ou moins surexcités ; ils ressemblaient à d'énormes paquets de haillons ambulants, tant ils étaient dépenaillés et déguenillés ; ils montaient tous un quadrupède quelconque, cheval, âne ou chameau. La description la plus piquante ne saurait rendre le côté comique de ce tableau ; quelles haridelles ! quel aspect chétif et délabré ! Les propriétaires de ces pauvres bètes

avaient sans doute voulu suivre l'exemple de ce
philosophe qui avait inventé une belle théorie
pour faire vivre son cheval sans manger, et qui
l'appliqua si bien, qu'il réduisit peu à peu la
ration de son cheval à un brin de paille. La monture
de don Quichotte, la fameuse Rossinante, n'était pas
à coup sûr des mieux nourries; les malheureuses
bêtes que l'on voit éventrer dans les combats de
taureaux à Séville sont loin d'être bien en chair;
eh bien! comparées à celles que j'avais sous les yeux,
elles étaient comme un Daniel Lambert[1] fait cheval!
S'il a jamais existé un système Banting pour les chevaux, il a dû être appliqué ici dans toute sa vigueur.
N'était leur maigreur excessive, ces pauvres bêtes
ressemblaient plutôt à de gros chiens de Terre-
Neuve qu'à des chevaux. Malgré la rigueur du froid,
elles n'avaient pour toute couverture que celle dont
la nature les a pourvues. Feu M. Tatersall lui-même
ne montrait pas plus d'éloquence à vanter les chevaux soumis au marteau de l'encanteur, que n'en
mettaient ces Tartares au teint rouge brique, aux
pommettes saillantes, aux yeux de furet, à exalter
les mérites de leur marchandise respective, chacun
décriant, du reste, avec non moins d'ardeur, la marchandise de son voisin. Enfin, après avoir éliminé
toutes ces rosses les unes après les autres (lesquelles

[1] Anglais d'une corpulence prodigieuse qui vivait il y a environ cinquante ans.

13.

semblaient plutôt faites pour porter mes bottes que
des cavaliers), je fixai mon choix sur un petit cheval
noir. Il avait environ un mètre quarante centimètres
de taille; je l'achetai cent vingt-cinq francs, selle et
harnais compris, ce qui est à Kasala un prix très-
élevé. La selle de bois peinte en rouge, dorée et
vernissée, était des plus voyantes; un petit cran haut
de six pouces adapté au pommeau de la selle semblait
n'avoir d'autre destination que l'empalement du cavalier. Le lendemain de mon acquisition, l'officier
kirghiz qu'on avait chargé de me procurer un guide
vint m'en présenter un : c'était un homme grand et
robuste; mais les coins de ses lèvres trahissaient,
lorsqu'il souriait, l'avarice et la ruse. Sa coiffure se
composait d'un grand bonnet pointu de peau de
mouton noir; l'épaisse laine qui borde la partie inférieure de cette coiffure est disposée de manière à
couvrir les yeux et à les protéger contre l'éclat
éblouissant de la neige. Un châle en poil de chèvre
s'enroule autour du cou; l'étoffe, jadis blanche, est
aujourd'hui presque aussi noire que la barbe du
Tartare; une robe de chambre jaune d'or, bien
ouatée, est serrée autour de sa taille par une écharpe
verte; un pantalon de cuir jaune dessine ses jambes
minces comme des lattes; pour chaussure, il a des
bottes, dont le bout saillant et protubérant ser-
virait au besoin d'arme formidable s'il s'agissait de
lancer un vigoureux coup de pied; un court cime-

terre est passé dans sa ceinture de cuir; le sabre ne
paraît pas être d'une utilité pratique, car la lame est
toute rouillée, et la trempe de l'acier semble détestable. L'homme s'annonça comme prêt à me servir de
guide jusqu'à Petro-Alexandrovsk. L'officier kirghiz
m'assura qu'on pouvait avoir toute confiance en lui,
car il avait déjà accompagné les troupes lors de l'expédition de Khiva. Il se chargea du soin de me procurer des chameaux et consentit à emmener son
propre cheval. Quant à Nazar, il fut convenu qu'il
monterait à chameau si l'on ne pouvait lui trouver de
cheval. Le Tartare me demanda d'abord un prix
exorbitant. Je discutai ses prétentions, et nous
finîmes, avec des concessions mutuelles, par
nous mettre d'accord. Il me quitta pour préparer le
départ, fixé au surlendemain. Pendant le temps que
durèrent ces négociations, Nazar avait attaché ma
nouvelle acquisition à une voiture dans le jardin du
gouverneur, et il était allé querir un maréchal fer-
rant. J'ignorais la nature du sol que je trouverais
au delà de Khiva, et il fallait être prêt à toute éventualité. On me recommanda aussi d'emporter des
musettes et de me munir de couvertures; il est d'u-
sage de mettre deux de ces dernières sous la selle et une
autre entre la selle et le cavalier; c'est probablement à
cause de ce système que jamais les chevaux de ce
pays n'ont le dos écorché. Le lendemain, je fis une
visite au commandant pour prendre congé de lui et

le remercier de ses bons offices. Tout en causant, il
me raconta que les troupes russes, lors de l'expédition de Khiva, n'avaient porté que leurs armes et leurs
gibernes; tout le reste avait été transporté à dos
de chameau; les troupes avaient fait en certains
jours des étapes de cinquante verstes. La chaleur
était parfois excessive, et alors on ne donnait aux
hommes que du thé et du biscuit, par crainte que la
viande n'eût pour résultat d'alourdir leur marche.
Les Kirghiz ne vivent que de lait pendant l'été; ils
ne tuent leurs moutons que l'hiver et lorsqu'ils y
sont forcés; d'ailleurs ils ne sauraient vivre sans leurs
troupeaux, qui constituent leur véritable richesse, le
bétail étant très-rare dans ces régions. Ils possèdent
de grandes quantités de chevaux; c'est un pays où
l'on estime la fortune des gens d'après le nombre de
leurs chevaux, et non pas, comme en Russie,
d'après celui de leurs roubles.

« Je crains pour vous un voyage terriblement
froid, me dit le vieil officier, en me donnant une
poignée de main d'adieu. Le thermomètre marquait
hier trente degrés Réaumur au-dessous de zéro, et
l'on ne savait comment s'y prendre pour se défendre
contre le froid, même dans l'intérieur des maisons.
Nous n'avons cessé d'empiler du bois dans le poêle
tant qu'il en pouvait contenir; mais, malgré le feu et
nos fourrures, nous ne sommes pas parvenus à nous
réchauffer! »

L'hiver était exceptionnellement rigoureux, même pour ces régions septentrionales ; en rentrant à la maison du gouverneur, je trouvai des Kirghiz occupés à dresser dans le jardin une tente dont ils désiraient me faire voir l'effet ; ils se plaignaient autant que les Russes de l'inclémence de la saison.

# CHAPITRE XXI

La gelée m'interdisait d'aller par eau à Petro-Alexandrovsk ; mais l'été, cette voie offre des communications faciles avec le khanat de Khiva. Si le gouvernement russe autorisait les Anglais à visiter les possessions du Tsar dans l'Asie centrale, Khiva serait probablement bientôt connu de M. Cook, et figurerait sur la liste des trains de plaisir qu'il dirige en personne. Outre la route navigable par le Jaxartes, la mer d'Aral et l'Oxus, il existe pour se rendre à Petro-Alexandrovsk plusieurs routes de terre qu'on peut suivre en toute saison.

L'une de ces routes est celle que prit la colonne qui marcha de Kasala à Khiva pendant la guerre. Elle incline légèrement vers le sud-est, conduit le voyageur au gué d'Irkibaï, et là, descendant du côté du sud-ouest, elle se dirige vers Kiptchak ; on suit alors la rive de l'Amou-Darya, qui vous mène à petite distance du fort. C'est une route remplie de circuits ; elle a l'avantage d'avoir des puits nombreux, en sorte qu'elle est praticable l'été comme l'hiver. Le climat des steppes kirghises est aussi étouffant pendant les mois de juin, juillet et août, que glacial pendant l'hiver. La carte de Khiva et du territoire environnant, par Wyld, indique le tracé de cette marche, qu'on peut faire en vingt-cinq jours très-exactement. Il y a encore un chemin connu sous le nom de la Marche d'hiver ; c'est la voie la plus directe pour aller de Kasala à Petro-Alexandrovsk, fort russe sur le territoire khivien. Elle va en ligne sud-est vers Balaktay ; de là, en ligne sud-ouest, vers Tan-Sooloo, situé à cent soixante-quatre kilomètres de Kasala ; n'appuyant plus ni à l'ouest ni à l'est, elle descend directement vers le sud, atteint Karabatooz, distant de quatre cent quatre kilomètres de Kasala ; suivant la même direction, elle traverse Tadj-Kazgan et Kilte-Moonar pour arriver enfin à Petro-Alexandrovsk, mesurant depuis Kasala, fort n° 1, un parcours de plus de trois cent soixante et onze lieues.

Cette route est impraticable l'été, parce qu'on n'y trouve que des puits d'eau saumâtre et vaseuse ; les chameaux s'en contentent, mais les hommes et les chevaux ne consentent à en boire qu'à la dernière extrémité. Sur cette route, il existe des puits à Ba-

laktay, situé à quarante kilomètres de Kasala; à
quatre-vingts kilomètres de là, à Berd-Kazgan, l'eau
est plus abondante; à cent huit kilomètres plus
loin, le voyageur trouve des puits d'eau bourbeuse,
et il lui reste encore cent quarante kilomètres à faire
pour atteindre Karabatoor où l'eau est enfin potable.
A partir de cet endroit jusqu'à Petro-Alexandrovsk,
on en trouve en abondance. J'entre dans ces détails
minutieux parce que cette route n'est indiquée sur
aucune carte anglaise que je connaisse; sur celle que
je possède, Karabatoor est placé tout près de l'Oxus,
tandis qu'en réalité il en est éloigné de quatre-
vingt-huit kilomètres. Je ne crois pas qu'aucun Anglais, excepté moi, ait suivi cette route; elle est, du
reste, peu fréquentée, sauf par les Cosaques et les
Tartares qui vont à Khiva; à partir de cette ville, et
en mettant à profit les dix semaines pendant lesquelles la terre est couverte de neige, on a la certi-
tude de ne pas manquer d'eau. L'itinéraire auquel
je m'arrêtai était très-peu séduisant et très-pénible
à parcourir. La question des vivres offrait en outre
un problème important à résoudre, car ce n'est pas
tâche aisée que de charrier avec soi ses provisions,
les rations pour son cheval, le combustible même
(car le saksool, le bois des steppes, peut venir à
manquer), les sacs pour mettre de la neige dans
l'hypothèse du dégel. Bref, je conclus que pour me
transporter, moi, mon bagage personnel (c'est-à-

dire un costume de rechange), quelques instruments
scientifiques, mon fusil et mon domestique tartare,
il me fallait au moins trois chameaux, plus deux
chevaux. Il est facile, d'après ces détails, de conce-
voir quels préparatifs dut faire le général Perovsky,
lorsqu'il tenta de marcher sur Khiva dans l'hiver de
1839 ; il se heurta contre des difficultés insurmontables, et, arrivé à moitié route d'Orenbourg, il fut
obligé de rebrousser chemin, après avoir vu mourir
de maladie, de froid et de faim les deux tiers de ses
hommes, neuf mille chameaux et une immense
quantité de chevaux. On estime que cette expédition
ne coûta pas moins de six millions et demi de roubles [1], chiffre qui paraît fabuleux pour cette
époque, mais qui n'est cependant pas exagéré quand
on considère que l'armée d'invasion comprenait trois
bataillons et demi d'infanterie, deux régiments de
l'Ural, sept cent cinquante Cosaques d'Orenbourg,
plus vingt-deux canons et une batterie de fusées, en
tout quatre mille cinq cents hommes, accompagnés
par une nombreuse intendance, des chevaux de
transport, dix mille chameaux et deux mille cavaliers kirghiz.

On pourrait croire que l'ennemi khivien fut pour
quelque chose dans la destruction de l'armée russe,
mais non ; la majeure partie des forces de Perovsky

[1] Le rouble vaut quatre francs.

ne vit pas un seul ennemi. Il y eut seulement quelques engagements peu sérieux avec des recon- naissances qui furent mises en fuite presque sans combat.

Le froid du 1ᵉʳ janvier 1876 (d'après le calendrier russe, et du 12 suivant le nôtre) est le plus rigou- reux dont je garde souvenance. Les sentinelles pla- cées à la porte du gouverneur et du commandant portaient d'épaisses galoches bien rembourrées de foin ; mais, malgré ces précautions, il est probable que les pieds de ces pauvres soldats eussent été gelés, s'ils n'avaient monté leur garde en courant de long en large devant la maison

Dès qu'un homme sortait, ses moustaches se transformaient en un bloc de glace, son nez devenait bleu, puis blanc, et si sa main se trouvait en contact avec un métal quelconque, il éprouvait la sensation que produit l'effet d'un fer rouge.

Enfin, tout était prêt ! un cocher turcoman et trois chameaux chargés du kibitka, du four- rage, etc., etc., m'attendaient devant la porte ; je ne voulus pas accepter d'escorte, trouvant trop dur d'imposer aux pauvres Cosaques un voyage inutile à travers les steppes, sous prétexte de me protéger contre les Turcomans. Je me félicite d'autant plus d'avoir pris ce parti, que j'ai su depuis que, sur dix soldats venant de Petro-Alexandrovsk, deux étaient morts gelés, et qu'il s'en était peu fallu que les autres ne subissent le même sort. L'uniforme des Cosaques n'est pas un préservatif aussi efficace contre les intempéries de cette atmosphère inclémente que les fourrures et les peaux de mouton dont peut s'envelopper un civil. Le guide montait son propre cheval, plus maigre encore, si faire se peut, que le mien ; le petit domestique tartare, assis sur un sac de grain, auquel un fagot de bois faisait contre-poids, était penché sur le dos du plus grand de nos chameaux. Nazar, car c'était lui, eut un sourire lugubre, en disant adieu à ses nombreuses connaissances.

« Dieu veuille que nous ne soyons pas gelés ! » s'écria-t-il, en se tournant vers moi, à quoi je répondis dévotement : « Inshalla ! » Malgré l'inconvénient de n'avoir pour boisson que de la neige fondue au lieu d'eau, et d'emporter plus de comestibles qu'il n'eût été nécessaire sur une autre route, celle-ci me permettait, entre autres avantages, d'atteindre Petro-Alexandrovsk plus promptement que par la voie d'Irkibai ; elle me donnait aussi l'occasion de connaître un nouveau parcours, c'est-à-dire un tracé qui n'était pas indiqué sur la carte de Khiva, dressée par Wyld. Si je voulais visiter Khiva l'été, et traverser la mer d'Aral, rien ne pouvait m'empêcher de le faire. Comme approvisionnement, j'emportai du stchi, sorte de soupe aux choux avec de la viande coupée ; je la fis mettre dans de grands seaux de

fer que l'on chargea sur le dos des chameaux, une
fois le contenu gelé, ainsi que vingt livres de viande
cuite ; je me munis aussi d'un couperet, afin de
pouvoir attaquer ce bloc nutritif de glace, et
fendre le bois ; j'emportai, en outre, une copieuse
provision d'esprit-de-vin pour ma lampe, sur laquelle, au besoin, mes ustensiles culinaires devaient
chauffer.

Tout en ayant loué mes chameaux pour me conduire à Petro-Alexandrovsk, il n'entrait cependant
pas dans mes intentions de poursuivre jusque-là,
si je pouvais m'en dispenser. Le général Milutin,
ministre de la guerre, m'ayant donné l'antorisation
de voyager dans l'Asie centrale, je me considérais
comme parfaitement libre de modifier mon itinéraire, sans en informer les officiers placés sous les
ordres du général.

D'après ce qui m'était revenu du voyage du major
Wood, je pouvais craindre que le général ne chan-
geât d'avis ; j'avais le pressentiment que je ne
verrais pas Khiva, si j'allais comme mon compatriote à Petro-Alexandrovsk. J'appris plus tard du
major Wood qu'on l'avait toujours tenu à distance
respectueuse de Khiva (vingt-deux lieues au moins),
et que lorsqu'il demanda au colonel Ivanoff, commandant de la garnison, l'autorisation d'aller à
Khiva, cet officier lui avait répondu qu'il ne pouvait
accéder à son désir, devant se conformer, avant tout,

aux ordres du général Kauffmann. Depuis le départ
du major Wood, on a exploré l'Oxus à une distance
considérable au delà du fort. Lorsqu'on voudra pénétrer plus loin encore, il faut espérer que les autorités russes inviteront le major Wood à se joindre
à cette expédition. Les Anglais ne sont pas moins
intéressés que les Russes à savoir jusqu'où ce grand
fleuve est navigable. Un autre motif encore m'enga-
geait à me rendre à Khiva sans passer par Petro-
Alexandrovsk. Dans le cas où le commandant russe
du fort me permettrait, ce qui était peu probable,
de visiter la capitale du khanat, j'avais la conviction
que cela serait sous la conduite d'une escorte ; alors,
il me faudrait tout voir couleur de rose, ou comme
il plairait aux Russes de me le montrer ; je ne pourrais visiter la ville ni à ma convenance, ni à ma
guise, ni à ma fantaisie. Je désirais aussi beaucoup
savoir si le souverain de Khiva était un aussi grand
barbare que les Russes se plaisaient à le dire.

Ce fut seulement après des efforts réitérés que je
parvins à faire l'ascension de mon cheval, bien qu'il
fût très-petit ; mais mon vêtement de peau de mouton, et le reste, pesait au moins vingt-cinq kilogrammes ; les étriers en fer, si grands qu'ils fussent,
étaient à peine suffisants, parce que Nazar les avait
doublés de feutre, pour que mes pieds ne gelassent
pas au contact de l'acier. Mon petit quadrupède
poussa un grognement, lorsque je montai sur la

selle, et le guide, d'un air dur et méchant, en regardant mon cheval, dit alors quelques mots à l'oreille
de Nazar. Impressionné désagréablement par la
physionomie patibulaire de cet homme, je demandai
à Nazar :

« Que dit-il ?

— Il prétend que votre cheval n'est pas gras, mais
qu'il est *résistant*.

— C'est bien ce que j'espère, repris-je, car la
pauvre bête doit me conduire loin, et elle est bien
chargée.

— Vous ne comprenez pas, dit-il ; il entend par
là que, lorsque votre cheval ne pourra plus marcher, et que nous l'aurons abattu, il sera très-dur à
manger.

— Comment ! voudriez-vous dire que ce drôle
veut manger mon cheval ? m'écriai-je avec indignation.

— Oh ! oui, la pauvre bête n'ira jamais jusqu'à
Petro-Alexandrovsk, et alors ça sera un régal... » Les
yeux du petit Tartare ne brillaient pas moins que
ceux du guide, en savourant d'avance les délices de
ce festin. La viande de cheval est très-estimée par
les habitants de ces régions.

Nous traversâmes bientôt enfin le fameux Syr Daria, le Jaxartes des anciens. Le fort n° 1 semble sur-
gir de l'eau même ; sur cette surface gelée, est
tracée une route qui reluit au soleil comme une

vaste nappe d'acier bruni. Les navires de la flotte
d'Aral, captifs dans leur lit de glace, dressent leur
mâture immobile ; leurs cheminées noires, et leur
aspect enfumé, offrent un contraste frappant avec les
couleurs voyantes portées par les paysans russes
qui circulent sur les rives du fleuve.

Un groupe composé de quelques exilés cosaques
de l'Uralsk parle à un Tartare récemment arrivé
d'Orenbourg, et lui demande avec un vif intérêt
des nouvelles des anciens amis et des lieux chers à leur
souvenir. Plus loin, deux Kirghiz aux regards farou-
ches négocient avec quelques Khiviens la vente d'un
mouton. A une certaine distance de la ville, nous
aperçûmes des centaines de balles de coton gisant
sur le sol, et à la merci de quiconque aurait eu envie
de les voler. Les conducteurs de chameaux auxquels
on les avait confiées à Bokara étaient allés *nocer*,
comme on dit vulgairement, à Kasala, avec les frères
et amis... La fête passée, ils comptaient revenir, et
continuer le voyage jusqu'à Orenbourg. Pendant ce
temps, la propriété de leurs maîtres était aban-
donnée dans les steppes, avec un laisser-aller qui
est bien la meilleure preuve de l'heureuse confiance
que les chameliers tartares accordent à la destinée !

« Est-ce que ce coton ne sera pas volé ? dis-je à
Nazar.

— S'il plaît à Dieu ! » fut sa pieuse réponse.

Les mahométans rejettent toujours sur Dieu la

responsabilité de tout accident que leur négligence
a provoqué. La doctrine du fatalisme couvre ainsi
nombre de fautes. Je me décidai donc, pour combattre cette tendance chez mon conducteur tartare,
à lui infliger une légère correction toutes les fois
qu'il se disculpait d'une maladresse, en prétendant que le destin lui avait poussé la main.

« Comment pouvez-vous vous plaindre d'être
battu, lui dis-je alors, puisque vous dites être l'es-
clave du sort, lorsqu'il vous arrive de casser ma
vaisselle ? Il me semble que je suis, moi aussi, son
instrument, en vous battant ; ni l'un ni l'autre nous
n'y sommes pour rien ! Gloire à Allah ! »

Cette manière d'agir avec mes hommes eut sur
eux un effet capital, car ils prirent bientôt beaucoup
plus de soin en chargeant et en déchargeant mes
bagages.

Kasala avait disparu à nos yeux, nous ne voyions
plus qu'une immensité blanche et sans bornes ; le
vent s'éleva peu à peu, soulevant devant lui de
grandes vagues de neige ; nos yeux étaient lar-
moyants, nos pupilles douloureuses, l'éclat de la neige
et la bise incisive nous aveuglaient littéralement. Pourtant nos pauvres chevaux avançaient à grand'peine, ils
ne souffraient pas moins que nous avec leurs yeux obstrués par des larmes glacées ; tout ce que nous pouvions faire était d'exiger d'eux, non pas d'aller vite,
mais de marcher. J'avais prudemment apporté d'An-

gleterre des lunettes bleues pour protéger ma vue contre l'éclat de la neige, car je savais que cette blancheur intense, combinée avec le froid, provoque, l'hiver, des ophthalmies chez les tribus nomades, non moins fréquemment que la poussière et le soleil pendant l'été. Toutefois, ces lunettes ne me furent d'aucune utilité lorsque je voulus m'en servir, car la monture, qui était d'acier, me fit l'effet d'un fer rouge qu'on m'appliquait sur la figure. Il ne me restait donc qu'à baisser le plus possible sur mes yeux mon bonnet, dont la noire fourrure atténuait quelque peu l'éclat du miroir qui brillait à mes pieds ; c'était un soulagement pour mes yeux endoloris.

14

# CHAPITRE XXII

Les chameaux. — Leur vitesse. — Le kibitka. — Mieux vaut
souffrir du froid que de la fumée. — Le cuisinier tartare.
— L'appétit du Turcoman. — Une caravane khivienne. —
La grande route conduit à Khiva. — Un embranchement
mène au fort. — Le thé des Khiviens. — Logement des chameaux dans la neige.

Après cinq heures de marche, le guide me demanda de faire faire halte à la caravane; le soleil
allait disparaître de l'horizon, nous étions partis
tard, et comme il vaut toujours mieux ne pas faire
une grande étape le premier jour afin de voir si les
selles sont bien en place et le bagage bien chargé,
j'accordai ce qu'on me demandait, mais à la condition expresse de lever le camp et de partir à minuit
précis.

Comme les chameaux ne mangent que pendant le
jour, il est fort rationnel de les faire marcher le
plus longtemps possible pendant la nuit. Leur allure
est très-lente; en général ils ne font pas plus de
deux milles et un tiers par heure. Ce qu'il y a de
mieux, c'est de faire halte au coucher du soleil et de
se remettre en route à minuit. On décharge les cha-

meaux et on leur laisse deux heures pour manger
et se reposer; de cette façon, une caravane peut
fournir seize heures de marche par jour et faire
pour le moins trente-sept milles de route.

Pendant ce temps, le cocher turcoman et le guide
étaient occupés à dresser notre kibitka pour nous
protéger contre le vent froid et aigre qui, soufflant
de l'est sur le désert, n'était amorti ni par la montagne, ni par la forêt.

La construction des kibitkas est chose bien simple. Représentez-vous un faisceau de piquets
ayant chacun cinq pieds trois pouces de long et un
pouce de diamètre, reliés les uns aux autres par des
bâtons disposés dans le sens horizontal et aux bouts
desquels ont été percés des trous qui permettent de
passer des lanières de cuir; le tout forme alors un
cercle de douze pieds de diamètre environ et de
cinq pieds trois pouces de hauteur; il n'est pas besoin de dépenser beaucoup de travail pour conso-
lider le système, car sa forme cylindrique suffit à le
faire tenir debout; on recouvre ensuite le tout de
*cashmar* épais, c'est-à-dire de feutre, qui tombe
jusqu'à terre; c'est un paravent impénétrable à l'air.
On prend alors un autre faisceau de piquets attachés par une de leurs extrémités à une petite
croix en bois de six pouces de longueur sur quatre
de largeur environ. Un homme placé au milieu du
cercle soulève ce faisceau (la croix en haut), et le

fixe, au moyen de petites lanières de cuir, au mur circulaire du kibitka. Tout le système est alors bien lié, toutes les portions se soutiennent entre elles. Un dernier pan d'étoffe de forme circulaire recouvre complétement cet échafaudage, à l'exception d'une ouverture ménagée à son sommet pour laisser passage à la fumée; puis, comme porte d'entrée, on enlève un des piquets qui forment la muraille, et le kibitka est complet. On allume alors le feu au milieu de la tente, on met la marmite remplie de neige sur un trépied fabriqué avec trois bâtons posés au-dessus des flammes, et enfin, grâce à l'action bienfaisante de quelques verres [1] de thé brûlant, on se réconcilie vite avec la vie de la tente. Ce jour-là, cependant, la fumée du bois humide était tellement opaque, qu'elle nous aveuglait.

« Le bois est mouillé, dit le guide; mieux vaut encore souffrir du froid que d'avoir les yeux soumis à une telle torture. » Et, là-dessus, il enlève le toit de la tente.

La soirée était magnifique; les étoiles que je contemplais dans la voûte céleste me semblaient surpasser la splendeur de toutes celles que j'avais encore vues. De temps à autre, des météores errants traversaient l'infini, des traits de flamme en décrivaient la course sur la surface du ciel; des pluies de feu paraissaient et disparaissaient, en laissant

---

[1] On prend généralement le thé dans des verres.

derrière elles des traînées de clarté lumineuse;
des myriades de constellations scintillaient au
ciel comme des diamants sur un diadème merveilleux.

C'était un spectacle de pyrotechnie unique où la
nature était à la fois auteur et acteur; cet éblouisse-
ment sidéral valait à lui seul le voyage de l'Asie
centrale !

Pendant ce temps, le guide, qui s'était attribué
l'office de chef de cuisine, surveillait un récipient
de fer, sa propriété privée, qu'il avait tout d'abord
placé sur le feu. Il y jetait des tranches de viande
détachées non sans peine d'un bloc de viande congelée; il y ajoutait ensuite quelques poignées de riz
avec des morceaux de graisse de mouton qu'il avait
cachés dans le fond de son vêtement, et le tout bruit
bientôt gaiement sur le feu. Rien de moins affriol-
lant à coup sûr, et le baron Brisse n'eût pas été
tenté d'ajouter ce mets à ses menus ; mais après
avoir traversé les steppes en plein hiver, le voyageur
n'est plus accessible qu'à la sensation de la faim.
En ce moment, j'aurais, je crois, mangé mon grand-
père, s'il eût été cuit à point. La physionomie de
Nazar trahissait une avidité famélique. Saisissant
une grande cuiller en bois, il la plongea dans la préparation culinaire en question, s'en engava, puis me
passa la cuiller en me jetant un regard de complète
satisfaction.

14.

Le guide, relevant sa manche jusqu'au coude,
plongea, lui, la main dans le récipient, s'enfourna
près d'un quart de livre de cette pâtée dans la bouche et n'en fit qu'une gorgée; mais l'effort fut tel,
que ses yeux semblèrent près de lui sortir de la tête.
Il me montra ensuite avec un sourire de condescendance son œuvre culinaire, en se frottant doucement
l'estomac pour me faire comprendre que la viande
était cuite à point. De son côté, le Turkoman, assis
dans un coin du Kibitka, grignotait quelques petits
biscuits faits avec de la farine, du sel et de la graisse,
qu'il tenait dans un sac attaché à la selle de son âne.
Sa physionomie était mélancolique, car les biscuits
étaient gelés et durs comme de la brique. De temps
en temps il mettait quelques-uns de ces gâteaux sur
le feu, et lorsqu'ils étaient dégelés, il nous en passait. « *Gackshe* » (bon), me dit-il, en regardant d'un
air suppliant la marmite de mouton fumant, comme
pour me dire : « Laissez-m'en goûter. » Enfin, malgré les regards furieux que me lançaient Nazar et le
guide, qui auraient voulu tout manger à eux deux,
je lui fis signe de prendre place à leur côté. Quel
spectacle étrange que celui de ces deux êtres plus ou
moins sauvages, plongeant alternativement leurs bras
nus dans ce récipient, tout en jetant des regards furi-
bonds au Turcoman, qui, pour rattraper le temps
perdu, mangeait comme quatre ! J'eus aussi une
bonne portion de riz et de viande ; malgré la manière

rustique dont ce plat avait été préparé, je le trouvai fort savoureux.

Pendant ce temps, trois Khiviens s'étaient approchés de nous; l'un d'eux était un marchand qui revenait d'Orenbourg, où il avait placé ses balles de coton. Il rapportait à Khiva une provision de marchandises russes, telles que des couteaux, des plats, des tasses et de l'indienne de couleur voyante, articles très en faveur à Khiva.

C'était un homme vigoureux de cinq pieds dix pouces de taille; il portait un bonnet pointu en astrakan, une robe jaune bien ouatée et retenue autour du corps par une longue écharpe rouge, plus un manteau de peau de mouton qui l'enveloppait de la tête aux pieds. Avec sa barbe noire comme du charbon et son regard perçant, un peintre l'eût payé un prix très-élevé comme modèle.

Son armement se composait d'un fusil à long canon damasquiné, à bouche en tulipe très-évasée. Le canon était très-mince; je ne pus m'empêcher de penser que le tir d'une pareille arme devait certainement être plus dangereux pour celui qui s'en servait que pour l'ennemi contre qui elle était dirigée. Un sabre court et richement monté complétait l'arsenal offensif de ce Khivien.

Il était accompagné de deux paysans, ses domestiques, qui ne quittaient pas du regard les marchandises de leur maître et étaient armés comme lui. Le

groupe eût fait la fortune de tout directeur d'un
théâtre de Londres qui, ayant à faire figurer des bri-
gands sur la scène, les aurait produits devant le public.

La caravane de ce marchand se composait de
douze chameaux, de quatre conducteurs et de plusieurs chevaux. Il montait lui-même un très-joli
cheval gris ; j'essayai de le lui acheter plus tard, ce
à quoi il ne voulut consentir, ni pour or, ni pour
argent.

Il parlait un peu le russe, qu'il avait appris en
faisant le commerce à Orenbourg. Je lui offris une
tasse de thé ; il s'accroupit par terre près du feu, et
me proposa sa compagnie pour continuer le voyage,
me disant avec quelque raison que nous serions assurément plus forts pour nous défendre ensemble
contre les attaques des maraudeurs kirghiz. Je sus
par lui que la piste que nous avions suivie menait
directement à Khiva, et qu'un peu plus loin, sur la
route, se trouvait un endroit connu des Kirghiz
sous le nom de Tan-Soulou qui conduisait à Petro-
Alexandrovsk.

Mon guide ne paraissait guère enthousiasmé de
cette recrue ; il me fit observer que nous n'allions pas
à Khiva, mais à un fort russe ; qu'il avait ordre de me
conduire à Petro-Alexandrovsk, tandis que Nazar
murmurait à mon oreille que le Khivien et ses suivants pouvaient être des compagnons dangereux, vu
qu'ils étaient plus nombreux que nous.

Évidemment, ni mon guide, ni Nazar ne se sou-
ciaient de cette addition à notre caravane. Ils crai-
gnaient surtout, je crois, que l'appétit des Khiviens
ne dépassât encore celui des Turcomans, et que si
j'offrais au Khivien comme au chamelier de partager les rations communes, leur portion respective
ne s'en trouvât fort réduite.

Il me vint alors une idée, car je venais d'apprendre une chose de très-grande importance relativement à la route de Khiva ; je m'imaginais que si
l'on pouvait obtenir du Khivien qu'il marchât aussi
vite que nous, j'aurais avantage à voyager de compagnie avec lui.

Lorsque je fis part de ce projet à Nazar, il me répondit en secouant la tête qu'il nous faudrait au
moins vingt jours pour atteindre Khiva, même en
supposant que notre guide pût nous accompagner
jusque-là ; les chameaux du marchand étant si pe-
samment chargés qu'ils ne pourraient pas suivre les
nôtres. Je me rappelai alors que ma provision d'orge
ne devait pas durer plus de quinze jours encore,
et, comme le Khivien dit qu'il n'arriverait pas à destination avant trois semaines, je fus obligé de renoncer à ce projet.

Au bout d'une demi-heure environ, le marchand
nous quitta ; bientôt après, il m'envoya par un de ses
hommes l'invitation de venir prendre une tasse de
thé avec lui et les siens. Je les trouvai campés dans

un petit ravin à quatre-vingt-dix mètres environ de mon kibitka et assis près du feu; ils s'étaient mis à l'abri comme nous; ils avaient, en outre, élevé un rempart de neige qui les protégeait contre le vent. Les conducteurs des chameaux avaient déchargé leurs bêtes et balayé la neige sur un certain espace, pour que les animaux pussent se coucher sur le sol même, sans s'exposer au danger que leur eût fait courir le contact de la neige; car le calorique de leur corps, en la faisant fondre, eût provoqué chez eux des maux d'estomac qui leur sont presque toujours fatals. Les selles et les bagages étaient déposés par terre, là où la neige avait été enlevée, de manière à former un rempart pour abriter les animaux contre le vent.

Le marchand me pria de m'asseoir près de lui, à la place d'honneur, sur un tapis qu'il étendit par terre; il me présenta ensuite un gobelet d'étain fort sale, rempli d'un breuvage qu'il appelait thé, mais qui n'avait aucun rapport avec ce que nous comprenons ordinairement sous cette désignation. C'était une décoction de quelques feuilles de thé avec un goût dominant de graisse et de sel; je ne me rappelle pas avoir jamais bu aussi abominable mélange. Je réprimai à grand'peine un mouvement de résistance de mon estomac qui eût certainement offensé mon hôte, et j'avalai au plus vite cette drogue nauséabonde, puis je m'écriai avec la meilleure pro-

nonciation tartare dont j'étais capable : « Excellent ! »
Mon hôte était enchanté de me voir apprécier ce
breuvage d'une préparation par trop nationale.

« Je vois bien maintenant, me dit-il, que vous
n'êtes pas Russe (Nazar l'avait éclairé sur ce point).
C'est chose étrange, mais les Russes n'aiment pas
mon thé ; le bon thé vient de l'Hindoustan. En voulez-vous encore ? »

Nazar m'épargna heureusement cette nouvelle
épreuve en me parlant du ciel et des étoile et de la
nécessité de partir le lendemain matin de bonne
heure.

Là-dessus, je serrai la main de mon hôte, heureux d'esquiver la seconde tasse de thé ; son hospitalité, si cordiale qu'elle fût, n'en était pas moins bien
désagréable.

# CHAPITRE XXIII

Le guide paresseux. — Insubordination. — Comment on réveille les Arabes. — Les charbons brûlants valent mieux
que l'eau froide. — Ce que les chameaux peuvent porter.
— Le plus court chemin pour aller au cœur d'un Tartare.

Je trouvai le guide étendu sur un vieux morceau
de tapis qu'il avait jeté près du feu ; il ne témoigna
aucune intention de démarrer en me voyant entrer.
Le petit Tartare cependant le fit décamper en lui
versant sur la tête presque tout le contenu d'une
marmite remplie d'eau glacée. Le guide fit un bond
en jurant, puis, s'enveloppant dans sa peau de
mouton, alla s'étendre un peu plus loin du feu.

« En voilà un qui nous donnera bien de la tablature, me dit mon fidèle serviteur ; il prétend que
nous devons rester ici jusqu'à demain matin ; je lui
ai répété que vous lèveriez le camp à minuit, ce à
quoi il a répliqué que, s'il en était ainsi, nous partirions seuls et qu'il retournerait à Kasala. »

Cette tendance à l'insubordination chez un de
mes gens, et cela dès le début de notre voyage, était
peu rassurante. Je compris que je n'avais d'autre
position à prendre que de comprimer cet esprit

de révolte avant qu'il se fût communiqué au chamelier.

« Nous partirons à minuit, dis-je ; appelez-moi,
si je ne suis pas éveillé. » Puis, m'enveloppant dans
ma peau de mouton, je ne tardai pas à m'endormir
profondément.

C'est un fait très-curieux que, lorsque nous devons être debout à une certaine heure, le sommeil
lâche presque toujours prise en temps voulu et souvent même un peu plus tôt. Donc, à onze heures et
demie je me réveillai en sursaut, bien persuadé qu'il
était temps de partir ; mais, comme il fallait au moins
une demi-heure pour seller les chameaux, je me
décidai à aller réveiller le guide.

Je commençai par le secouer vivement ; il entr'ouvrit lentement les yeux, grommela entre les dents
quelques récriminations de mauvais aloi et se retourna de l'autre côté. Ce n'est jamais sans peine que
les gens de cette catégorie se décident à se lever ;
mais, quand ils se sont mis dans la tête de dormir jusqu'au lendemain matin, c'est encore une bien
autre affaire.

J'avais déjà et souvent éprouvé des difficultés de
ce genre avec mon escorte lorsque je voyageais dans
le centre de l'Afrique. Le chef de ma caravane, un
vieux scheik, était le mortel le plus dormeur qui fut
oncques, mais j'avais trouvé un moyen infaillible de
réformer cette disposition. Son costume, très-som-

15

mairé et passablement indécent, d'après nos idées, consistait en un grand morceau d'étoffe de coton qu'il s'entortillait autour du corps afin de se préserver du vent, toujours très-froid la nuit dans le Sahara. Toute tentative de violence étant restée sans effet pour réveiller le vieux scheik, je me décidai à dérouler jusqu'au bout la fameuse bande de calicot, et la manœuvre réussit toujours; le scheik s'empressait alors de quitter sa couche de sable d'or, et il allait réveiller les autres chameliers en appliquant à ceux-ci la méthode que j'avais employée à son égard. Mais, comme mon guide kirghiz et mon chamelier turcoman portaient pour vêtement une peau de mouton qui ne ressemblait en rien à l'étendard qui flottait autour du vieux scheik, voici ce que je fis pour commencer : j'abattis les murs du kibitka afin de laisser le vent s'engouffrer à l'intérieur et cingler les dormeurs, et ensuite j'éteignis le feu. Nazar, qui venait de se réveiller, se leva précipitamment, puis alla placer de la cendre chaude sur le vêtement de peau de mouton du Kirghiz. Celui-ci, paraît-il, éveillé depuis longtemps, restait couché simplement par obstination; mais la crainte de perdre son précieux préservatif l'emporta sur son entêtement. Il se leva, sans plus tarder, et, après avoir déversé sur la tête de Nazar un torrent d'imprécations, il alla à son tour réveiller le Turcoman. Rien de plus étrange que le spectacle que j'avais sous les

yeux : la steppe couverte de neige, lumineuse
comme en plein midi et comme éclairée par mille
constellations qui se reflétaient sur le tapis d'un
blanc de cygne étendu sous nos pieds. Pas un nuage
n'obscurcissait la splendeur du ciel, pas un son ne
troublait le silence de la nuit ; le vent s'était enfin
calmé. Le Khivien et les gens de sa suite dormaient
profondément ; le premier avait la tête posée sur sa
selle richement ornée, pendant que son sabre, placé
à côté de lui, semblait faire bonne garde. Les chameliers étaient couchés dans un coin avec leurs chameaux ; mon Turcoman se tenait presque côte à côte
avec un de ces grands pachydermes pour bénéficier
du calorique de cet animal ; son âne était parvenu à
s'installer non loin de l'endroit où les charbons s'é-
croulaient en brasier, dans le voisinage immédiat du
marchand khivien. Le Turcoman, furieux du procédé
qu'on avait employé pour le mettre sur pied, tenait
son couteau d'un air sinistre. Mais le guide, de son
côté, saisit la poignée de son vieux sabre rouillé, et
ce mouvement seul suffit pour apaiser l'esprit d'in-
surrection chez le Turcoman. Après avoir lancé un
vigoureux juron aux échos d'alentour, il se mit à
faire ses préparatifs de départ. Dès ce moment, je
ne rencontrai plus trace d'opposition, tout mon
monde se réveilla comme par enchantement ;
après un certain laps de temps, le voisinage retentit des grognements de nos chameaux,

chacun d'eux renchérissant sur l'autre, comme pour
se plaindre d'avoir un chargement plus lourd que
celui de son compagnon.

Que n'a-t-on pas écrit sur la patience et la force
de résistance de ces prétendus navires du désert! Je
voudrais que tous ceux qui célèbrent ainsi les vertus
de ces grands coursiers en eussent, comme moi,
expérimenté à fond les qualités et les défauts.
Alors, on peut parler avec connaissance de cause
de ce qu'on éprouve, soit que le chameau s'emporte,
soit qu'il tombe brusquement sur les genoux. Cette
dernière excentricité est particulièrement redoutable : la violence du soubresaut est telle, en effet,
qu'elle risque de disloquer les reins du malheureux
cavalier que rien ne prépare à ce brusque ébranle-
ment.

La réputation faite au chameau pour sa force de
résistance est fort exagérée ; cet animal peut, il
est vrai, porter huit cents livres, mais pour un court
trajet seulement, et si l'on veut dépasser une certaine limite, il est vite épuisé. Je réduisis donc à quatre cents livres environ le poids du chargement de
mes chameaux. C'était relativement modéré ; cependant j'eus peine à obtenir d'eux plus de seize heures
de travail par jour.

A ce moment, Nazar souffla sur les charbons pour
les ranimer, car il avait à faire le thé. Ce breuvage
est indispensable lorsqu'on traverse les steppes en

plein hiver. Le calorique qu'il dégage est à la fois plus puissant et plus efficace que celui de tous les spiritueux, lesquels, combinés avec l'action du froid, déterminent quelquefois la mort des voyageurs, tandis que le thé ne peut que leur sauver la vie.

Ce bienfaisant liquide eut bientôt pour effet de dérider mon guide et le Turcoman, et, lorsque Nazar leur apporta du sucre à pleines mains, ils se regardèrent avec une bonne humeur qui annonçait que tout nuage avait disparu entre eux. Le plus court chemin pour obtenir l'affection d'un chien est son estomac; c'est aussi le plus sûr moyen de gagner celle du Tartare.

Mes hommes savaient que, désormais, il fallait obéir; une fois mon guide bien converti à cette idée, il devint facile à discipliner. Néanmoins nous avions perdu beaucoup de temps, et il était environ trois heures du matin lorsque nous remontâmes sur nos selles. Le Turcoman savait le chemin, il fermait le cortége avec Nazar et la caravane; le guide et moi ouvrions la marche. Nos chevaux n'avaient pas grande vitesse; leur allure, connue sous le nom de l'amble, est commune à tous les chevaux des steppes, et, en cas de nécessité absolue, on peut obtenir d'eux, à ce pas, seize heures de marche. Naturellement ce n'est pas à cette allure qu'un cheval anglais dévore l'espace lorsqu'il ramène au logis un chasseur suivi de sa meute. Le cheval kirghiz a

tout à la fois moins de vitesse, de souplesse et
d'élasticité. Je le sais par expérience; mes bras,
dont les plaies étaient encore loin d'être guéries,
ressentaient douloureusement le contre-coup des
réactions de ma monture. Si j'eusse pu du moins
ôter mes vêtements et baigner mes bras endoloris,
j'aurais éprouvé, à coup sûr, un grand bien-être;
mais se déshabiller lorsqu'il gèle à pierre fendre,
c'est vouloir jeter de l'huile sur le feu et s'exposer à
de nouveaux accidents du même genre.

Après deux heures de marche, le guide s'arrêta
inopinément et me proposa d'attendre notre caravane, qui n'avait pas marché aussi vite que nous. En
conséquence, nous attachâmes nos chevaux avec une
de ces cordes de crin que les Kirghiz ont toujours en
leur possession, puis nous nous couchâmes sur la
dure, si l'on peut appeler ainsi une couche de neige.

L'espoir de faire du feu nous était refusé, car tout
combustible manquait; le froid, devenu très-rigou-
reux, nous pénétrait jusqu'à la moelle des os, malgré
nos vêtements de peau de mouton. Mais, tout en me
causant un malaise sensible, cette sensation n'était
pas encore assez violente pour déterminer chez moi
cet état de prostration qui dégénère infailliblement
en sommeil. Quant à mon guide, plus heureux que
moi, il dormait très-bruyamment.

Il n'est pas donné à tout le monde de dompter
assez son égoïsme pour se résoudre à voir sans envie

ses semblables jouir d'un bien qui nous est refusé.
Je me sentais à ce moment, je l'avoue, très-tenté de
réveiller le guide et de lui demander de m'enseigner
quelques mots kirghiz. Je triomphai cependant de
ce sentiment peu chrétien, j'allumai une cigarette
et me mis à faire les cent pas, cherchant à découvrir dans le lointain trace de la caravane. Il me tar-
dait de repartir, car la privation de sommeil dans de
si rudes conditions climatériques m'était encore
plus pénible que toutes les fatigues de la marche et
que les contre-coups douloureux des réactions de
mon cheval sur mes bras meurtris.

# CHAPITRE XXIV

La vengeance du guide. — Les naseaux des chevaux bouchés par la glace. — Force de résistance des chevaux. — Les chevaux du beau-frère. — Kalenderhana. — Une idée soudaine. — Stchi. — Les femmes se montrent à visage découvert. — La poésie kirghise. — Les moutons. — Héroïsme du fiancé. — Les femmes jalouses, — Noces et festins. — Une poche singulière. — Jeux. — Courses de chevaux. — Les jeunes filles et leurs admirateurs. — La plus jolie fille de la tribu. — Simplicité des formalités du mariage. — Supposons qu'elle ne veuille pas de vous?

Le soleil se levait radieux et éclatant. Toutes les couleurs de l'arc-en-ciel se retraçaient sur la voûte céleste; le vent se calmait, le froid devenait moins pénétrant. Ma petite caravane paraissait enfin en vue. Nazar, profondément endormi, était couché tout de son long sur le dos d'un chameau gigantesque. Les jambes du petit Tartare pendaient de chaque côté de sa monture; mais, pour plus de sécurité, il s'était attaché à un sac de blé.

Le guide, voulant se venger de la douche que Nazar lui avait administrée la veille, saisit le chameau par les naseaux en donnant le coup de sifflet qui est usité chez les Tartares pour faire accroupir

ces grands quadrupèdes, et aussitôt celui sur lequel
Nazar était perché se laissa choir. La violence de
la secousse réveilla en sursaut le petit cavalier; fort
alarmé, il s'imaginait la corde qui l'attachait rompue
et se croyait précipité à terre.

Quelques instants suffirent pour tendre notre
kibitka et faire du feu, sur lequel une boîte de
soupe aux choux congelée ne mit pas trop de
temps à se liquéfier. Il était neuf heures précises. La
caravane, d'après le guide, avait fait dix-neuf milles
en six heures. La force de résistance des chevaux,
pendant ce temps, me surprit particulièrement. Le
guide avait dû fréquemment mettre pied à terre
pour nettoyer leurs naseaux obstrués par la glace;
mais ces vigoureux petits animaux s'étaient coura-
geusement frayé un chemin à travers la neige, souvent épaisse de deux pieds. Le cheval que je montais
n'eût pas semblé bon, en Angleterre, à porter mes
bottes; néanmoins, il avait fourni ces dix-sept milles
sans trace de fatigue, bien qu'il eût environ trois
cents livres pesant sur le dos.

« C'est un cheval extraordinaire, dis-je à mon
guide.

— Un cheval! vous appelez cela un cheval! me
répondit-il d'un ton de mépris. Il faudrait que vous
vissiez les chevaux de mon beau-frère, à Kalenderhana; voilà de belles et bonnes bêtes!

— Où est situé Kalenderhana? lui dis-je.

15.

— De ce côté de l'Oxus, sur la grande route.

— Ce n'est pas sur celle de Petro-Alexandrovsk?

— Non, mais sur celle de Khiva. »

Une idée me traversa instantanément l'esprit; pourquoi ne pas essayer de persuader à mon guide de me conduire à Kalenderhana, sous prétexte d'acheter des chevaux à son beau-frère? Je serais encore loin de Khiva, sans doute; mais si je pouvais décider le guide à poursuivre le voyage dans cette direction et atteindre le village de Kalenderhana, je trouverais bien ensuite quelque autre prétexte pour aller à Khiva, sans mettre le pied dans le fort russe.

« A quelle distance Kalenderhana est-il de Petro-Alexandrovsk?

— Quarante milles environ.

— Quel dommage que le kibitka de votre beau-frère soit si loin de Petro-Alexandrovsk! lui dis-je, car votre opinion à l'endroit de mon cheval est peut-être juste, il est trop petit pour moi; qui sait s'il pourra résister à un aussi long voyage? Cependant, puisque nous allons au fort, j'achèterai des chevaux dans le voisinage; on dit qu'ils y sont très-beaux et qu'ils marchent comme le vent. »

J'en avais dit assez. Après cela, il me sembla que ce que j'avais de mieux à faire, c'était de laisser tomber la conversation, comme si la chose m'était indifférente et que j'eusse pris définitivement mon parti. Nazar était complétement gagné à mes projets ; je lui avais promis cent roubles le jour où nous atteindrions Bokara ou Merve, *via* Khiva. Le petit Tartare savait bien qu'en allant à Petro-Alexandrovsk, il était peu probable qu'il pût gagner ensuite la récompense promise.

L'appât seul de l'argent ne pouvait décider le guide à me conduire à Khiva, car une offre de cette nature eût instantanément éveillé ses soupçons. Vite il eût calculé en lui-même s'il ne lui serait pas plus avantageux, à ce point de vue, d'obéir au gouverneur de Kasala, de suivre ses instructions à la lettre et de me conduire directement au Fort. Cependant, il y a dans l'organisme du Kirghiz une inclination particulière, devant laquelle cèdent toutes les autres considérations pécuniaires : c'est la passion du maquignonnage. Aucun fermier du Yorkshire ne peut, sous ce rapport, en remontrer pour la ruse et la duplicité à ces explorateurs à demi sauvages des steppes tartares.

Le Turcoman, qui surveillait la *cuisine*, nous annonça enfin que la soupe était prête ; nous nous mîmes promptement à l'œuvre en avalant de grandes cuillerées de ce mets favori des Russes. Rien de moins appétissant que l'aspect de ce mélange ; la graisse flottait sur les feuilles de choux, tandis que des brindilles de bois éparses parmi les morceaux de viande hachée dans cette soupe ne permettaient pas de douter qu'un des fagots ne fût tombé dans la marmite.

Le robuste appétit du chamelier me parut formidable ce jour-là ; il dévora, à son repas, un pain de quatre livres. Parfois, il penchait la tête jusque sur la soupière et humait ainsi le bouillon tiède, au grand scandale de Nazar et du guide. Le premier lui fit observer que le procédé était fort répugnant, et offrit une cuiller au Turcoman ; mais celui-ci refusa l'instrument immédiatement. Mes hommes se montrèrent encore plus scandalisés quand le chamelier prétendit que la soupe était bien meilleure lorsqu'elle était absorbée de cette façon.

Le temps s'écoulait rapidement ; je m'aperçus, en levant les yeux, que le soleil se projetait au haut des cieux ; nous nous reposions depuis près de trois heures ; les chevaux avaient assez mangé, on les sella, et nous partîmes avec la caravane khivienne qui nous avait rejoints.

Le marchand nous exprima le désir de continuer la route en notre compagnie, du moins pour cette journée, en dépit du lourd fardeau que ses chameaux portaient. Il me fit mille questions sur l'Angleterre et ses manufactures, et prenait d'autant plus d'intérêt à mes réponses, qu'un de ses parents avait visité l'Hindoustan et qu'il s'était lui-même rendu plusieurs fois à Bokara et Balk.

« Quand le chemin de fer sera ouvert de Sizeran

à Orenbourg, me dit-il, j'irai à Saint-Pétersbourg, qu'on m'a dépeint comme la ville des merveilles et des enchantements.

— Les femmes s'y montrent à visage découvert, lui répondis-je.

— C'est aussi ce que j'ai remarqué pendant mon séjour à Orenbourg, continua-t-il; mais ce qui m'a particulièrement frappé, c'est que leurs maris semblent aussi indifférents sur ce point que ces barbares Kirghiz. » En prononçant ces derniers mots, il regardait avec mépris le guide qui, placé en tête de la caravane, chantait son amour pour les moutons, les agneaux et les brebis.

La poésie kirghise est remplie d'odes en l'honneur de ces ruminants qui occupent la première place dans l'estime des indigènes... après leurs femmes et quelquefois avant elles. Les troupeaux de moutons constituent toute la richesse des tribus nomades; un Kirghiz se nourrit de lait de brebis tout l'été et l'automne; à cette époque de l'année, manger de la viande lui semblerait une prodigalité extraordinaire. Cela n'arrive que lorsqu'un mouton tombe malade ou meurt, ce qui est l'occasion d'une fête dans le kibitka. Cependant, dès qu'un hôte arrive, on s'empresse de tuer un mouton en son honneur. C'est un jour mémorable, dont le propriétaire de l'animal sacrifié garde longtemps le souvenir.

En hiver, lorsqu'on est sans aucune ressource alimentaire, le Kirghiz est bien obligé de faire de temps en temps quelques sacrifices dans ses troupeaux; il varie sa nourriture en mangeant ou un mouton, ou un cheval, ou un jeune chameau; mais il faut, dans ce dernier cas, que la bête ait eu un accident, ou soit morte de sa belle mort dans le voisinage. L'étoffe des vêtements des Kirghiz consiste en un grossier tissu de laine de mouton, filée par les natifs.

Quand un Kirghiz veut acheter un cheval, il donne en échange un certain nombre de moutons. Quand il se marie, il paye sa femme en même monnaie...; un bon mouton gras se vend, dans ces régions, quatre roubles environ, ou seize francs.

Les Kirghiz ont l'habitude de fiancer leurs fils à des filles qui sont encore loin d'avoir atteint l'âge de puberté. Les familles des deux jeunes gens arrangent préalablement l'affaire. Le père du jeune homme donne un certain nombre de moutons aux parents de la jeune fille. Lorsque la fiancée est en âge d'être mariée, son fiancé vient la chercher, et il l'emmène chez lui. Si le beau-père est généreux, il rend alors au jeune couple autant d'animaux qu'il en a d'abord reçu, et il ajoute même quelques moutons en guise d'intérêts. Mais cela ne se passe ainsi que dans les familles riches; un chef de famille, s'il est pauvre, se garde bien de doubler

sa dépense et préfère plutôt passer pour un avare
que de se mettre dans l'embarras.

Quelquefois l'arrangement matrimonial est fait
par le prétendant, qui va directement trouver les
parents de la jeune fille et conclut son marché avec
eux. Lorsque tout est arrangé, il retourne seul à son
kibitka, situé quelquefois à deux ou trois cents
verstes de la demeure de la jeune fille, et, après avoir
attendu quelques jours, il revient prendre sa fiancée.

On considère comme une preuve de virilité de la
part du jeune homme, de venir ainsi seul et sans
crainte des voleurs ou des maraudeurs au kibitka de
sa future. Celle-ci, assise à l'intérieur de sa tente,
chante la bravoure, la beauté, l'heureuse étoile, les
moutons de son fiancé et les fêtes auxquelles leur
mariage va donner lieu.

Les femmes de la tribu sont accroupies en cercle
autour de la tente, et dès que le fiancé essaye de
pénétrer dans le kibitka, elles se précipitent sur lui
et le frappent à coups de bâton ; les plus laides et les
plus âgées parmi celles qui ne sont pas mariées
semblent prendre à ce divertissement un plaisir encore
plus vif que les autres. Cependant l'amour reste généralement maître de la partie, et si le jeune homme
a le dos écorché, il finit, toutefois, par entrer dans le
kibitka. Sa bien-aimée se jette alors dans ses bras et
le console de ses maux. La jeune fille le prie ensuite
d'accepter quelques plumes, de la soie rouge et des

clous, présent que toute jeune vierge kirghise offre
en témoignage de sa pureté et de son amour. On
laisse alors les deux époux au bonheur d'être l'un
à l'autre, pendant que les femmes de la tribu conti-
nuent à célébrer de plus belle les joies du mariage.
On festoie ensuite ; parents et amis arrivent de tous
les points de la steppe, apportant, comme quote-part
de contribution aux frais de la fête, des chevaux et
des moutons; s'il n'en était pas ainsi, un hôte se
trouverait, du reste, dans l'impossibilité matérielle
de traiter tout son monde.

Dans ces occasions, on tue quelquefois cent moutons, plus quarante ou cinquante chevaux. La marmite
reste toute la journée sur le feu à l'état d'ébullition.
Les Kirghiz, non contents de manger à bouche que
veux-tu, emportent dans leurs pantalons, serrés aux
genoux, la viande qu'ils sont dans l'impossibilité
d'absorber. C'est une poche tant soit peu singulière,
car le mouton rôti se trouve ainsi en contact immédiat avec la peau du Kirghiz, mais ces quasi-sau-
vages n'y regardent pas de si près. Quand le festin
est terminé, les jeux commencent. Les animaux qui
n'ont pas été tués sont mis de côté pour être donnés
en prix aux jeunes athlètes kirghiz.

Viennent ensuite les courses de chevaux. Les conditions exigées sont de parcourir une distance de
dix-huit à vingt milles en une heure. Le gagnant
reçoit quelquefois en prix huit ou neuf chevaux.

A leur tour, les jeunes filles montent les chevaux les plus vigoureux qu'elles puissent emprunter à leurs parents ou amis. Une des amazones, ayant provoqué les hommes à lui disputer le prix, s'élance dans la steppe, poursuivie par un jeune cavalier ; celui-ci cherche à passer son bras autour de la taille de la jeune fille, qui pendant ce temps envoie de petits coups de fouet à la tête du jeune homme pour le tenir à distance. Si les efforts de celui-ci sont sans succès, elle tourne et retourne autour de lui, en le malmenant de telle façon que l'infortuné est fréquemment désarçonné, contre-temps qui l'expose à la risée générale et aux quolibets des spectateurs.

Dans le cas contraire, la jeune fille se rend immédiatement, et s'enfuit avec son heureux vainqueur au milieu des cris et des applaudissements de la foule. L'étiquette n'exige pas qu'on les suive, l'institution des chaperons n'étant pas encore établie en Tartarie.

Les Turcomans ont une manière quelque peu sommaire de décider à qui le sort destine la plus belle fille de la tribu. On convoque le ban et l'arrière-ban du clan. La jeune fille choisit parmi les meilleurs chevaux un des coureurs les plus rapides, puis elle part comme un éclair, poursuivie par ses prétendants. Or, elle a bien soin, dans cette conjoncture, d'éviter ceux qui lui déplaisent et de se placer sur le chemin de son favori. Dès qu'elle est prise, elle devient la femme du vainqueur, qui l'emmène dans sa tente, sans autre forme de procès, toute cérémonie nuptiale étant jugée inutile.

« Que paye-t-on une femme dans votre pays? me demanda le guide, lorsque j'eus fini de le questionner sur ce sujet.

—On n'achète pas sa femme, dis-je, on demande à une jeune fille qu'on aime si elle veut bien devenir votre femme, et si elle y consent et si ses parents ne s'y opposent pas, on l'épouse.

—Quand la jeune fille ne vous aime pas et qu'elle vous frappe la tête avec son fouet, ou qu'elle s'enfuit lorsque vous galopez à côté d'elle, que faites-vous ?

— Eh bien, nous ne l'épousons pas.

— Mais si vous désirez ardemment vous marier avec elle et que vous l'aimiez mieux que votre meilleur cheval, vos moutons et vos chameaux ?

— Nous ne pouvons l'épouser sans son consentement.

— Vos jeunes filles ont-elles le visage comme la lune en son plein ?

— Quelques-unes. »

Mon guide me parut, tout à coup, plongé dans une méditation profonde, disposition d'esprit tout à fait exceptionnelle chez les Arabes des steppes. Il ôta son bonnet de peau de mouton, gratta sa tête rasée, puis il me dit :

« Voulez-vous m'emmener avec vous dans votre pays ? C'est bien tentant d'avoir pour rien une femme avec un visage rond comme la lune ! une femme qu'on ne paye pas même le prix d'un mouton !

— Mais, par exemple, si elle ne voulait pas de vous ?

— Comment, si elle ne voulait pas de moi ! » En prononçant ces paroles, le guide me regarda avec stupéfaction et accentua son étonnement par un geste particulier à ses compatriotes, lequel consiste à se servir de ses doigts aux lieu et place d'un mouchoir de poche.

« Si elle ne voulait pas de moi, dit-il, ah ! je lui donnerais un vêtement blanc, ou des boucles d'oreilles ou des anneaux pour son nez.

— Si, malgré tout cela, elle vous refusait encore ?

— Eh bien ! je lui offrirais une coiffure en or, car il est sans exemple qu'une jeune fille résiste à un tel présent. »

# CHAPITRE XXV

L'après-midi touchait à sa fin ; nous avions alors,
mon guide et moi, une avance considérable sur le
Khivien et ses gens. Le marchand, qui parlait un peu
le russe, m'avait quelquefois servi d'interprète.
J'avais préalablement enjoint à Nazar de marcher
avec le Turcoman et nos trois chameaux jusqu'à ce
que leur bande nous rejoignît.

De temps en temps, le guide abandonnait le
chemin tracé et se dirigeait au galop sur un point
culminant afin de découvrir un lieu convenable pour
camper. A la fin il choisit un petit ravin abrité du
vent par deux collines un peu élevées. Il y avait
une grande quantité de broussailles dans le voisinage. La végétation de cette partie de la steppe
est relativement moins pauvre ; les animaux y

trouvent toujours, même l'hiver, un peu d'herbe à
brouter sous la neige. Mais aussi loin que le regard
pouvait porter, on n'apercevait pas une âme sur cette
immense solitude. Le froid était plus intense que
jamais; par endroits, le feutre qui recouvrait nos
étriers était usé; j'en retirais continuellement mes
pieds pour qu'ils ne fussent pas en contact avec l'acier.

Après avoir vainement cherché à découvrir la
caravane et ne la voyant pas venir, nous mîmes pied
à terre, puis nous attachâmes nos chevaux et nous
commençâmes à couper des broussailles pour faire
du feu. Une petite hache que j'avais achetée à Kasala,
et que je transportais suspendue à ma selle, me fut
fort utile. Le bois heureusement n'était pas mouillé.
Le guide avait trouvé de l'herbe sèche comme de
l'amadou, et en moins de cinq minutes nous avions
un feu gai et pétillant.

Plusieurs heures se passèrent sans que la caravane
fût en vue; mon guide commençant à s'inquiéter, il
me proposa de revenir sur nos pas, et j'y consentis.
Je souffrais cruellement du froid aux pieds; mais il
ne fallait pas laisser s'enraciner les propensions de
ma suite à la paresse; j'ordonnai instantanément de
seller et de recharger les chameaux. Quelques murmures se firent entendre, mais les hommes n'en
obéirent pas moins, et je revins avec eux à l'endroit
que mon guide avait choisi de prime abord pour
faire halte.

La leçon ne manqua pas de produire son effet; la peine qu'on eut à recharger les chameaux guérit le Turcoman de l'envie de s'arrêter dorénavant en chemin sans m'avoir rejoint.

Je me trouvais alors à cinquante verstes de Kasala; comme les chameaux avaient déjà fait une marche de seize heures, on peut dire, presque sans débrider, je me décidai à me reposer là jusqu'au lendemain matin et à ne repartir qu'à l'aube. Cette fois-ci, je réveillai mon guide sans peine; tous mes gens commençant à être bien disciplinés, je n'eus qu'à secouer le guide par sa manche, et il se leva instantanément.

J'avais promis à mes hommes de leur acheter un mouton dès que je trouverais un Kirghiz disposé à m'en vendre un. Cette résolution généreuse excita au plus haut point leur enthousiasme. Le guide improvisa une chanson en l'honneur de la libéralité de l'Anglais qui allait donner un mouton à son escorte. Des paroles, il ressortait que le chanteur avait l'intention de se réserver le foie et les parties délicates de l'animal.

La route, aussi loin que l'œil pouvait porter, était bordée, de chaque côté, de nombreux spécimens du règne végétal, et elle perdait peu à peu sa monotonie désespérante. Des brins d'herbes aux couleurs vives et brillantes, des arbustes bas et variés émergeaient d'une forêt de ronces. Nous approchions, à coup sûr,

d'une localité habitée par des êtres de notre espèce,
car l'empreinte de pas humains était marquée sur le
chemin dans la direction de certains petits points noirs,
visibles à l'horizon. Peu à peu, ceux-ci augmen-
tèrent de grosseur, puis une longue traînée de
fumée bleue tourbillonna dans le ciel; c'était un
indice certain que nous n'étions pas loin de la demeure d'un Khivien.

Nous descendîmes un profond ravin et nous arrivâmes à un endroit qui avait dû servir de parc à
moutons, car l'empreinte des pieds de ces animaux
paraissait à l'infini sur le sol. Un entourage de pieux
indiquait qu'il y avait eu des troupeaux enfermés
là peu de temps auparavant; le guide abandonna
alors un instant les rênes de son cheval, et, me regardant avec satisfaction, il s'écria : « Bah ! » en
ouvrant sa bouche comme un four et en montrant
trente-deux dents dont plus d'une Anglaise eût été
jalouse.

Mon guide, cependant, ne se souciait pas d'aller
directement aux kibitkas; arriver sans escorte eût
été trop mesquin, il importait que la caravane nous
rejoignît et grossît notre cortége. En Russie on juge
un voyageur sur ses fourrures; en Asie, sur sa suite.
Si impatient que fût mon guide d'avoir son mouton,
il subordonnait cependant ce moment si désiré au
grand principe du décorum et des convenances.

Je n'étais pas fâché, du reste, pour ma part, de

goûter un peu de sommeil ; cette marche forcée m'avait énormément fatigué, et, m'étendant près d'un grand feu de ronces, je m'endormis du plus profond sommeil.

Lorsque je me réveillai, le soleil descendait vers l'ouest ; Nazar s'approcha de moi pour me dire que la caravane attendait depuis deux heures, mais qu'il n'avait pas voulu interrompre ma sieste.

Nous arrivâmes, après une heure de marche, à un kibitka considérable ; il appartenait évidemment à un Kirghiz riche, car il était trois fois plus grand que le plus vaste de ceux que j'avais vus jusqu'alors. Les parois étaient recouvertes de nattes de paille de plusieurs couleurs ; une meule de foin de belle proportion, placée à l'entrée de cette demeure, témoignait des idées de prévoyance du propriétaire, relativement à la nourriture des chevaux.

Tout à coup, nous rencontrâmes une jeune fille, portant un morceau de glace à la tente. Le guide lui demanda si l'on n'aurait pas un mouton à nous vendre. Cette ouverture produisit dans le kibitka l'effet d'une nouvelle à sensation. Toute la famille sortit de l'habitation pour voir le Crésus qui faisait une demande aussi inattendue.

Le chef du kibitka était un homme âgé qui avait dû être dans sa jeunesse un magnifique spécimen du sexe masculin. On pouvait juger de ce qu'avait été ce tempérament dans sa force, à la puissance de sa musculature, qui même aujourd'hui en eût fait un champion redoutable dans une lutte corps à corps. A côté de lui, marchait une femme allaitant un enfant; derrière celle-ci, la jeune fille, à laquelle le guide s'était adressé en arrivant, examinait d'un œil curieux les nouveaux débarqués. Elle faisait exception à la majorité des femmes kirghises, généralement dépourvues de tout avantage physique et dont les pommettes saillantes et le front bas plaisent rarement aux étrangers.

A Londres, une jeune fille au visage rond comme la lune serait bien sûre, au bal, de passer au cadre de réserve. Au point de vue kirghiz, le don de la beauté est le plus appréciable qu'une jeune fille puisse recevoir du ciel en partage. Or, cette jeune Hébé kirghise aurait pu supporter la comparaison avec les plus jolies Européennes. Son teint, d'un coloris beaucoup plus chaud que celui de ses compagnes, transportait ma pensée à des centaines de lieues, dans la direction de Séville, car cette jeune Kirghise ressemblait à une *Gitana* des bords du Guadalquivir. Elle témoignait du sang méridional par une jolie bouche et par un nez busqué qui faisait une diversion bien agréable avec le nez épaté des femmes kirghises, chez lesquelles ce trait aplati est un des caractères distinctifs du visage; la courbe de son nez, au contraire, dénotait une origine persane. Elle était probablement la fille de quelque

16

captive, ramenée à la suite d'une expédition de
l'autre côté de l'Atrek, et elle avait sans doute trouvé
faveur auprès de son maître.

Le vieillard consentit à nous mener à la bergerie.
Nous mîmes donc pied à terre, et nous le suivîmes.
La jeune fille, dont les regards craintifs s'étaient en-
hardis peu à peu, s'empressa d'aller chercher un
mouton pour le soumettre à notre appréciation. Elle
courait comme un lièvre sur les ronces qui émergeaient du sol recouvert de neige; des moutons à tête
noire gambadaient devant elle; bientôt elle en saisit un
plus gras que les autres et qui, alourdi par la graisse,
ne pouvait suivre le troupeau; se baissant vivement,
elle prit la victime par un pied, puis, par un mouvement rapide, elle le retourna sur le dos.

Un rire clair et sonore s'échappa de ses lèvres; elle
revint triomphante, et, passant la main sur le cou
de l'animal, elle fit le geste de lui couper la gorge.

Mon guide était alors dans son élément; il s'élança
vers le mouton, s'agenouilla près de lui, le palpa de
tous les côtés, puis il prononça ce seul mot :
« Gras ! »

Le marché fut bientôt conclu au prix de quatre
roubles. Nous retournâmes au kibitka pour faire
une visite au propriétaire. La jeune fille ouvrait la
marche avec le mouton que je venais d'acheter. Le
léger sentiment d'admiration que m'avait inspiré la
beauté de cette jeune Kirghise fut bientôt refroidi

par la manière dont je la vis se disposer au rôle de boucher.

A l'intérieur du kibitka, le sol était couvert de tapis, sous lesquels s'étendait une bonne couche de foin ; ils étaient tous de tons variés et très-vifs ; on les avait achetés à un marchand qui traversait le pays, se rendant à Kasala. Dès qu'on m'eut apporté un coussin, on me fit asseoir à la place d'honneur, près du feu, c'est-à-dire près de quelques charbons embrasés placés sur un réchaud de terre glaise. Le propriétaire se mit en face de moi, tandis que le reste de la famille, accroupie par terre, les jambes sous le menton, me regardait de la manière la plus persistante. Les enfants, enveloppés de maintes pelleteries, semblaient trois fois plus gros que nature. Ils prenaient un malin plaisir à tourmenter l'infortuné mouton attaché à la porte du kibitka. Un fusil à un seul coup et deux sabres suspendus dans un coin composaient tout l'arsenal de cet intérieur. Quelques ustensiles en fer pour la cuisine, une théière en faïence aux tons éclatants, des cuillers en bois étaient étalés sur un coffre également en bois, peint en couleurs vives, dans lequel on serrait les hardes et le linge de la famille.

Près du feu, je vis une grande pipe en cuivre, qui avait beaucoup d'analogie avec le *narghilé* des Turcs ; comme dans celui-ci, la fumée doit traverser

une certaine quantité d'eau placée dans un récipient
au-dessous du fourneau ; mais au lieu d'un long tube
flexible, c'est une tige en bois, poreuse et terminée
par un bout de corne, qui livre passage à la fumée.
L'extrait aqueux du tabac prend alors un goût tout
différent de la nicotine des autres pays. Il a une telle
force que lorsqu'on n'y est pas habitué, deux ou
trois bouffées de ce tabac suffisent pour plonger le
fumeur dans un état de somnolence. Notre hôte prit
sa pipe, fuma quelques instants, puis se coucha
bientôt tout de son long, enivré qu'il était par ce
toxique. J'ai appris depuis que presque tous les
natifs qui s'abandonnent à l'usage de ce tabac sont
généralement atteints d'affections au cœur. On me
montra, à l'appui de cette assertion, quelques
Khiviens attaqués de maladies de ce genre.

On nous dit que sur l'immense plaine qui s'étendait devant nous, la neige était si épaisse par
endroits, que nous aurions beaucoup de peine
à nous frayer un passage avec nos chevaux. Le
guide ayant demandé si quelque bande de Turcomans n'était pas venue dans cette partie de la
steppe, on lui répondit que le pays était comparativement tranquille, mais que, l'Oxus étant gelé,
on ne pouvait pas savoir si des Turcomans, ou
d'autres nomades, n'avaient pas passé la rivière depuis quelques jours.

De temps à autre, des conflits armés éclatent

entre les Russes et les tribus turcomanes; les premiers tirent sans merci sur les Bédouins des steppes, partout où ils peuvent les trouver. Là où la force prime le droit, on peut tout attendre, mais il vaut mieux appeler les choses par leur nom, et dire que le développement de la puissance russe en Orient est plutôt l'œuvre du gibet et de l'épée que celle du christianisme et de la Bible.

Le guide, devenu impatient, nous proposa de retourner à notre tente, dressée à dix minutes de l'Aul. Il craignait de me voir inviter ses compatriotes à venir prendre leur part du fameux mouton, et comme, de plus, l'usage veut que l'on prie les hôtes de se servir les premiers, il pensait que, si leur appétit égalait le sien, Nazar et lui n'auraient pas grand'-chose à se mettre sous la dent. Pendant ce temps, la jeune personne, objet un instant de mon admiration, avait coupé le cou au mouton. On apporta la carcasse de cet animal à notre campement, la jolie bouchère ayant dû garder, comme récompense de sa peine, la tête et la peau de la victime.

Nos gens étaient dans la jubilation, ils avalaient d'énormes morceaux de viande et de graisse à moitié cuite; ce fut une fête qui dura, sans interruption, plusieurs heures. A la fin, la nature forcée dans ses derniers retranchements se révolta; toutes les ceintures avaient successivement dû fournir leur développement respectif. Nazar, approchant sa

16.

tête de la mienne, me restitua bruyamment le trop-
plein de son estomac. Le Turcoman et le guide suivirent cet exemple, mais de loin heureusement; c'est
la manière kirghise d'honorer ses hôtes et de leur
témoigner sa reconnaissance. Cet usage révoltant est
tellement en vogue dans l'Asie centrale, que
lorsqu'un Kirghiz n'a rien mangé chez ses amis, il
n'en fait pas moins le simulacre de la chose, afin de
se donner la satisfaction d'entendre dire autour de
lui : « Voyez comme on l'a bien fêté; assurément
c'est un homme d'un rang élevé; on lui a servi un
repas somptueux. » Nous nous remîmes en marche
à l'aube, et nous nous dirigeâmes vers un lieu connu
des Kirghiz sous le nom de Berd Kazgan, où l'on
trouve un puits d'eau saumâtre. Sur tout notre parcours, depuis Kasala, nos chevaux n'avaient bu que
de la neige fondue. Les Kirghiz ne donnent jamais
d'eau à boire à leurs chevaux pendant les longs mois
d'hiver; ils les laissent se tirer d'affaire eux-mêmes.
Les animaux souffrent beaucoup de ce régime; toutefois, lorsque dans un cas pressant les chevaux ont
à fournir une marche forcée, on leur octroie de l'eau
au moins tous les quatre jours.

Dans notre route à travers la steppe, nous marchions vers le sud; le vent, en soufflant sur la neige,
donnait parfois à celle-ci toutes sortes de formes
bizarres. Dans le crépuscule brumeux du matin, il
nous semblait que nous marchions dans un cimetière

sans fin ; les parties gelées ressemblaient à des pierres
tumulaires en marbre blanc, et la perspective de ces
apparences de tombeaux s'étendait à perte de vue
devant nous.

En traversant la plaine, mon cheval trébucha légèrement, et mon guide alors s'écria : « Ah ! le pauvre
animal ! est-il maigre ! Si vous pouviez seulement
voir les chevaux de mon beau-frère !

— Eh bien ! quoique Kalanderhana soit un peu
en dehors de mon chemin, je consens néanmoins
à faire ce détour avant d'aller à Petro-Alexandrovsk, si réellement cela vous est agréable.

— Que dira le commandant ? repartit le guide ; il
me punira, il me battra peut-être.

— C'est votre affaire et non la mienne, répondis-
je, et puis, du reste, les chevaux sont beaux au Fort ;
allons-y.

— Non, dit le guide, allons d'abord à Kalenderhana et ensuite au Fort ; c'est un peu long, voilà
tout. Nous n'en dirons rien au commandant, et vous
achèterez un si bon cheval ! Après cela vous prendrez
en pitié les autres chevaux, et tout le monde enviera
votre heureux sort. » En ce moment, nous avions
devancé le Khivien d'au moins douze heures de
marche. Je n'en étais pas autrement fâché, car mon
changement d'itinéraire l'eût sans doute fort
intrigué.

Nous avions dépassé Ootch-Ootkool, indiqué sur la

carte de Khiva, par Wild, à une assez longue distance en arrière du point où nous étions parvenus.
Là se trouvaient des terres élevées et des vallons;
mais cette région est beaucoup plus montagneuse du
côté de l'est que de l'ouest. En suivant la direction
sud-sud-ouest, nous nous rapprochions d'un endroit connu par les Kirghiz sous le nom de Tan-
Sooloo, éloigné de Tooz (lieu désigné pour notre prochaine halte) d'environ quarante-cinq verstes. La route
est bordée, de chaque côté, d'ornières profondes et
de ravins très-accidentés; le saksool et les arbustes y
deviennent fort rares; il est probable que tout ce
pays a dû être recouvert par la mer à une époque
très-reculée; des coquilles et des crustacés jonchent
le sol. A Tooz, nous traversons un petit lac salé,
situé à environ quatre cents yards dans l'est du tracé
du chemin; ce lac intérieur était alors gelé et dur
comme du diamant.

Tooz signifie *sel* en langue tartare. L'eau du lac
est en effet si salée que plus le voyageur boit de thé
fait avec celle-ci, plus il est altéré. D'après mon
guide, il existe deux lacs salés d'une beaucoup plus
grande étendue sur le territoire qui nous sépare de
la mer d'Aral.

# CHAPITRE XXVI

Je ne me lassais pas de regarder avec autant d'intérêt que de curiosité le spectacle étrange qu'offrait à mes regards ma petite caravane, lorsque nous quittions nos différentes haltes. Le guide marchait en tête, vêtu d'une longue robe écarlate, substituée au costume ordinaire qu'il portait au début du voyage. Sa robe, doublée de peau de mouton, était étroitement serrée autour de la taille par une large ceinture bleue. Un grand bonnet en forme de pain de sucre surmontait sa tête bronzée; son sabre pendait à son côté; il se servait de cette arme engainée dans son fourreau, comme d'un fouet, pour

ranimer l'ardeur de son cheval, un peu fatigué par
le piétinement dans la neige.

A la suite du guide, venait un personnage plus
ridicule encore, le chamelier turcoman. Il montait
un âne, acheté par lui à Kasala. Les longues
jambes du cavalier touchaient presque le sol;
il était drapé dans une robe en lambeaux, taillée
sans doute dans les débris d'un vieux tapis turc.
Pour coiffure, il portait un bonnet de poil de mouton
blanc, de la forme d'un seau à charbon. Ses pieds,
recouverts de plusieurs bandes d'étoffes, étaient
chaussés d'énormes bottes; autour de son bras s'en-
roulait une corde au bout de laquelle était attaché
un grand chameau qui marchait derrière le petit
âne.

Sur le haut du chameau, mon petit Tartare se
tenait couché et généralement endormi, bras et
jambes pendants; une corde lui ceignait les reins,
car, pour plus de prudence, il s'était fait ficeler à
un sac de blé. Les deux autres chameaux marchaient
à l'arrière-garde; toute la caravane poussait des cris
sauvages et profilait sur le pâle tapis qui recouvrait
le sol un ensemble de silhouettes d'autant plus gro-
tesques qu'elles excédaient mille fois dans leurs
proportions celles de mon escorte bigarrée.

Nous approchions du Jana-Darya, lit à sec d'une
rivière perdue dans le sable. Ce pays était jadis
très-peuplé; des canaux ménagés de tous côtés arro-

saient naguère ce sol, aujourd'hui desséché. Ce fait ne remonte-pas à la nuit des temps, car les vieillards se rappellent encore avoir entendu parler des richesses primitives de cette contrée. On prétend que c'est au grand-père du khan actuel de Khiva qu'il faut attribuer ce changement. Craignant que les Russes ne se servissent du Jana-Darya et de la communication de ce cours d'eau avec le Syr-Darya, pour avancer sur Khiva, il fit construire une digue près de la jonction des deux rivières. Le Syr-Darya cessa alors d'alimenter le lit du Jana-Darya ; l'eau s'en retira graduellement, et les habitants ruinés émigrèrent de l'autre côté de l'Oxus.

Longtemps après la construction du fort Perowski par les Russes, la digue fut détruite, et le Jana-Darya fertilisa de nouveau le district. Cependant le Jaxartes finit par avoir un tirant d'eau si faible, que les barques de la mer d'Aral remontaient avec peine jusqu'à Tashkent. L'ancien lit fut de nouveau obstrué, et des milliers d'acres de territoire, jadis fertiles, sont aujourd'hui comparativement stériles.

A partir du Jana-Darya, nous fîmes soixante verstes ou quarante milles à cheval, sans débrider ! Je fus étonné, je l'avoue, de la résistance des chevaux kirghiz pendant ces longues marches. Nous avions alors parcouru trois cents milles, et mon petit cheval, malgré son extérieur étique, se comportait aussi vaillamment que le jour de notre départ de

Kasala. Cela provenait peut-être aussi du changement de régime, car il était passé de l'herbe à
l'orge. Nous tenons les chevaux anglais en très-
grande estime, surtout à cause de leur vitesse;
mais, pour supporter de longues épreuves comme
celles du voyage en question, je doute que nos
beaux chevaux, bien soignés et bien nourris, comme
ils ont habitude de l'être, puissent soutenir la comparaison avec ces petits animaux faméliques. C'est
une considération dont il ne faut pas se dissimuler
l'importance, quand on songe à l'éventualité d'un
conflit dans l'Asie centrale.

Dans ces parages, la neige commençait à devenir
de plus en plus rare sur la route; elle n'était plus
étendue que çà et là en couches minces et partielles;
le sable, éclairé par les rayons du soleil, ressemblait
à une mer d'or parsemée d'îles d'argent. Bientôt
celles-ci disparurent à leur tour, et nous n'eûmes
plus sous les yeux qu'une mer de sable s'étendant
sans fin derrière et devant nous.

Il ne faut pas conclure de là que le froid avait
également pris la fuite, car ces deux jours de
marche furent peut-être les plus durs de la campagne.

Le mercure était descendu à 30° au-dessous de
zéro; le vent soufflait plus fort que jamais; nous ne
pouvions ôter nos gants un seul instant sans que nos
mains et nos doigts ne perdissent aussitôt la faculté

du mouvement. Mes gens avaient, à cet égard, un grand avantage sur moi : je veux parler de l'absence de boutons sur leur costume oriental; lorsque je déboutonnais le mien, mes doigts s'engourdissaient complétement, et il me fallait mettre les services du petit Tartare en réquisition pour me reboutonner ensuite.

A peu de distance d'un endroit que le Kirghiz me désigna sous le nom de Kamstakah, nous traversâmes une plaine ayant une ceinture de montagnes de sable. Cet amphithéâtre, de forme circulaire, présentait un diamètre de cinq milles. Au centre de ce plateau, nous trouvâmes un étang d'eau douce formé par les grandes pluies qui tombent dans les mois de février, mars et avril. Nous détachâmes là, à coups de hache, une certaine quantité de glace, dont on chargea l'un des chameaux, pour la faire fondre pendant le cours de notre voyage, si le besoin s'en faisait sentir.

La végétation, dans cette partie du pays, donne de nouveau signe de vie; des taillis surgissent de tous côtés; les broussailles deviennent plus épaisses; l'aspect général du pays indique que nous approchons d'un sol plus fertile. Pour la première fois depuis Kasala, on aperçoit du gibier; çà et là, un lièvre traverse la piste comme une flèche; des troupeaux de *saigaks,* non moins difficiles à approcher que des chamois, prennent la fuite en bondissant à

17

notre approche. On dit que les faisans abondent
dans le voisinage; au loin, des oiseaux se lèvent et
cherchent un abri dans le fourré.

Jusque-là, tout avait marché à souhait, au point
de vue de la santé; nul symptôme de maladie ne
s'était déclaré chez aucun de mes gens; mais cet
heureux état de choses ne devait pas durer longtemps.

Le chamelier ne tarda pas à ne plus pouvoir
maîtriser sa fatigue; il avait rapporté la fièvre de
Bokhara, quelques années auparavant, et était sujet à
des retours périodiques de la maladie. Je ne pouvais malheureusement rien faire pour le soulager;
je me résignai donc à l'attacher sur son chameau et
à continuer notre marche; le pauvre diable se tordait
de souffrance à chaque mouvement de l'animal; je
ne pus parvenir à lui faire prendre un peu de
quinine; car il avait horreur de la médecine et dé-
clarait qu'il ne pourrait se guérir que lorsque son
mollah, c'est-à-dire son prêtre, conjurerait le mal
en exorcisant le malade.

Les Turcomans et autres races nomades attri-
buent souvent leurs maladies à quelque influence
démoniaque; ils croient, comme les peuples primitifs,
que l'intervention d'un saint homme peut seule
chasser à la fois le démon et la maladie. Toute la
nuit, le pauvre chamelier se lamentait sans paix ni
trêve; il montrait de tels signes de prostration que je

craignais de ne pouvoir l'amener vivant à l'Aul du guide.

A vingt milles environ de l'étang d'eau douce que je viens de décrire, était un endroit nommé Karasol. Là, nous aperçûmes, dans l'ouest de notre route, une grande étendue d'eau qui ressemblait à un lac, et que le guide disait être produite par un débordement de l'Amou-Darya. Non loin s'élevaient quelques kibitkas; toute cette partie du sol était cultivée; du blé et des graminées de toutes sortes se montraient dans toutes les directions.

En même temps, nous rencontrâmes un petit détachement de Khiviens. Mon guide leur adressa la salutation habituelle : « Salam Aaleikom », mais ne reçut aucune réponse en retour. Le chef de la bande, ayant vu par mon costume que j'étais de race étrangère, nous regarda fixement et reconnut dans mon guide un de ceux qui avaient servi les Russes lors de leurs tentatives contre le pays du khan. Le Khivien, s'arrêtant alors brusquement, lui cria : « Ah ! te voilà encore avec ces chiens d'infidèles! Je ne doute pas que tu ne sois toi-même un des leurs. »

C'en était plus que la patience de mon guide ne pouvait supporter, car il se piquait d'être un observateur scrupuleux des rites mahométans. Ne se lavait-il pas chaque jour les pieds avec la neige, le nombre de fois prescrit, au risque même de les avoir gelés et

en dépit de cruelles souffrances ? Ne se frottait-il
pas les mains dans la neige avant chaque repas ?
Prenait-il jamais au plat avec la main gauche ? Non.
Sans doute, on pouvait m'appeler infidèle, puisque
tel était probablement le cas d'après ce qu'on savait
sur moi. Mais lui, le traiter d'infidèle, c'était une
insulte qu'on ne pouvait endurer. Là-dessus, mon
guide fit un effort désespéré pour tirer son cimeterre, mais l'arme rouillée s'obstina à rester dans
le fourreau. Il prit alors son fouet et frappa à coups
redoublés sur le bonnet neuf du Khivien. Celui-ci
riposta de son mieux avec un petit bâton qui lui
servait d'aiguillon pour son chameau.

Les vêtements des deux champions couraient de
grands risques dans cette lutte; le Khivien attrapa,
en effet, la jupe de mon guide et la déchira jusqu'à
la ceinture. Le bruit de la déchirure mit celui-ci
hors des gonds, car il était tout fier de sa belle robe
et se réjouissait d'avance de la montrer à son beau-
frère à Kalenderhana.

Les deux adversaires apportaient tant d'ardeur
dans cette lutte, qu'ils semblaient près de suffoquer.
Les compagnons du Khivien se rapprochaient peu à
peu de mon guide et jouaient avec le manche de
leur couteau d'une manière menaçante. Ils étaient
six contre deux, puisque mon guide et moi avions
dépassé la caravane de plusieurs verstes. Je tirai
alors mon pistolet de ses fontes; cette manifestation

produisit un effet instantané ; un revolver est une arme formidable ; les Khiviens étaient gens assez avisés pour en apprécier la puissance ; ils reculèrent de quelques pas, et l'un d'eux, déposant son couteau par terre, me dit quelques mots pour m'engager à laisser les deux combattants régler entre eux leur querelle. Je me prêtai volontiers à ce moyen fort simple de pacification; en effet, les deux champions, voyant qu'ils allaient être seuls à se battre, abandonnèrent bientôt la partie. Mon guide était hors d'haleine ; il se moucha avec les doigts en signe du mépris que lui inspirait son antagoniste, et s'accroupit par terre. Le Khivien, qui ne voulait pas avoir le dernier, comme on dit, s'installa de la même façon en face de l'autre; puis ils eurent alors ensemble une prise de bec des plus vives, chacun d'eux attaquant à qui mieux mieux la réputation des femmes de la famille de son adversaire. Au bout de cinq minutes de cette joute peu parlementaire, je m'approchai d'eux et leur dis : « Aman » (paix); puis, prenant de force les mains des deux combattants, je les contraignis à une cordiale étreinte. Mon guide alors se décida à prononcer les mots sacramentels : « Salam Aaleikom Asalam » (la paix soit avec vous). « Aaleikom Asalam », répondit le Khivien; après quoi ils se séparèrent. En ce moment, nous aperçûmes des hommes et des femmes occupés à retirer d'un trou profond de l'herbe qu'on y avait

ensilée l'automne précédent en prévision des besoins à venir.

Grâce à la rigueur du froid ou peut-être à la
sécheresse de l'air, cette herbe était aussi fraîche
que le jour où on l'avait coupée.

Le tracé du chemin devenait moins net, moins
précis; la route s'allongeait en lacets multiples, se
succédant tantôt vers le sud et tantôt vers le nord.
A chaque instant, on rencontrait des trous et des
ravins, qui sont la conséquence des pluies abon-
dantes et régulières des mois de février, mars et
avril. Il serait fort dangereux de voyager de nuit, au
milieu de ces fondrières, si l'incomparable clarté de
la lune et des étoiles ne faisait presque de la nuit
le jour.

L'état de santé du chamelier s'améliorait peu à
peu. La fièvre l'avait quitté, mais il était encore
extrêmement faible et ne pouvait se tenir sur son
âne. Nazar montait celui-ci, ayant cédé son grand
cheval au Turcoman.

C'est dans ces parages que nous découvrîmes
quelques tombes kirghises, construites en terre
séchée au soleil. Elles s'élevaient de trente ou
quarante pieds au-dessus du sol ; c'étaient les mau-
solées de gens riches et puissants, lesquels, comme
jadis Abraham et les patriarches, erraient de place
en place avec leurs familles et leurs troupeaux. Ces
nomades ont coutume de se choisir un lieu de sépul-

ture et, quand ils en ont les moyens, de s'y faire construire un tombeau.

Le penchant impérieux de la vanité humaine nous porte à élever des monuments en l'honneur des personnages que nous croyons illustres et dont il n'est pas rare que la postérité oublie le nom. Combien y a-t-il d'Égyptiens sachant par qui et pour qui les pyramides ont été construites? Quels sont les Anglais capables de dire en l'honneur de qui ont été érigées les statues qui décorent les parcs de Londres? Mais chaque condition a ses traditions funéraires, et les tombeaux suivent partout le rang des trépassés. Ni colonne, ni pierre tumulaire, n'indiquent l'endroit où repose le Kirghiz humble, pauvre et modeste; « là où l'arbre tombe, il doit rester », dit un vieil adage qui s'applique exactement aux coutumes funèbres des Kirghiz. On creuse un trou, on jette quelques pelletées de terre sur le corps du trépassé, et bientôt le pauvre enfant du désert est oublié de tous, sauf peut-être de ses chevaux et de ses chameaux.

Nous avions, le guide et moi, une avance considérable sur notre caravane; c'est pourquoi nous nous résolûmes à faire une halte, car nous étions alors sur les confins du territoire khivien et ne pouvions savoir comment les indigènes nous recevraient. Nous nous couchâmes donc sur le bord de la route, et nous nous endormîmes presque instan-

tanément. Depuis quelques jours, je me surprenais
souvent à tomber de sommeil sur mon cheval ; je
me raccrochais convulsivement au pommeau de ma
selle, lorsque je me sentais projeté en avant et sur
le point de perdre l'équilibre. Quand nous nous ré-
veillâmes, le guide était fort anxieux de savoir si
notre arrière-garde ne nous avait pas dépassés pendant la nuit ; il se pencha vers le sol, qu'il examina
avec une minutieuse attention, car un de nos chameaux avait une marque distinctive sous un pied
de derrière, et cette empreinte suffisait au Kirghiz
pour retrouver parmi mille autres chameaux celui
dont il recherchait la trace.

La portée de vue des Kirghiz est extraordinaire ;
mon guide pouvait souvent discerner à l'œil nu des
objets que j'apercevais à peine avec la longue-vue.
Ce territoire lui était parfaitement connu ; lorsqu'on
ne pouvait distinguer le tracé du chemin, il descendait de cheval et cherchait des fleurs et des plantes
herbacées. S'il en trouvait quelques échantillons,
ces indices suffisaient pour lui révéler en toute cer-
titude le pays où nous étions.

Le livre de la nature était aussi familier à ce
demi-sauvage que le Coran à son mollah. Me faisant remarquer une chaîne de collines qui se dres-
sait devant nous et coupait notre route de l'est à
l'ouest, le guide m'apprit que derrière ces hauteurs
se trouvait Kalenderhana ; puis, imitant avec ses

lèvres le bruit d'un baiser, il me donna à entendre qu'il ne serait pas fâché de revoir sa femme.

Plus on approche de ces hauteurs, plus l'aspect du pays s'accentue; des roches pittoresques et de gros blocs de quartz dorés par le soleil jettent des reflets étincelants; de distance en distance le sol est recouvert d'une couche de glace qui brille comme un miroir. L'action de la pluie a creusé perpendiculairement sur les pentes du terrain de grandes fissures par où l'eau pluviale descend impétueusement au printemps de la crête de la montagne jusqu'au sol de la plaine. Les grands écoulements, qui se précipitent comme de véritables torrents, finissent par former des centaines de cours d'eau qui alimentent l'Oxus et le rendent plus puissant et plus considérable encore.

Mon guide donnait à cette chaîne de montagnes le nom de Kazan-Tor; il me sembla de prime abord que cette passe qui mène à des plaines fertiles pourrait être un obstacle infranchissable pour une colonne d'invasion. Mais je me convainquis bientôt que ce haut massif ne se prolonge pas du côté de l'est; il s'arrête d'une manière abrupte à vingt-cinq milles du tracé de notre chemin, et serait très-facilement tourné. Ce défilé a environ un quart de mille de largeur et sept milles de longueur; la nature du terrain est aurifère; néanmoins l'aspect de quelques roches indique qu'un ingénieur et ses

17

agents pourraient y tenter avec succès et profit l'exploitation d'une mine de cuivre.

Nous arrivâmes à une grande plaine sillonnée par d'innombrables cours d'eau et de canaux. Ceux-ci, formés par l'Amou-Darya, se déversent pendant l'été sur les champs, au moyen de travaux d'irrigation exécutés par les habitants des villages environnants.

# CHAPITRE XXVII

Nous voilà arrivés près de quelques kibitkas de
construction fixe, solide, résistante; les larges fossés qui les entourent, les hautes palissades qui les

encadrent, attestent à la fois chez leurs habitants la
crainte d'être attaqués, et la résolution de se défendre. A partir de cet endroit jusqu'au moment où
nous traversons l'Oxus, chaque village est à peu
près fortifié de la même manière. Autrefois les Kirghiz et les Turcomans vivaient dans un état d'hos-
tilité constante; les uns allaient à la maraude sur
le territoire de leurs voisins, enlevant chevaux et
moutons; les autres, à leur tour, traversaient fréquemment l'Oxus, en bandes de cinquante à
soixante cavaliers, pillaient les kibitkas kirghiz,
et emportaient le butin.

Maintenant, on ne parle plus uniquement que des
tendances des Turcomans à la maraude, et du respect des Kirghiz pour le bien d'autrui. On exagère,
de parti pris, l'importance des expéditions militaires
des Turcomans, comme naguère on noircissait à
dessein la conduite des Khiviens. Il n'est pas difficile de comprendre la portée de cette tactique ; c'est
un moyen de préparer d'avance les esprits à une
prochaine expédition contre Merve. Si un Kirghiz
vient à enlever un mouton du troupeau d'un Turcoman, on se garde bien d'ébruiter la chose; mais si
celui-ci traverse l'Oxus pour prendre sa revanche, on
lui en fait, au contraire, un énorme crime. D'après
les comptes rendus des Russes, les Khiviens ont
toujours été les agresseurs. On ignore généralement
que l'initiative des attaques contre ces khanats de

l'Asie centrale a été prise par les sujets du Tsar.
Cela remonte jusqu'au seizième siècle; quelques
marchands persans, tombés au pouvoir d'une bande
de Cosaques, parlèrent devant eux du riche territoire de Khiva, dont le nom même leur était encore
inconnu. La cupidité des Cosaques, éveillée par de
séduisantes descriptions, les entraîna à franchir aussitôt la steppe, n'emportant, pour tout bagage, tant
ils voulaient aller vite, que ce qui pouvait tenir sur
leurs selles. Après avoir traversé l'Oxus, ils attaquèrent la ville khivienne d'Urgentch; le khan et son
armée n'y étaient plus; les Cosaques ne rencontrèrent qu'une faible résistance, et bientôt la ville fut
détruite; ils enlevèrent des milliers de femmes et
d'enfants, ainsi qu'un grand nombre de chariots
chargés de butin; mais il y en avait trop pour
eux, si bien qu'ils furent pris à leur tour par les
Khiviens. Les Russes n'avaient pas une goutte d'eau;
ils furent réduits à étancher leur soif avec le sang
qui coulait des blessures des mourants! La nature
humaine a cependant ses limites; les Cosaques restèrent presque tous sur le terrain; les survivants se
soumirent et furent emmenés prisonniers du khan.

Les Cosaques ne se relevèrent pas facilement de
ce terrible échec; il leur fallut quelque temps avant
de pouvoir mettre un autre détachement de cinq
cents hommes en marche sur Khiva, sous le commandement de l'ataman Nechaie. Cette expédition

fut d'abord couronnée de succès ; mais lorsque les
Cosaques revenaient chargés de butin, ils furent encore surpris par les Khiviens, qui les massacrèrent
jusqu'au dernier.

Une troisième campagne fut non moins désastreuse. Les Cosaques, cette fois-là, s'égarèrent,
et, au lieu d'atteindre Khiva, se trouvèrent jetés par
une fausse route sur la côte de la mer d'Aral. L'hiver arriva, la gelée suivit, les orages survinrent, et
les provisions s'épuisèrent. Les Cosaques, réduits aux
dernières tortures de la faim, sacrifièrent d'abord
quelques-uns des leurs, se nourrirent de leur
chair, puis finirent par se livrer eux-mêmes comme
esclaves.

Sous le règne de Pierre le Grand, les Russes tentèrent pour la quatrième fois de s'avancer dans les
plaines du Turkestan. Le monarque comprenait
qu'il avait tout intérêt à cette nouvelle annexion. Le
bruit que les Khiviens, pour ne pas attirer les Russes
sur le khanat, avaient à dessein caché la découverte d'un gisement d'or dans l'Amou-Darya, attira
l'attention du Tsar. Il résolut, en conséquence, d'é-
tablir des relations commerciales avec l'Inde *via*
Khiva.

Le commandement de l'expédition fut confié au
prince Bekovitch ; cette fois on fit de grands préparatifs avant d'entrer en campagne. On choisit des
positions sur les côtes de la mer Caspienne, on

construisit des forts au cap Tiukharagan et à l'entrée des baies Alexander et Balkan, afin d'assurer les communications avec Astrakan.

Après avoir établi sa base d'opération sur la côte orientale de la mer Caspienne, le prince Bekovitch s'avança, vers le plateau d'Ust-Urt, sur le territoire khivien. L'effectif de son armée se composait de deux compagnies d'infanterie montées, d'un régiment de dragons, de deux mille cinq cents Cosaques, d'un certain nombre de Tartares et Kalmucks : total, trois mille cinq cents hommes et six canons. On emporta des vivres pour six mois, à dos de chameau et sur des chariots traînés par des chevaux. Bekovitch, après deux mois de marche, atteignit enfin les bords de l'Oxus ; il avait franchi neuf cents milles de steppes sablonneuses en plein été. Le prince russe fut attaqué par les Khiviens ; il avait massé ses forces de manière à protéger ses derrières par la rivière, et ses flancs par une barricade de chariots chargés de bagage. Après une série de combats qui durèrent trois jours, les Khiviens furent repoussés. Une trêve fut alors signée. Le prince, se croyant en sécurité, fut assez imprudent pour diviser son armée en plusieurs détachements ; l'ennemi les attaqua séparément, parvint à les battre, et réduisit en esclavage un grand nombre de prisonniers.

L'expédition de Perovsky, en 1839, fut également désastreuse, puis on n'entendit plus parler de

Khiva jusqu'en 1859, où une grosse colonne russe fut envoyée dans les mêmes parages sous le prétexte d'explorer la côte orientale de la mer Caspienne.

Les Turcomans, peu rassurés sur les intentions du gouvernement russe, attaquèrent ce détachement près de la baie Balkan; ils prirent des chameaux chargés de vivres, et le commandant en chef ne put même pas lever le plan de Balkan. Dix ans plus tard, en 1869, les Russes, revenant à la charge, construisirent un fort près de la baie de Krasnovodosk, sous le prétexte d'ouvrir des relations amicales avec les Turkomans; le commandant de cette nouvelle expédition fit ensuite voile vers Ashourade et la baie d'Hussankuli, bombarda un établissement turcoman, et s'empara de Chikishlar. Les Russes élevèrent un nouveau fort à Krasnovodosk, dans l'automne de 1869. Un lieu d'étape fut établi en 1870 à Tash-Arvatkala, à cent trois milles de Krasnovodosk. Deux postes militaires intermédiaires furent également créés sur la baie Michaël à un endroit nommé Mikhailovsk, et un autre sur l'Aklam, à Mullakari. Une ligne de communication se trouva ainsi établie, ayant pour point principal Krasnovodosk.

Chikishlar fut occupé par les Russes en novembre 1871; le colonel Markozoff y fit construire un fort.

Bien qu'Ashourade fût situé sur le territoire persan, les troupes du Tsar ne se firent aucun scrupule de l'occuper. Les Russes font remonter le consentement de la Perse à cette occupation au jour où le dernier schah monta à bord d'un navire russe, sous prétexte que la mer était moins houleuse dans la baie d'Astrabal que dans les autres parties de cette côte.

Les Russes avaient alors un pied sur les quatre points intérieurs et extérieurs du territoire turcoman : dans l'île d'Ashourade, dans la péninsule Mengishlak, sur l'Attrek et dans la baie Krasnovodosk. Tout était prêt, on n'attendait plus qu'un prétexte pour avancer sur Khiva.

Un *casus belli* se présenta bientôt. Mais pour comprendre comment on prit l'initiative de la guerre, il faut d'abord remonter à l'année 1869. Parmi les nomades kirghiz, il existe une tribu connue sous le nom des Adayefs. Lorsqu'on avait élevé le fort Novo Alexandrovosk sur la péninsule Mengishlak, le gouvernement russe s'était trouvé en mesure de lever des contributions sur les habitants de ces districts, lesquels étaient déjà, et depuis des siècles, tributaires de Khiva. Mais les fonctionnaires russes, auxquels cela importait peu et rapportait encore moins, imposèrent d'abord une contribution forcée d'un rouble et cinquante kopecks sur chaque kibitka ou tente : c'était en 1850; mais, en 1869, la taxe

avait été successivement augmentée de 150 pour
100. Cette mesure causa un grand mécontentement ; en mars 1870, les hostilités recommencè-
rent de plus belle entre les Adayefs et les Russes.
Le khan de Khiva soutint ceux qu'il considérait
comme ses sujets. L'occupation de Krasnovodosk
produisit sur lui une impression foudroyante ;
voyant que le général Kaufmann méditait à son endroit des projets les plus dangereux, il lui expédia
le message suivant :

« Depuis que le monde est monde, il est sans précédent qu'un souverain ait fait construire un fort
sur la frontière d'une puissance voisine, et qu'il ait
ensuite expédié des troupes, simplement pour ras-
surer le souverain de cet État, ou pour contribuer
au bien-être de ses sujets. Notre souverain désire
que le Tsar blanc, suivant l'exemple de ses prédé-
cesseurs, ne se laisse pas enivrer par la grandeur de
l'empire que Dieu lui a confié, et qu'il ne tente pas
d'incorporer à ses possessions celles d'autres États.
Ce procédé est indigne des grands souverains.

« Si, au contraire, comptant sur la force de son
armée, il médite de nous faire la guerre, qu'il se
souvienne que devant le Créateur du ciel et de la
terre, juge de tous les juges, le fort et le faible sont
égaux ; que le Tout-Puissant donne la victoire à qui
bon lui semble, et que personne ici-bas ne peut
réussir contre sa volonté et ses décrets inexorables. »

Ce fut alors que les Adayefs, qui au début de leur querelle avec les Russes avaient enlevé un convoi et attaqué le fort Alexandrovosk, furent complétement défaits par un détachement de troupes venues du Caucase. Quelques Cosaques, qui avaient été faits prisonniers par les Kirghiz et amenés à Khiva, furent gardés comme prisonniers par le khan.

Au commencement de l'année 1872, ce dernier envoya une ambassade près du vice-roi de Caucase, et l'autre à l'empereur. Dans sa lettre au vice-roi, le khan s'exprimait en ces termes :

« Des relations amicales existaient entre nos deux gouvernements : comment a-t-il pu se faire que, l'année dernière, vos troupes aient débarqué à Cheleken sur les côtes de la baie de Khaurism, sous prétexte d'intérêts commerciaux, et que récemment encore un petit détachement de ces troupes se soit avancé vers le Sarykamysh, qui nous appartenait naguère, et se soit retiré avant d'atteindre ce point ? Outre cela, les troupes russes se sont avancées depuis Tashkent et Perovsky jusqu'au puits de Min Bulak, situé sur nos possessions héréditaires. Nous ignorons si le grand-duc (le vice-roi) était ou non instruit de ce fait ; quant à nous, nous eûmes grand soin d'éviter tout ce qui eût pu compromettre la bonne harmonie qui régnait entre nous. Des Kirghiz s'emparèrent, il est vrai, de quelques Russes, mais nous les avons gardés en sûreté près de nous. Si votre désir

est sincère d'entretenir de bons rapports avec nous,
formulez des propositions acceptables à l'endroit de
nos frontières, et nous vous remettrons tout de suite vos
prisonniers. Mais si ces captifs ne sont qu'un prétexte
menteur à une guerre dont l'extension de votre
territoire est en réalité l'unique objet, l'intervention
du Tout-Puissant décidera du dénoûment de ce fatal conflit. »

Cette ambassade n'alla même pas jusqu'à Saint-
Pétersbourg; on prévint les envoyés que toute communication avec eux était suspendue jusqu'au jour
où les prisonniers seraient rendus à la liberté. Le
khan envoya une mission dans l'Inde; là, les autorités, confiantes dans l'assurance, si souvent réitérée
par les fonctionnaires russes, que toute pensée d'annexion était étrangère à leur gouvernement, refusèrent de prêter aide et secours au souverain asiatique; ils lui conseillèrent de rendre à qui de droit les
prisonniers russes, et de conclure la paix avec le
Tsar.

Le chancelier russe fut informé, peu après, de ce
refus de protéger Khiva; il exprima toute la satisfaction qu'il en éprouvait, disant qu'une telle résolution était, du reste, parfaitement d'accord et en
harmonie avec les rapports qui existaient entre le
Tsar et la souveraine de la Grande-Bretagne.

La satisfaction était toute naturelle; comment
eût-il pu en être autrement? Il savait maintenant à

n'en plus douter que l'Angleterre ne se proposait
pas de protéger le khan, et que celui-ci ne pourrait
résister aux troupes commandées par le général
Kaufmann.

Les autorités de la Grande-Bretagne se suppo-
saient en droit de croire que le gouvernement russe
ne songeait pas à l'annexion du khanat de Khiva;
les doutes qu'elles eussent pu entretenir encore à ce
sujet n'avaient-ils pas été définitivement levés par
la déclaration du comte Shouvaloff à lord Gran-
ville, le 8 janvier 1873 ? En voici à peu près la
teneur :

« L'expédition de Khiva était fixée, il est vrai, au
printemps prochain; mais pour avoir la mesure de
ce qu'elle devait être, il suffisait de dire qu'elle ne
comprendrait que *quatre bataillons et demi*. Quant
au but qu'on se proposait d'atteindre, il consistait à
réprimer les actes de brigandage, à se faire rendre
cinquante prisonniers russes, et à apprendre au
khan que sa conduite ne pouvait être tolérée avec
l'impunité à laquelle la modération de la Russie
à son égard l'avait trop longtemps accoutumé; non-
seulement il n'entrait pas dans les intentions de
l'empereur d'annexer Khiva, mais des ordres posi-
tifs et des instructions avaient été donnés pour
faire en sorte que les conditions à imposer ne pussent d'aucune façon aboutir à une occupation pro-
longée de Khiva. » Le comte Shouvaloff appuyait

dans cette déclaration sur la surprise que les préoccupations de l'Angleterre sur ce point avaient causée
à l'empereur. Il terminait en donnant à lord Gran-
ville l'assurance formelle qu'il pouvait affirmer au
Parlement que telles étaient les intentions du gouvernement russe.

L'effectif placé sous les ordres du général Kaufmann, pour cette expédition, comprenait cinquante-
trois compagnies d'infanterie, vingt-cinq sotnias[1]
de Cosaques; cinquante-quatre canons, six
mortiers, deux mitrailleuses; cinq divisions
de fuséens; dix-neuf mille deux cents chameaux, avec un complément d'environ quatorze
mille hommes. Les bataillons russes doivent avoir
des cadres bien élastiques, si cinquante-trois compagnies d'infanterie peuvent entrer dans quatre bataillons et demi. Sur le pied ordinaire, un bataillon
se compose de quatre compagnies de ligne et d'une
compagnie de carabiniers. Sur le pied de guerre il
comprend neuf cents soldats, dont soixante hommes
en réserve. On serait porté à croire que le commandant en chef russe eut recours au subterfuge de
certain malade qui, ayant été limité par ordon-
nance de son médecin à trois verres de vin par
jour, se procurait des verres contenant juste une

---

[1] Une sotnia de Cosaques est composée de cent cinquante
cavaliers environ.

bouteille ; voilà comment il exécutait à la lettre
les prescriptions du docteur !

L'armée était divisée en plusieurs colonnes, com-
posées à leur tour de plusieurs détachements. La
colonne de Tashkent en comprenait deux : les
Djiggaks, venant de Tashkent même, et les Kasalinds,
venant de Kasala ; les colonnes d'Orenbourg, de
Krasnovodosk et de Kenderli devaient venir chacune
d'Embinsk en longeant le littoral de la mer d'Aral ;
de Krasnovodosk, de Chikishlar, de la baie Kenderli au lac Aibougir, en passant par le vaste plateau de l'Ust-Urt.

On ne s'explique pas pourquoi la voie navigable
de Kasala par le Syr-Darya, la mer d'Aral et l'Oxus
n'a pas été utilisée pendant l'invasion ; quelques bateaux appartenant à la flotte de la mer d'Aral, avaient
déjà antérieurement remonté l'Oxus jusqu'à Kungrad, et rien ne s'opposait à ce qu'on attaquât Khiva
par eau. D'aucuns eussent désiré que le général
Kaufmann adoptât ce plan ; mais il se refusa obstinément à le suivre, prétendant que la marine ne devait
rien avoir à faire dans cette campagne, parce qu'autrement les marins auraient une part dans les récompenses, et qu'il désirait que les décorations et les
grades fussent donnés exclusivement à l'armée de
terre. Il était d'avis de n'envoyer que deux détachements contre le khanat : l'un, formé par des troupes
de l'armée du Caucase, irait de Krasnovodosk à

Khiva, et l'autre, celui de Tashkent, serait placé sous son commandement personnel.

Les combinaisons de Kaufmann ne furent pas prises en considération ; Krijinovsky, gouverneur général d'Orenbourg, exposa au gouvernement les dangers d'un tel plan ; il démontra que dans le cas où les troupes des Tashkent seraient empêchées dans leur marche, les Khiviens et les Turcomans pourraient avancer sur les steppes kirghises, intercepter les communications sur la route de poste d'Orsk à Tashkent et jeter l'alarme et l'inquiétude dans les districts de l'Ural et d'Orenbourg.

Les troupes d'Orenbourg suivirent sans difficulté le littoral de la mer d'Aral jusqu'à Kungrad. Là, elles opérèrent leur jonction avec le détachement de Kenderli ; restant sans nouvelles de la colonne commandée par le général Kaufmann, elles marchèrent sur Khiva et s'emparèrent de la porte de cette ville. Le général Kaufmann fit alors savoir qu'il était lui aussi devant Khiva, et que cette ville était sur le point de se rendre. Cependant le feu continua, et le général Verevkin, qui commandait la colonne d'Orenbourg, prit la ville et la citadelle. Ce fait était à peine accompli que la nouvelle se répandit que Kaufmann avait accepté la capitulation qui lui était offerte par les notables de la ville, et qu'il allait entrer à Khiva par une autre porte. Le khan avait fui... Cependant il reparut au bout de deux jours et fut réintégré dans sa situation, mais sous la tutelle d'un conseil ou divan, composé en grande partie d'officiers russes.

L'expédition de Krasnovodosk, commandée par le colonel Markosoff, échoua complétement, faute d'eau; après avoir fait enterrer son canon dans le sable, le colonel ordonna à ses troupes de se replier.

Les colonnes de la Caspienne et de Tashkent ne furent en réalité d'aucune utilité pratique; ce fut le détachement d'Orenbourg, expédié seulement à l'instigation du général Krijinovsky, qui battit l'ennemi et entra victorieux à Khiva.

Une indemnité de guerre de deux millions de roubles fut imposée au vaincu; la nouvelle de sa soumission se répandit comme la flamme sur toute l'Asie centrale. L'influence russe devint désormais prépondérante dans tous les khanats.

La prétendue insolence du khan avait donc été punie, sa capitale prise, et il était tombé lui-même aux mains de l'ennemi; jamais souverain n'éprouva plus profonde humiliation; Kaufmann l'obligea à boire le calice jusqu'à la lie.

Le but de l'expédition était atteint; ce qui restait maintenant à faire, c'était de remplir les promesses faites au gouvernement anglais par l'organe du comte Shouvaloff, ambassadeur du Tsar à Londres. On n'en fit rien; il y avait eu, prétendit-on, un

18

malentendu, et bientôt on érigea un fort russe sur
le territoire khivien.

Peu de temps avant que ces choses arrivassent,
le prince Gortschakoff avait envoyé au général
Kaufmann les conditions d'un traité avec le Kokand ;
l'ouvrage de M. Terentyeff sur l'Angleterre et la
Russie en Orient nous a fait connaître ce document.

« Vous dites, écrivait le prince au général,
savoir par expérience que, dans tout commerce
avec les Asiatiques, le grand point est d'unir une
véracité et une fermeté invincibles à une attitude
pacifique nettement déterminée ; je partage complétement cette appréciation ; car telle a toujours été
le principe de ma conduite politique en Occident et
en Orient. »

Il est à regretter que l'ouvrage de M. Terentyeff
n'ait pas été traduit en langue tartare, car il serait
sans doute fort agréable au khan de Khiva d'apprendre combien nobles étaient les sentiments de
ses ennemis ! Mais la traduction anglaise existe,
grâce à Dieu ; elle sera à coup sûr pleine d'intérêt
pour les membres de la Chambre des communes
qui se sont bercés de l'espoir que pas un pouce du
territoire khivien ne serait annexé à l'empire russe.

Une portion de l'indemnité de deux millions
deux cent mille roubles fut imposée à une tribu de
Turcomans qui s'était battue contre le détachement

d'Orenbourg. Ces gens étaient nominativement des
sujets khiviens ; mais, un mois après la conquête de
Khiva, ils étaient au mieux avec leurs vainqueurs ;
un certain nombre d'officiers russes qui avaient été
envoyés chez ceux-là en mission pour faire la carte
du pays étaient restés des nuits et des jours dans le
campement turcoman.

Il n'y avait guère lieu de supposer que les Turcomans violeraient la trêve, mais la colonne de
Tashkent se serait crue déshonorée si elle était
rentrée dans ses quartiers sans avoir répandu
quelques gouttes de sang. La gloire de la campagne
revenait tout entière à la colonne d'Orenbourg. Les
officiers de Tashkent n'avaient rien fait pour mé-
riter de l'avancement. Le général Kaufmann envoya
alors chercher les anciens de la tribu et leur déclara
qu'une partie de l'indemnité de guerre devait être
payée en quinze jours et le reste plus tard ; puis le
général garda en otage quelques-uns des anciens
de la tribu, disant qu'il ne les ralâcherait que
lorsque le premier versement de l'indemnité aurait
été fait au trésor russe.

Toutefois, le général en chef était si pressé,
qu'au lieu d'attendre l'époque fixée, il envoya un
détachement nombreux, commandé par le général
Golovatcheff, pour voir s'il y avait réellement chance
d'être payé.

Pour sonder les intentions des habitants, le gé-

néral ordonna à ses soldats de n'épargner ni l'âge,
ni le sexe. Hommes et femmes, enfants à la ma-
melle, furent massacrés sans pitié ; on livra aux
flammes des maisons où de pauvres malades gisaient
sur leurs grabats. Des femmes âgées, des enfants au
joyeux babil, furent brûlés vifs. Le territoire turcoman ressemblait à une succursale de l'enfer. Tout
cela se faisait, du moins au dire des Russes, au nom
de la religion et de la civilisation. Voilà les chrétiens
que certaines gens rêvent de voir en pied à Constantinople ! Est-ce donc là la civilisation dont l'influence leur paraît désirable sur nos frontières ?

Si ces mauvais traitements eussent été épargnés
aux Turcomans, ils se fussent conduits différem-
ment et auraient payé l'indemnité ; mais ce ne sont
que des barbares qui n'avaient pas l'idée de ce
qu'est la civilisation européenne pratiquée par
les troupes russes ! Toujours est-il que cette initia-
tion mit si fort en colère les Turcomans, à l'esprit
peu ouvert, qu'ils poussèrent l'oubli de tout sentiment d'honneur jusqu'à vouloir se venger d'une
agression injuste, et allèrent attaquer le camp du
général Golovatcheff à Illyali ! Mais ils n'avaient
aucune chance contre les armes perfectionnées de
leurs ennemis, et ils furent repoussés avec de
grandes pertes.

Les Turcomans, ne pouvant plus se fier aux
propositions de paix qui pourraient leur être faites,

s'éloignèrent de ces parages; cependant ils adressè-
rent au général Golovatcheff le message suivant :

« Nous savons comment on respecte la paix, et
nous sommes prêts, si vous le voulez, à vous le
prouver; mais si, au contraire, vous nous provoquez
à la lutte, eh bien, soit; nous marcherons sans
crainte au combat ! »

Le général Krijinovsky, gouverneur général
d'Orenbourg, reconnaissait que cet acte agressif
contre les Turcomans n'aurait d'autre résultat que
de créer à la Russie de sérieuses complications.
« Nous serons dans l'obligation maintenant, disait-
il, d'envoyer des expéditions contre les Turcomans
pendant de longues années; ce pays deviendra pour
nous un second Caucase; à la fin il nous faudra
en prendre possession, éventualité qui nous créera
des difficultés avec l'Angleterre. »

Il serait fort possible que le cours des choses jus-
tifiât l'observation du général Krijinovsky. Le colonel Ivanoff, commandant du fort Petro-Alexandrovosk, trouva le temps d'attaquer quelques bandes
de Turcomans nomades, et fit deux de ces Arabes des
steppes prisonniers, lesquels, prétendait-on, avaient
dépouillé quelques Russes Kirghiz. Sur cette accusation, les délinquants furent jugés par une cour
martiale, condamnés à mort, et exécutés sans
pitié.

Les Turcomans, de leur côté, prirent un soldat

18.

russe et refusèrent de le rendre jusqu'à ce qu'ils
eussent reçu en retour une somme d'argent destinée
sans doute aux veuves de leurs compatriotes. Cet
homme n'a pas été jugé par une cour martiale :
circonstance qui tient évidemment à l'ignorance des
Turcomans en fait de droit militaire. Lorsqu'ils
seront plus avancés dans les voies de la civilisation,
ils suivront sans doute l'exemple qui leur a été
donné par leur ennemi chrétien.

Le 24 août 1873, un traité de paix, qu'on soumit
au préalable à l'approbation de l'empereur, fut conclu
avec le khan de Khiva. Qu'en est-il résulté ? Un état
de vassalité pour le khanat; la cession à la Russie
du delta et de la rive droite de l'Oxus; l'interdiction
de la navigation de l'Oxus à tous les navires, sauf à
ceux qui portent le pavillon russe ou khivien; la
liberté de commerce aux marchands russes dans le
khanat; l'autorisation d'y devenir propriétaires et
de s'y établir; l'érection d'une forteresse russe à
quatre milles au sud de Shurahan et dans un jardin
appartenant à l'oncle du khan. Enfin tout le territoire khivien situé entre l'ancienne frontière bokharo-khivienne, la rive droite de l'Amou-Darya et la
ligne allant depuis Meshekly jusqu'au point de
jonction de l'ancienne frontière bokharo-khivienne
avec celle de l'empire russe, fut enlevé au Khiva
et réuni aux États de l'émir de Bokhara !

Cette distribution de territoire sera une cause

perpétuelle de trouble entre Khiva et Bokhara.
Après la guerre entre la France et la Prusse, si les
Allemands, au lieu de garder pour eux l'Alsace et
la Lorraine, avaient obligé la Belgique à prendre
ces provinces, il est sûr que les Français eussent vu
ces nouveaux propriétaires d'un œil défiant; un jour
ou l'autre, l'orage aurait éclaté... eh bien! il n'en
saurait être autrement entre Khiva et Bokhara.
Ajoutons que l'annexion de ces deux khanats à
l'empire russe est la conséquence non pas probable, mais sûre, certaine, impérieuse, de cette
situation.

# CHAPITRE XXVIII

La vue d'hommes et de femmes qui sortent en courant d'un des kibitkas pour venir souhaiter la bienvenue à mon guide m'indique que je suis arrivé à Kalenderhana. Quelques instants plus tard, assis sur un tapis, j'attire et je captive tous les regards; c'est la première fois, en effet, que les habitants du kibitka voient un homme portant un costume européen. Chaque partie de mon vêtement est minutieusement reluquée; les femmes en examinent l'étoffe de plus près encore que les hommes; les larges boutons excitent particulièrement leur admiration.

La femme du guide porte une robe blanche flottante; un turban de même couleur est enroulé plusieurs fois autour de sa petite tête. Pour une Kir-

ghise, elle est décidément jolie, et vaut bien les cent
moutons que son seigneur et maître l'a payée. Le
retour de son époux lui cause évidemment une
grande joie ; elle pose deux gros chérubins sur les
genoux de leur père, qui se laisse tirer avec une
complaisance toute paternelle la barbe et les moustaches. Une autre personne est là : le beau-frère,
petit bossu auquel on m'avait déjà signalé comme un
futur acquéreur de sa marchandise ; l'espoir dont il
se berce à cet endroit se révèle dans les attentions
dont il me comble. Il commence par tirer à lui un
coussin sur lequel son grand-père est commodément
assis, pour me le mettre derrière le dos, puis me dit
ensuite qu'il sait que je désire acheter un cheval ;
qu'il en possède un qu'on regarde dans le pays
comme un animal unique, incomparable ; qu'il allait,
du reste, me le faire voir, et que je saurais tout de
suite en apprécier les mérites. Là-dessus, il me verse
du thé, et met quatre morceaux de sucre dans mon
verre [1] ! acte de prodigalité qui produit sur toute l'assistance un ébahissement qu'on ne saurait analyser.

Je répondis à cet aimable maquignon que son cheval pouvait être parfait, mais qu'il y avait de non moins
bons quadrupèdes à Petro-Alexandrovosk, et que si
nous y passions, c'était probablement là que je me pour-
voirais. J'ajoutai que si, au contraire, nous allions di-

---

[1] On prend le thé dans des verres, et non dans des tasses.

rectement à Khiva, j'achèterais son cheval, et que je payerais le prix d'achat dans la capitale du khan.

Nazar ayant fidèlement traduit mon speech à mon interlocuteur, une discussion des plus vives s'établit entre celui-ci et tous les membres de la famille. Il n'était pas difficile d'en conclure que le guide était très-enclin à refuser cette ouverture, et que le reste de la famille rétorquait tous ses arguments avec ardeur. Ne s'était-il donc pas déjà détourné de la route de Petro-Alexandrovosk ? N'était-il pas plus que probable qu'il serait puni de cette première faute ? Pourquoi donc refuser d'aller à Khiva ? Nazar suggéra l'idée d'éviter le fort, en nous rendant directement à Bokhara. Je m'informai si je pourrais trouver des chameaux à louer pour nous y conduire. Cette question produisit un effet magique, car le hasard voulut précisément qu'un des parents du guide eût des chameaux à louer ; cette considération décida ce parent intéressé à faire feu de toute son éloquence pour décider le guide à accepter ma proposition ; la pression de toute la famille finit par triompher de la résistance de mon guide ; se tournant enfin vers Nazar, il s'engagea à nous conduire à Bokhara ; là, il trouverait évidemment des chameaux à louer, et reviendrait à Kasala *via* Samarcand et Tashkent, en évitant le fort Petro-Alexandrovosk.

Mon fidèle serviteur, s'approchant de moi, me dit tout bas à l'oreille :

« Nous aurons une grande fête cette nuit ; le beau-
frère du guide a un cheval un peu malade qu'on va
tuer, et que nous mangerons ensuite. »

Effectivement, on ne tarda pas à placer une
immense marmite sur une brassée de fagots
entassés sur des charbons ; une fumée d'une densité effroyable remplit bientôt la tente. La femme
du guide, qui jouait le rôle de cordon bleu, jeta
dans le récipient de gros morceaux de l'infortuné
quadrupède. Le guide, ses enfants, ses parents,
ses gens, suivaient d'un œil avide tous les bouil-
lons de cette ripopée.

« N'y aura-t-il que cela à se mettre sous la dent ?
dis-je.

— Mais que voudriez-vous donc de plus ? me répondit le Tartare avec un mouvement prononcé de surprise ; on peut manger deux moutons, mais un
cheval ! c'est autre chose ! Je pense même qu'il en
restera un peu pour demain. Gloire à Dieu et à sa
bonté divine ! »

Là-dessus le petit homme se passa la langue sur
les lèvres avec volupté ; l'impatience de son appétit
se réveillait à l'idée seule des délices de ce futur
festin.

Signalons encore, comme détail d'intérieur, une
grande cuiller de fer remplie d'une substance grais-
seuse des moins limpides, et dans laquelle trem-
pait un morceau de coton ; rien de plus lugubre

que la lumière blafarde reflétée par cette lampe
primitive sur le visage empourpré des Kirghiz ;
mais pire encore était l'épaisse fumée qu'elle faisait monter en spirales, au milieu du nuage compacte que dégageait le combustible placé sous la
marmite. De temps en temps, un nouveau membre
de la famille faisait irruption dans la tente, en levant
l'épais morceau d'étoffe tendu en guise de porte.
Sous l'action de ce courant d'air puissant, l'atmosphère, soulevée avec force, s'échappait par l'ouverture pratiquée en haut de la tente, et nous laissait
entrevoir la voûte infinie des cieux, embrasée des
feux de mille astres. Notre œil, perdu dans l'abîme,
ne pouvait se détacher de la rêveuse reine des nuits,
qui, en l'absence du jour, nous envoya sa mélancolique lumière.

Mon hôtesse berçait d'une main un nouveau-né, et
de l'autre remuait du riz qui mijotait sur le feu à
côté du ragoût hippophagique déjà décrit. Sur le seuil
de la tente, mon guide et le domestique tartare se
lavaient les pieds et les mains dans la neige. Le beau-
frère, en vrai maquignon qu'il était, ne cessait de
me répéter que le cheval qu'il me proposait d'acheter était le plus beau des animaux de cette espèce ;
que les autres chevaux, comparés à celui-là, n'étaient
que des mulets dégénérés. Là-dessus, la femme du
guide vint nous annoncer que la viande était cuite à
point, et que tout était prêt pour la fête.

On me servit à part, dans un grand bol, une portion de riz et de cheval. Quant aux Khiviens, ils commencèrent par se mettre en règle avec le ciel, en implorant la bénédiction d'Allah ; puis, plongeant la main dans la marmite, ils en enlevaient des morceaux qu'ils se jetaient ensuite dans le gosier, exactement comme on jette un palet au jeu du tonneau.

Sorcier, magicien, enchanteur, avalant des épées, des serpents ou des flammes, ne sauraient se mesurer, en fait de prestidigitations gastronomiques, avec le beau-frère de mon guide, dont l'œsophage était décidément un véritable gouffre.

Lorsque le chaudron fut vide pour la seconde fois, je crus que tout était fini, mais non ; car c'était à qui ne lâcherait pas prise ; ceintures, écharpes, tout fut desserré jusqu'aux dernières limites du possible ; Nazar, qui se faisait un devoir de manger pour lui et pour moi, gonflait à vue d'œil comme un ballon et soufflait comme un phoque.

Il paraît que l'excès de nourriture produit sur la langue le même effet que l'excès de boisson ; car la parole embarrassée et la voix rauque des Kirghiz contrastaient bien désagréablement avec l'organe clair et métallique de leurs femmes. Comme il n'est pas d'usage qu'elles prennent leurs repas avec leurs seigneurs et maîtres, elles se tenaient debout derrière eux, et leur servaient les meilleurs morceaux.

19

Le guide, afin de me faire honneur dans la personne de Nazar, prenait de temps en temps un morceau grassouillet dans la marmite, puis le tenant un instant à bras tendu, afin que l'assistance fût dûment avertie de ce qui allait se passer, il jetait le susdit morceau dans la bouche de Nazar, qui l'avalait sans la moindre tentative de mastication, cette dernière expression de la gloutonnerie étant en même temps celle de la plus vive reconnaissance.

Je m'imaginais qu'enfin la fête touchait à sa fin ; mais pas du tout ! les convives n'entendaient pas si vite abandonner la partie, et ils continuèrent à faire ripaille toute la nuit ; le guide n'avait qu'à en prendre son parti, il était écrit qu'on ne ferait pas de restes pour le déjeuner du lendemain.

Le matin, je vis arriver successivement de grands chariots de bois chargés de fourrage pour les chevaux des habitants des kibitkas. Là l'aspect du pays se transforme à vue d'œil. Pour la première fois depuis Kasala, de beaux arbres se dressent fièrement devant nous, et forment un heureux contraste avec le long linceul de neige et les broussailles mal venues, dont la vue nous attristait depuis si longtemps. Une bonne provision de foin placée dans un enclos, près du kibitka, me rassure sur la prévoyante administration du guide, que la fonte des neiges ne saurait prendre au dépourvu.

J'appris que je ne pouvais me rendre à Khiva sans
en avoir préalablement reçu l'autorisation du khan,
et qu'il fallait, à cet effet, me faire précéder près de
ce souverain d'une demande en forme de placet.
Cette formalité était, paraît-il, une condition essentielle à la réussite de mon projet. Je m'étais
jusque-là bercé de l'espoir d'aller à cheval jusqu'à
cette ville, de camper *extra muros*, et de venir tous
les jours m'y promener en curieux ; mais, après ce
que m'avait dit le guide, je vis que ce plan n'était
pas praticable.

Mon embarras était grand, je l'avoue, ne sachant
dans quelle langue formuler mon épître. D'un côté,
Nazar était incapable d'écrire en tartare, et, de l'autre, je craignais, en rédigeant cette lettre en arabe,
de manquer à quelques règles d'étiquette dont l'o-
mission eût provoqué le mécontentement du potentat khivien.

Nazar me proposa de confier la rédaction de cette
lettre à un mollah ; je trouvai le conseil bon à
suivre, et je dis à mon guide de m'en fournir le
moyen. A cette fin, il envoya tout de suite chercher un
mollah, qui jouissait, me dit-il, d'un grand renom
épistolaire ; il ajouta que les beautés, les charmes et
les douceurs de son style rappelaient les tendres
bêlements d'un agneau naissant.

Le scribe arriva : grand, anguleux, une épaule
plus haute que l'autre ; ses vêtements trop exigus

avaient été évidemment destinés dans le principe à
un individu d'une taille beaucoup moins élevée. Ses
longs bras émergeaient de ses manches, et laissaient
voir plusieurs pouces de sa peau ; mais de linge, point.
Il fit son entrée dans la tente d'un air grave et suffisant ; chacun se leva respectueusement, témoignant
d'une profonde déférence pour un homme qui,
comme me le dit le guide en se frappant le front,
« en avait plus là qu'eux tous dans leurs occiputs
respectifs ».

Le mollah apporta un encrier de corne, contenant
de l'encre épaisse comme une purée ; il enleva un
des petits couvercles en bois placés de chaque côté
de l'encrier, déplia une feuille de papier, puis
s'accroupit à côté de moi. Il tira ensuite de sa poche,
en guise de plume, un petit calame en bambou.

Un silence absolu régnait dans la tente ; l'assistance suivait d'un œil ébahi tous les mouvements du
mollah. La composition d'une pièce épistolaire est un
événement qui n'arrive pas tous les jours dans un
village tartare. L'individu capable de faire parler le
papier (définition habituelle de l'écriture chez les
peuples sauvages) est regardé comme un puits de
science. Le guide, lui, paraissait beaucoup plus indifférent à ce spectacle. N'était-il donc pas déjà allé
à Kasala ? N'avait-il pas vu des hommes écrire ?
Il y a bien des soldats russes capables d'en faire
autant ! Après avoir dit à mi-voix cette phrase à

nazar, le guide développa un petit morceau de papier qui renfermait du tabac à priser, et en aspira sur le dos de sa main une copieuse dose.

« Que faut-il écrire ? me demanda le mollah. Quel est votre rang ?

— Je n'ai pas de rang particulier, mettez cela de côté.

— Oh ! non, dit le mollah, vous devez avoir un rang quelconque... Êtes-vous polkovnick (colonel) ?

— Non ; simplement kapitan (capitaine). »

Ici le mollah se gratta l'oreille avec sa plume, et, se tournant vers Nazar, murmura tout bas quelques paroles.

« De quoi s'agit-il ? lui demandai-je.

— Il trouve comme moi *kapitan* inadmissible, parce que les kapitans n'inspirent que du mépris aux Khiviens. Ce mot se rapproche du mot tartare kaptan, et n'implique pas l'idée d'un rang ; il tient absolument à polkovnick. »

Pendant ce temps, le mollah avait rédigé une épître des plus fleuries ; Nazar déclara ne rien pouvoir souhaiter de mieux tourné. Toutefois, le mot polkovnick y figurait majestueusement ; le mollah n'avait pas voulu en démordre malgré mes observations ; je lui donnai pour ses honoraires quelques pièces de monnaie, et me promis *in petto* d'écrire une lettre autographe, en langue russe, au khan. Je savais qu'il y avait à Khiva deux ou trois Tartares qui remplissaient le rôle d'interprète, dans ces deux langues alternativement.

Voici la teneur de mon placet :

« Un Anglais, voyageant dans l'Asie centrale, sollicite de Sa Majesté le Khan l'autorisation de visiter sa célèbre capitale. »

« C'est tout à fait insuffisant, me dit Nazar tristement. Réfléchissez donc qu'il n'est nullement question de rang ! Pourquoi donc ne vous donneriez-vous pas à vous-même celui de polkovnick ? Sans cela on ne vous traitera pas en homme de qualité. » Là-dessus le petit homme s'assit par terre d'un air tout découragé et qui semblait dire : « M'aurez-vous assez humilié ! »

Un jeune garçon consentit à partir en avant, porteur de la dépêche ; il fut convenu qu'il se mettrait immédiatement en route, et que la caravane et moi le suivrions un peu plus tard dans la soirée.

On envoya enfin chercher le fameux cheval du beau-frère du guide ; l'animal arriva escorté par tous les habitants du village, chacun d'eux renchérissant sur l'autre, en vantant les mérites de ce quadrupède, sauf les gens qui avaient, eux aussi, des chevaux à vendre. Un certain vieillard, entre autres, mettait tout en œuvre pour attirer mon attention : tantôt il secouait la tête, tantôt il fronçait le sourcil, dès qu'il était bien sûr que le propriétaire du cheval en question ne regardait pas de mon côté. Mais par contre il souriait agréablement, si quelqu'un, excepté moi, rencontrait son regard.

« Il a aussi un cheval à vendre, me dit Nazar ; tenez, regardez là-bas, dans cette direction » ; et il me désignait une rosse boiteuse, qu'en vérité l'équarrisseur eût pu réclamer depuis longtemps. Pas un seul cheval ne remplissait les conditions voulues; celui du beau-frère du guide était borgne ! Le Kirghiz déclara sans rougir que c'était là un détail sans importance, mais il ajouta que si nous voulions aller un peu plus loin, il me ferait voir à un autre kibitka, distant d'environ cinq verstes, des chevaux pourvus de leurs deux yeux. « Oui, oui, s'écrièrent en chœur tous les individus présents, avec deux bons yeux ! » Comme si la nature ne se prêtait que par exception à tant de régularité !

Notre route inclinait alors vers le sud-ouest, dans la direction de la ville d'Ogentch, située à environ vingt-trois verstes de Kalenderhana. Le pays paraissait cultivé avec soin ; d'innombrables canaux coupaient les champs à angle droit et déversaient les eaux de l'Oxus sur tout le pays. Le blé y pousse en abondance, ainsi que le jougouroo, sorte de graminée que les Kirghiz donnent aux chevaux au lieu d'orge.

Bientôt, nous arrivâmes à un autre aul, appartenant également au beau-frère du guide; je commençais à prendre ce personnage en grippe; je crois que l'horreur même qu'il m'inspirait dépassait celle de Weller l'aîné pour sa belle-mère. Je n'avais nul désir de lui acheter un cheval, pressentant que celui qu'il me vendrait ne serait qu'une haridelle, à laquelle je ne tarderais pas à découvrir de gros vices cachés ; mais il ne fallait pas moins en passer par là, si je voulais aller à Khiva ; c'était une de ces pilules qu'on est de temps en temps obligé d'avaler dans la vie, bon gré mal gré. Le guide s'était déjà montré fort mécontent que je n'eusse pas acheté le cheval borgne qu'il m'avait proposé au kibitka que nous venions de quitter.

Cette fois-là, ce fut un cheval gris que l'on m'amena ; le garçon qui le montait commença par faire vigoureusement claquer son fouet, puis il lança l'animal vers un fossé large de dix pieds, qui fut franchi d'un bond. L'appareil visuel de ce noble coursier ne laissant rien à désirer, je me décidai, moi aussi, à sauter le fossé, c'est-à-dire à acheter ledit cheval, en y mettant toutefois pour condition de ne le payer qu'à Khiva. Cette clause ne convenait nullement au guide; il fronça le sourcil, puis dit à Nazar que je pouvais tout aussi bien être un voleur qu'un honnête homme. « Dieu seul le sait ! ajouta-t-il, d'un ton sentencieux ; on ne peut ni nier que vol de chevaux n'ait été commis dans le passé, ni croire qu'il n'en sera plus fait dans l'avenir. »

Là-dessus, je me rebéquai, en affirmant au guide

que dans mon pays les abus de confiance de ce genre étaient moins fréquents que dans le sien, et qu'en résumé, si je voulais voler un cheval, je jetterais mon dévolu sur une bête de meilleure apparence que celle pour laquelle j'étais sur le point de conclure marché avec lui. « Le guide, lui dis-je, sait parfaitement qui je suis, et il ne peut mettre en doute ma parole. » Mais le beau-frère était inflexible ; il craignait, sans aucun doute, que le guide, au lieu de lui remettre la somme convenue, ne l'empochât pour son propre compte. J'achetai aussi une selle et des guides ; puis Nazar, descendant alors de son grand pachyderme, enfourcha mon nouveau quadrupède.

# CHAPITRE XXIX

Un pont, c'est-à-dire de gros morceaux de bois,
des fascines et de l'argile sèche, combinés ensemble
sur un plan des plus élémentaires, nous permet de
traverser un petit cours d'eau large d'environ vingt
yards, connu sous le nom d'Oozek. C'est, paraît-il,
un affluent de l'Oxus. Les berges sont beaucoup
trop élevées pour pouvoir descendre sur la surface
gelée ; après nous être engagés dans un étroit sentier
bordé des deux côtés de grands roseaux, nous arrivons bientôt sur les rives de l'Amou-Darya, fleuve
célèbre que, depuis les jours de mon enfance, je
rêvais d'explorer.

L'Oxus, le fameux Oxus, l'Oxus d'Alexandre, en
un mot, coulait à mes pieds. Chaque rive du fleuve
est reliée à l'autre par un pont de glace transparente
ayant au moins un demi-mille de largeur. C'est là la

ligne de démarcation entre le territoire des indigènes qui payent tribut au Tsar et ceux qui payent tribut au khan. Celui-ci impose à chaque Khivien, par kibitka, une taxe annuelle de onze roubles; celle que les autorités russes prélèvent sur les habitants de la rive droite est de quatre roubles seulement. Les Khiviens qui habitent la ville ne payent pas d'impôt. La plus grande partie des revenus du souverain provient des terres de la couronne et d'une taxe de deux et demi pour cent sur toutes les marchandises qui entrent sur le territoire ou qui en sortent. Mais cette source de revenu est fort compromise depuis que le khan est devenu le vassal du Tsar, et que les marchandises russes ne sont plus soumises à l'impôt.

Avant de traverser l'Oxus, nous mîmes pied à terre un instant près d'un kibitka établi sur le bord même du fleuve. C'était jadis une sorte de poste de douane, où l'on payait des droits sur toutes les marchandises de provenance russe. Quelques Khiviens se chauffaient les mains à la flamme ardente d'un feu de bois; ils venaient d'Oogentch, et allaient faire le négoce à Shurahan, ville située près de Petro-Alexandrovsk, et conquise par les Russes sur le khan. Le type de ces commerçants est très-beau; celui des Tartares et des Kirghiz en diffère entièrement. Le teint basané des Khiviens, leurs grands yeux forment un heureux contraste avec les joues empourprées et les petits yeux des Kirghiz.

Un des marchands reconnaissant, paraît-il, mon nouveau cheval, se prit à rire, en le montrant à ses compagnons.

« De quoi s'agit-il ? demandai-je à Nazar.

— Ah ! il dit que le cheval est une vraie limace ; qu'il butte, etc., etc. Le fait est qu'il s'en est peu fallu qu'il ne tombât tout à l'heure, et moi par-dessus le marché ! Pourvu qu'il ne me casse pas le cou avant d'arriver à Khiva ! »

Un grand nombre d'arbas, voitures ou plutôt carrioles du pays, à deux roues et à un cheval, passent la rivière en même temps que nous ; une caravane composée de nombreux chameaux, appartenant au commerçant dont j'ai déjà parlé, s'y trouve également engagée ; calculez, maintenant, quelle épaisseur de glace exige la pression exercée par le passage de ce matériel roulant et marchant! Mais la densité de cette surface polie peut rivaliser avec celle des routes les mieux empierrées et porter une batterie de dix-huit.

Les Khiviens que nous rencontrons portent presque tous la robe tombant jusque sur les talons ; l'étoffe de ce vêtement est lamée soie et coton ; l'épaisseur de la ouate qui en double l'intérieur oppose une chaleur factice au froid dévorant. La coiffure consiste en un grand bonnet d'astrakan noir, plus élevé même que celui de nos soldats d'infanterie de la garde ; à la selle en bois est attaché un fusil à un coup, mais très-richement orné d'or, d'émaux et de turquoises. L'acier du harnachement et des étriers, astiqué *con amore,* brille comme s'il avait été vernissé.

Les Tartares sont loin de nettoyer et d'entretenir leur harnachement avec autant de soin ; les chevaux sont aussi de race différente ; ils sont beaucoup plus grands que ceux des steppes. La taille moyenne des chevaux khiviens est d'environ un mètre cinquante centimètres. J'en ai même souvent vu qui n'avaient pas moins de un mètre soixante centimètres.

Tout individu que nous rencontrons se montre très-empressé à nous saluer avec la formule de rigueur : *Salam Aaleikom ;* de notre côté, nous nous hâtons de répondre *Aaleikom Salam.* L'inflexion de voix des voyageurs, en s'adressant les uns aux autres le salut d'usage, me remet en mémoire la récitation des litanies, et me transporte tout à coup dans ma patrie absente.

La lumière du jour commence à ne plus jeter sur notre horizon qu'une lueur très-affaiblie ; le guide, se dressant alors sur son cheval, me dit qu'il est d'avis de ne pas continuer notre marche vers Oogentch, mais de nous arrêter à une des maisons qu'on aperçoit sur la route. J'y consentis. Il regarda alors très-scrupuleusement tout le pays environnant.

« Que fait-il ? demandai-je à Nazar.

— Il cherche hôtellerie à son goût, c'est-à-dire une maison dont le propriétaire vive dans un grand

bien-être et soit en situation de nous faire faire
bonne chère ; en un mot, il veut éviter, avant tout,
de tomber chez un homme pauvre, vu que les ar-
moires à provisions y sont toujours vides. »

Les recherches du guide furent enfin couronnées
de succès, car nous nous arrêtâmes devant une maison grande et solidement construite en argile sèche.
De grandes portes en bois, avec une lourde monture en fer, donnent accès à cette habitation. Le guide
frappe à une de ces portes avec le manche de son
fouet. Un vieillard tout courbé sous le poids de l'âge
s'avance et nous demande ce qu'il y a pour notre
service.

« Nous sollicitons un abri pour la nuit », répon-
dîmes-nous sans circonlocution.

Là-dessus, le vieillard appelle ses domestiques
avec un empressement qui prouve combien nôtre
demande lui semble naturelle ; eux, de leur côté,
répondent comme par enchantement à sa voix, prennent mon cheval, et m'aident à mettre pied à terre.

Ce que nous avions pris pour une maison n'était
qu'une sorte de grande tour carrée, entourée de
quatre grands murs. Le corps du logis était élevé à
l'intérieur des portes, et construit, comme le reste,
en torchis. Une autre cour du même genre, mais
plus petite, entoure les communs et les dépen-
dances, lesquels donnent accès, à leur tour, à l'habitation particulière de notre hôte et de sa famille ;

une porte placée du côté opposé à cette partie de la
maison conduit au harem et aux autres appartements
privés. Mon hôte donna l'ordre à ses gens d'avoir un
soin tout particulier de nos quadrupèdes ; voyant Nazar
occupé à décharger des sacs d'orge placés sur le dos
des chameaux, il lui fit signe de cesser. « Vous êtes
mes hôtes, lui dit-il : les hôtes sont l'annexe de la
famille ; ainsi donc, tant que vous serez sous mon
toit, vous ne devez vous préoccuper de rien ; je sau-
rai pourvoir à tous vos besoins. » Appelant ses gens,
il leur recommanda de nouveau de donner à nos
animaux de l'orge à pleine mangeoire.

On m'introduisit ensuite dans une chambre fort
élevée, réservée pour les grandes occasions et pour
les étrangers ; une des extrémités de la pièce était
recouverte d'épais tapis ; c'était la place d'honneur
destinée aux visiteurs ; au milieu, là où il n'y
avait pas de tapis, était un âtre de forme carrée,
rempli de charbon, entouré d'une sorte de petite
grille qui tenait lieu de garde-feu, et sur laquelle
était placé un récipient de cuivre, sorte d'aiguière,
forme Pompéi, ciselé avec art ; le long cou de cygne
de cet élégant ustensile donnait aux domestiques
toute facilité pour verser de l'eau, avant les repas,
sur les mains des hôtes. De l'autre côté du foyer,
une cavité de trois pieds de profondeur était pratiquée dans le sol ; on y arrivait en descendant deux
marches ; des tuiles de couleurs variées entouraient

cette cavité. Cet endroit, destiné aux ablutions, met les autres parties de l'appartement à l'abri des dégâts aquatiques.

Comme fenêtres, deux étroits linteaux, ayant chacun deux pieds de longueur, sur six pouces de largeur; comme persiennes, un treillage de bois. Il n'y a pas de vitres, l'usage du verre étant très-peu répandu dans ces contrées. Des clous pour suspendre les hardes tiennent lieu de portemanteau. A l'autre extrémité de cette pièce, on a jeté sur le sol des lambeaux d'étoffe grossière pour mes gens.

L'hôte fit alors son entrée, portant un grand plat de terre dans lequel il y avait du riz et du mouton; ses domestiques venaient ensuite avec des paniers remplis de pain et d'œufs bouillis; n'oublions pas de mentionner aussi du lait dans un pichet, et surtout un plateau sur lequel se prélassait un melon pesant au moins vingt-cinq livres! On déposa tous ces plats à mes pieds. J'étais assis sur le tapis, la tête appuyée sur un coussin de soie aux riches et chatoyantes couleurs, que mon hôte avait apporté à mon intention. Lorsque tous ces mets furent placés autour de moi, mon amphitryon s'inclina profondément, en me demandant la permission de se retirer; il fit ensuite quelques pas en arrière, et alla s'asseoir près de Nazar et du guide. Ceux-ci jetaient un coup d'œil de convoitise ardente sur les victuailles dont j'étais entouré. Cette abondance offrait en effet un grand contraste avec notre ordinaire depuis treize jours.

Je fis alors signe à mon hôte de se rapprocher et de s'asseoir à côté de moi ; il obéit à mon injonction avec un air de profonde humilité ; car tout Asiatique croit de son devoir, en semblable occurrence, de remplir lui-même l'office de serviteur près des gens qu'il reçoit.

La grosseur extraordinaire, le parfum exquis, la fraîcheur charmante dudit melon me furent une surprise véritablement délicieuse. Le climat est si sec que, pour conserver ces cucurbitacés, les Khiviens sont obligés de les garder à une température de deux degrés au-dessus de zéro ; dès que la gelée les atteint, ils perdent toute leur saveur, et ne sont plus présentables. Ces melons jouissent d'un grand renom dans tout l'Orient. Autrefois on en envoyait jusqu'à Pékin à l'empereur de la Chine ; quelques-uns atteignent même un poids de quarante livres ; ils ont une telle sapidité qu'une personne qui ne connaîtrait que les melons de notre Europe aurait peine, en les goûtant, à retrouver trace de parenté entre les membres éloignés de cette même famille.

Mon hôte, ayant surmonté son embarras, me fit de nombreuses questions sur les contrées que j'avais visitées ; il s'imaginait que l'Angleterre est à l'est de Khiva ! Les connaissances géographiques des indigènes sont très-limitées, et l'Hindoustan et l'An-

gleterre ne font presque toujours à leurs yeux
qu'un seul et même pays.

«Ainsi donc, me dit-il, vous avez mis treize jours à
venir de Kasala ici. Louanges soient rendues à Dieu
qui vous a permis de passer ce désert en sûreté.
Avez-vous des chameaux dans votre pays ?

— Non, répondis-je, mais nous avons des convois
d'arbas (véhicules des naturels) avec des roues de
fer qui glissent sur de longues bandes de fer posées sur le sol.

— Les chevaux les font-ils marcher vite?

— Ce mode nouveau de transport n'est pas mû
par les chevaux, qui d'ordinaire font rouler les voitures. Nous avons inventé un cheval artificiel, un
cheval de fer; nous remplissons ses entrailles d'eau,
et nous mettons le feu dessous. La vapeur a une
puissance immense ; impatiente, elle mugit, et
s'échappe par saccades de l'estomac du cheval, en
faisant tourner de grandes roues que nous lui avons
données au lieu de jambes. Ces roues glissent sur les
bandes de fer fixées sur le sol, et le cheval, que nous
appelons locomotive, marche comme le vent, re-
morquant une longue file de lourdes voitures. Ces
véhicules sont établis en bois et en fer ; ils ont quatre
roues, et non pas deux comme vos arbas ; le coursier de fer marche à une telle vitesse, que si votre
khan en possédait un de cette espèce, il pourrait
aller à Kasala en une journée.

— Cela tient du miracle ! » s'écria le Khivien lorsque Nazar lui eut traduit cette description plus ou
moins technique. Mon domestique, qui n'avait jamais vu de chemin de fer, semblait, du reste,
également peu disposé à croire à la possibilité de
faire cinq cents verstes en un jour.

Le guide, lui, qui était assis de l'autre côté de
l'âtre, les pieds dans la cavité que j'ai décrite plus
haut, déclara que son beau-frère avait les meilleurs
chevaux des steppes, mais qu'ils ne sauraient parcourir cette même distance en moins de dix jours.
Alors comment se peut-il faire qu'un cheval de fer,
ayant des roues au lieu de jambes, puisse fournir
cette course en vingt-quatre heures ? Si l'animal locomotive fend en réalité l'air avec la rapidité foudroyante qu'on veut bien le dire, cette création
du génie moderne prouve que ses inventeurs sont
des sorciers non moins versés dans les philtres et les
charmes que l'homme qui avait avalé une épée à
Kasala. Après tout, il pouvait y avoir quelque
chose de vrai là dedans, car ce n'était pas la première fois qu'il entendait parler de cette invention
nouvelle.

Le guide regardait avec un profond dédain les
domestiques de notre hôte, pour lesquels nous étions
un véritable objet de curiosité. Ceux-ci, moins favo-
risés que le guide, n'avaient pas voyagé..... Pour
les Khiviens, être allé à Kasala, et en être revenu,

constitue des droits incontestables au titre de voyageur.

Nazar, qui n'entendait pas se laisser distancer par le guide, prit alors la parole :

« En Russie, dit-il, on a des fils métalliques qui parlent ! Moi, j'ai vu cela, de mes propres yeux vu. Ces fils sont suspendus à des poteaux fort élevés, placés de distance en distance, sur d'immenses espaces. Tout habitant de Sizeran peut faire facilement ainsi la conversation avec ses amis d'Orenbourg. Il se place à l'extrémité du fil, tourne un ressort, au moyen duquel les signes de convention qui composent la phrase transmise arrivent presque aussi vite à Orenbourg que si vous adressiez de vive voix la parole à votre ami.

— Moi aussi, dit l'hôte, j'ai entendu parler de cette invention merveilleuse ; un négociant, qui traversa le pays il y a deux ans, me dit que, grâce aux fils qui mettaient ainsi en communication Saint-Pétersbourg et Tashkent, le tsar blanc pouvait communiquer de sa capitale avec les troupes en garnison à Tashkent. Il m'apprit également qu'il était question d'établir un fil de fer parlant jusqu'à Petro-Alexandrovsk, lequel fil nous permettrait de savoir ce qui se passe à Kasala, et de connaître le prix du coton à Orenbourg, sans avoir besoin de le demander par lettre. »

La soirée était déjà assez avancée ; nous tombions

littéralement de fatigue et de sommeil. L'hôte s'en aperçut heureusement, et se retira. Nazar, le guide et le chamelier rapprochèrent alors du feu un tapis sur lequel ils se jetèrent tout de leur long, et s'endormirent instantanément.

Le lendemain matin, je me demandai, en ouvrant les yeux, comment je pourrais reconnaître l'hospitalité que notre hôte m'avait si cordialement offerte. D'après les réponses que l'on me fit sur ce point, je vis qu'il était d'usage de faire un cadeau à son hôte, difficulté très-simplifiée par la nature même du présent, qui n'est autre qu'une certaine quantité de roubles destinés à faire rentrer l'hôte dans ses déboursés. C'est une méthode universellement adoptée dans l'Asie centrale, où l'on ne trouve ni hôtellerie ni caravansérail régulièrement organisés. Il en résulte que les Khiviens ne courent aucun risque en obéissant à l'injonction du Prophète sur le chapitre de l'hospitalité, bien sûrs que leurs hôtes ne partiront jamais sans les indemniser de leurs débours.

# CHAPITRE XXX

Oogentch. — La ville. — Le bazar. — Une boutique de barbier. — Ces infidèles ont d'étranges coutumes. — Dieu veuille qu'on ne vous coupe pas le cou. — Déjeuner avec le marchand khivien. — L'Inde est une source de richesse aux yeux des Russes qui résident à Tashkent. — Il existe plusieurs routes pour aller dans l'Inde. — Un fort à Merve. — Le canal Sabbalat. — Le pont. — Le cimetière. Les tombeaux. — Scènes de carnage. — Qui a commencé la guerre? — Le canal Kazabat. — Shamahoolhoor. — Un chasseur. — Vous n'avez pas de femme ? — Un fusil qui se charge par la culasse. — Le khan n'a plus de soldats.

Nous voilà enfin à quatre verstes environ d'Oogentch, la première ville que le voyageur rencontre sur le territoire khivien, en allant de Kalenderhana à la capitale. Le pays est si plat que, n'étaient les centaines de digues qui le traversent de tous côtés, je me croirais encore sur les steppes. La neige, qui avait également presque disparu pendant que nous franchissions le défilé des montagnes de Kasantor, était épaisse et floconneuse sur le sol. Le froid, malgré la latitude où nous nous trouvions, avait repris ses impitoyables droits.

De tous côtés, on apercevait d'immenses jardins

entourés de murs; à mesure que nous avancions vers la ville, nous découvrions de grandes maisons carrées semblables à celles où j'avais passé la nuit. Si les Khiviens eussent eu des armes et un chef habile, il est probable que les Russes ne fussent pas entrés à Oogentch. Chaque jardin entouré de murs fût devenu une position fortifiée, et quelques hommes résolus eussent eu facilement raison des envahisseurs.

Oogentch, à en juger par les centaines de chariots chargés de blé et d'autres céréales qui encombrent la route, doit être un entrepôt de commerce considérable. La longue file de chameaux qui transportent vers ce marché des produits provenant de toutes les autres parties du khanat ne forme, à l'œil, qu'une seule et même caravane. Elle s'étend sur un mille au moins de longueur et se dirige lentement vers la ville, qui est renfermée dans une enceinte de fortifications faites en torchis. Mais le temps a fait plus d'une brèche à cet ouvrage, et parfois le fossé est entièrement comblé par des décombres détachés de ce rempart.

Les indigènes me regardent avec une curiosité des plus vives, comme nous traversons les rues étroites de la ville; ma capote de peau de bête est chose tout à fait inconnue dans ces régions; aussi arrête-t-on le guide pour lui demander si je ne suis pas Russe.

«Non, répondit le guide; c'est un Anglais. »

Cette nouvelle produit la meilleure impression sur les Khiviens, qui sont loin d'être très-favorablement disposés à l'égard de leurs vainqueurs.

Le bazar à travers lequel nous passons est situé dans une rue étroite, couverte de chevrons et de nattes destinés à protéger les vendeurs et les acheteurs des rayons du soleil pendant les mois d'été. Des raisins, des fruits secs, des melons provoquent les regards des amateurs. Les échoppes de ce bazar ne sont, en réalité, que des niches ou plutôt des enfoncements creusés dans le mur; ni fenêtres, ni persiennes ne les isolent de la rue. Le marchand se tient généralement au milieu de sa boutique, le plus près possible du brasero placé devant lui. Un peu plus loin, des hommes battent des feuilles de cuivre et leur font prendre les formes les plus élégantes. Des étoffes de coton, de tissus très-variés et hautes en couleur, sont enlevées à vue d'œil. D'épais écheveaux de soie, aux couleurs vives et filés dans le pays, sont livrés en échange de billets de banque russes, aussi facilement qu'à Saint-Pétersbourg même. De temps en temps, souvent même, des formes gracieuses passent mystérieusement près de nous; ces filles d'Ève nous jettent un regard furtif à travers un petit coin de leur voile, car, à Khiva, le beau sexe ne se montre pas à visage découvert comme chez les Kirghiz. Les femmes suivent, à cet égard, au pied de la lettre, les prescriptions du Prophète.

Comme j'espérais atteindre Khiva, soit dans l'a-près-midi, soit le lendemain, je tenais à faire mon entrée dans la capitale fraîchement rasé et non avec une barbe de treize jours de date. Je dis donc à Nazar de s'informer s'il ne se trouvait pas un barbier dans le voisinage. Le bruit qu'un Anglais désirait se faire raser se répandit dans la ville avec la rapidité de l'éclair. Un jeune garçon vint m'offrir de me mener chez le barbier; trois ou quatre cents personnes nous y suivirent. L'idée de me faire raser le menton et non le crâne était pour les naturels un sujet d'étonnement prodigieux, mais facile à comprendre quand on sait que la boîte osseuse des Khiviens ressemble à un bloc de marbre bien poli.

«Monsieur, de grâce, faites-vous tondre le cuir chevelu, me disait Nazar; ce sera si joli! Voyez ma tête ! »

Et, là-dessus, il enleva sa toque et m'exposa son crâne à nu.

Si j'eusse été parfaitement sûr d'un reboisement rapide, j'aurais cédé, je crois, aux instances de mon petit serviteur; mais, ne désirant pas revenir à Londres coiffé à la Nazar, je tins bon et gardai ma chevelure intacte.

Arrivés devant l'échoppe du barbier, nous mîmes pied à terre; je m'assis dans le renfoncement à côté du sacrificateur; la foule grossissait sensiblement; tout le monde savait qu'un Anglais était arrivé dans

20

la ville et qu'on allait le raser. Mollahs, chameliers, marchands, en proie à une curiosité fébrile, se
donnaient des coups de coude à qui mieux mieux
pour se rapprocher de la scène et des acteurs. Le
visage basané et réfléchi des indigènes ressortait,
illuminé de curiosité, de la fourrure noire de leurs
bonnets d'astrakan. Bientôt je me dis que si le fana-
tisme oriental est tel qu'on l'affirme, le barbier
pourrait bien saisir cette bonne occasion d'affirmer
sa foi aux yeux d'Allah et de ses propres concitoyens
en tranchant la tête au chien d'infidèle qui lui était
tombé sous la main.

Il n'y avait pas un seul Russe à Oogentch, pas une
seule autorité en dehors des mollahs, qui devaient
naturellement maintenir leur zèle au moins au niveau
de celui de la population. La phrase que m'avait
adressée le gouverneur de Kasala revenait sans cesse
à ma pensée : « Si vous allez à Khiva sans escorte,
le khan vous fera probablement arracher les yeux ou
enfermer dans un donjon. »

Mais à quoi bon ces retours sur l'inexorable passé ?
Le dé en est jeté; me voilà bel et bien sur le territoire khivien ! Le barbier repassait son instrument
tranchant... une longue lame sans manche, qui lui
tenait lieu de rasoir. En face de l'échoppe, la rue
fourmillait littéralement de monde; les individus
qui, étant aux derniers rangs, ne voyaient pas aussi
bien qu'ils le souhaitaient, faisaient signe de s'as-

seoir aux spectateurs placés devant eux afin que personne ne perdît rien de ce qui se passait. La curiosité du public n'avait d'égale que la mienne ; cette scène étrange et pittoresque m'intéressait à plus d'un titre. Tous les yeux étaient braqués sur le même objectif, c'est-à-dire sur moi ; quelques femmes, même en dépit de la loi, s'étaient arrêtées en passant et épiaient avec non moins d'intérêt que les hommes tous mes faits et gestes. Eussé-je été condamné au dernier supplice et sur le point d'être exécuté, je suis sûr que ce drame n'eût pas plus passionné les spectateurs. « Est-il donc vrai qu'on va lui raser le menton ? — Que fera-t-il ensuite ? — On lui coupera peut-être les moustaches ? — Qui sait ? — Dans tous les cas, ces infidèles ont d'étranges coutumes ! » La surexcitation de la foule redoublait ; mon petit Tartare semblait fort inquiet ; il n'avait pas compté sur un tel rassemblement, et me disait : « Dieu veuille qu'on ne vous coupe pas la gorge, car mon tour pourrait bien venir ensuite ; qu'Allah nous protège et nous délivre d'un tel danger ! Faites-vous raser l'occiput, et le public sera satisfait. »

A ce moment, le barbier met le pouce sale de sa main gauche dans ma bouche et brandit son rasoir en l'air. Notez qu'on ne se sert pas de savon, mais d'eau simplement. Dans les conditions même les plus favorables, c'est-à-dire le menton bien recrépi d'une épaisse couche de mousse de savon, et avec un

rasoir de la meilleure trempe, se faire abattre une
barbe de quinze jours n'est rien moins qu'agréable.
Mais à Oogentch c'était une opération tout à fait douloureuse, car le rasoir, mal affilé, extirpait plutôt le
poil qu'il ne le coupait. Ce mode inattendu d'éla-
gage amusait fort le populaire ; le clignement
d'œil que m'arrachait chaque nouvelle torture avait
un succès de rire universel ; mais lorsque le barbier, troublé par tout ce brouhaha, me fit une
balafre bien apparente sur la joue, l'hilarité du
public devint tout à fait scandaleuse.

Enfin l'opération était achevée ; mon menton se
trouvait dégagé, et je me disposais à quitter la
boutique, lorsqu'un marchand, s'avançant vers moi,
me pria en russe de déjeuner avec lui ; j'entrai
donc dans son échoppe , là où ses marchandises
étaient étalées. Il souleva ensuite une tenture suspendue dans un coin obscur, se baissa, puis me pré-
céda dans un corridor aboutissant à une pièce assez
spacieuse où se réunissait la famille. Là, la femme
du marchand, assise près d'un feu de charbon, surveillait quelque ragoût innomé. Comme elle n'attendait âme qui vive, son visage était découvert ; mais,
dès qu'elle nous aperçut, elle saisit vivement un pan
de son châle de cachemire blanc sous lequel elle se
cacha le visage. Cette femme, plutôt déplaisante que
jolie, n'eût su faire la moindre impression sur nous ;
mais la Khivienne, pensant sans doute que prudence

est mère de sûreté, s'esquiva et alla se réfugier dans le harem, séparé par une tenture épaisse de la pièce que nous occupions.

Voici le menu du déjeuner qu'on m'offrit : un mets composé de petits morceaux de faisans rôtis, accompagné d'une sauce légèrement acidulée et entouré d'une épaisse muraille de riz; comme second et dernier plat, une friture de poissons ressemblant à des goujons. Tout le temps du repas, mon amphitryon me harcela de questions; il ne soupçonnait pas qu'il existait une route par eau entre l'Angleterre et l'Inde; il croyait qu'il fallait passer par la Chine pour aller de l'une à l'autre. Il savait, par contre, que l'Angleterre et l'Inde sont deux pays distincts; preuve que son ignorance géographique était moins épaisse que celle du Khivien chez qui j'avais passé la nuit la veille.

Mon hôte avait résidé quelque temps à Tashkent; là, il avait appris le russe. Il était allé également à Bokhara, ce qui l'avait mis en relation avec des négociants de Caboul et de Lahore. Jusqu'ici, dans tout le cours de ses pérégrinations, il n'avait pas rencontré d'Anglais, et il se félicitait de l'occasion que mon passage lui offrait. Sa grande préoccupation était de savoir s'il y avait ou non des probabilités de guerre entre l'Angleterre et la Russie. L'éventualité d'un conflit, me fit-il observer, paraît inévitable à Tashkent, les Russes parlant toujours

20.

de l'Inde comme d'une mine d'or qui leur permettrait de remplir leur bourse vide.

« Comment pourront-ils se rendre dans l'Inde ? lui dis-je. N'existe-t-il pas de hautes montagnes qui barrent le chemin ? Puis, outre la difficulté d'y arriver, qui sait si nous leur permettrions d'en revenir?

— Il existe plusieurs routes, me dit-il; les marchands vont de Bokhara à Caboul en seize jours pendant la saison d'été; il y a encore une autre voie par Merve et Hérat; celle-ci est fermée, à l'heure qu'il est, par les Turcomans, mais il est bien probable que les Russes l'ouvriront quelque jour, et qu'ils feront construire un fort à Merve. Vous avez de bonnes troupes dans l'Inde, me dit-il, mais nous savons que les naturels ne vous aiment guère et qu'ils attendent les Russes comme des libérateurs.

— Et vous, repris-je, les aimez-vous?

— Passablement; ils achètent mes marchandises lorsque je suis à Tashkent, et laissent parfaitement tranquilles les gens dans ma situation. Si j'étais riche, ce serait autre chose; mais alors j'aurais entre les mains un moyen d'action tout-puissant sur eux. L'argent est un métal bien actif lorsqu'il s'agit d'avoir raison des colonels russes, et il faut avouer que les généraux eux-mêmes ne sont pas beaucoup plus fiers que les colonels sous ce rapport.

— Étiez-vous à Khiva lors de l'invasion? lui demandai-je.

— Non, j'étais à Tashkent, et nous ne croyions pas que les Russes iraient jamais là. Quels cruels souvenirs! ajouta-t-il. Que de victimes! Que de sang répandu! Que de femmes, que d'enfants massacrés! Ah! quel épouvantable fléau que la guerre!

— Peut-être nous rencontrerons-nous, un jour ou l'autre, dans l'Inde, lui dis-je, et alors ce sera à mon tour de vous donner l'hospitalité.

— A condition toutefois que les Russes ne s'y opposent pas, reprit cet homme. Mais, lorsqu'ils seront dans l'Hindoustan, ils ne vous laisseront pas grand'chose à prendre; les officiers ici sont passés maîtres dans l'art de tondre un œuf. »

Nazar parut à ce moment; il m'avertit que les chevaux étaient prêts et que le guide m'attendait pour continuer notre voyage. Je remontai à cheval et partis pour la ville. En suivant cette route, je vis qu'elle était bordée de chaque côté par des garde-fous de boue sèche, ayant environ quatre pieds de hauteur. Les champs étaient divisés entre eux par des fossés qui servaient de limites aux propriétés. A neuf verstes environ d'Oogenth, nous traversâmes un canal connu sous le nom de Sabbalat. Il était recouvert d'un pont d'une rusticité primordiale : des pieux enfoncés dans la boue tenaient lieu de piles; le tablier était composé de planches sur lesquelles on avait jeté de la terre. Ni garde-fou, ni mur d'appui n'y protégeaient le voyageur contre le danger de se

laisser choir dans l'eau, laquelle se trouvait à douze
pieds au-dessous. Un homme nerveux ou un cocher
ivre ferait bien de ne pas s'aventurer sur ce pont
par une nuit obscure.

Nous suivons dorénavant une route dépourvue de
talus de chaque côté ; ce sentier sablonneux passe à
travers un pays inculte; bientôt nous arrivons à un
cimetière où des tombes construites en terre sèche
ont une diversité d'aspects qui relève exclusivement de la fantaisie des parents des défunts. Des
étendards blancs, suspendus à des poteaux hauts de
dix à douze pieds, flottent au-dessus de quelques
tumulus, pour honorer sans doute quelques guerriers
ou personnages d'un rang élevé, dont on tient à
perpétuer la glorieuse mémoire. A côté de ceux-ci,
des monticules, sans autre décoration funéraire
qu'une végétation envahissante, indiquent le lieu
de repos des trépassés d'humble condition.

Non loin de cette enceinte funéraire se trouvait
une petite habitation occupée par un mollah chargé
d'entretenir le cime ière et de prier pour les défunts. Un jeune homme s'avança vers nous ; il me
présenta quelques fruits secs et du thé, me demandant de mettre pied à terre et m'offrant l'hospitalité
avec un empressement très-cordial.

N'ayant pas de temps à perdre, je commençai par
aller visiter avec le mollah ce funèbre champ du
repos; peu à peu la conversation glissa sur cette

fatale guerre, qui a laissé dans le pays de si douloureux souvenirs.

Il me raconta les scènes sinistres qui avaient accompagné l'invasion slave, et lorsqu'il sut que je
n'étais pas Russe, il accabla les envahisseurs de malé-
dictions passionnées. « N'ont-ils pas, disait-il, l'im-
pudence de prétendre que nous avons été les agresseurs, tandis que ce sont eux qui emprisonnaient nos
marchands à Kasala afin de provoquer le khan ! Notre
temps est fini ; c'est l'infidèle qui triomphe ! »

Nous nous remîmes en marche ; après avoir parcouru sept verstes, nous traversâmes un autre canal
appelé Kazabat. Le jour commençait à tomber ; le
messager que j'avais envoyé à Khiva ne reparaissait
pas. Nous fîmes halte près d'un village appelé
Shamahoolhoor ; là, le guide n'eut même pas besoin
de solliciter l'hospitalité. Un bel homme à la physionomie gaie et franche, aux yeux brillants, au teint
d'une chaude couleur, me demanda courtoisement
de venir passer la nuit chez lui. C'était évidemment
un homme plus riche que celui chez qui nous avions
fait halte la veille ; la chambre destinée aux hôtes,
quoique installée de la même façon, avait de beaucoup plus vastes dimensions, et les tapis étaient
presque luxueux.

Ce Khivien était un ardent chasseur. Il possédait
de nombreux faucons ; cet oiseau de proie tient une
grande place dans les plaisirs cynégétiques des indi-

gènes. On l'élève, on le dresse pour la chasse au
lièvre ou au *saigak*, espèce d'antilope. Le faucon
plane sur la tête de sa victime, la frappe entre les
yeux, et l'animal, tout étourdi, ne sachant plus où se
réfugier, devient facilement la proie des chiens.

« Ne chassez-vous pas de cette façon dans votre
pays? me demanda mon hôte.

— Non, nous chassons le renard, mais seulement
avec des chiens que nous suivons à cheval.

— Vos chevaux ressemblent-ils aux nôtres?

— Non, ils sont généralement plus vigoureux;
l'encolure, le poitrail sont plus puissamment mus-
clés. Mais si leur vélocité dépasse celle de vos chevaux lorsqu'il s'agit de fournir une course rapide,
je ne les crois pas capables de supporter d'aussi longues fatigues.

— Que préférez-vous de votre cheval ou de votre
femme?

— Cela dépend de la femme », répondis-je.

Le guide, se mêlant à la conversation, dit alors
qu'en Angleterre nous ne vendions ni n'achetions
nos femmes, et que je n'étais pas marié.

« Est-ce possible ! Vous n'avez pas de femme?

— Non. Comment pourrais-je voyager, si j'en
avais une?

— Vous la laisseriez chez vous et vous l'enfer-
meriez comme font nos marchands lorsqu'ils
voyagent.

— Dans mon pays, on ne met pas les femmes sous clef.

— Vraiment! Comment peut-on avoir en elles une telle confiance? Quelle imprudence d'exposer ainsi aux tentations de pauvres créatures qui se laissent si facilement entraîner à mal! Mais si l'une d'elles est infidèle, que fait son mari?

— Il va trouver notre mollah, qu'on appelle juge, obtient l'autorisation de divorcer et épouse une autre femme.

— Comment! il ne tue pas la femme qui l'a trompé?

— Non certes, car il est plus que probable qu'on le tuerait ensuite.

— Ah! quel pays! Nous sommes bien plus logiques à Khiva! »

Le prix des chevaux en Angleterre était pour le guide un sujet d'étonnement prodigieux.

« Comment les pauvres peuvent-ils faire? me dit-il.

— Eh bien! ils marchent », lui répondis-je; mais il n'en crut mot.

Un peu plus tard dans la soirée, j'ôtai de son étui mon fusil rouillé pour le nettoyer; l'hôte examina cette arme très-minutieusement; la rapidité avec laquelle on pouvait charger et tirer lui semblait tenir du prodige.

« Ah! dit-il avec un soupir, si nous avions eu seu-

lement quelques-uns de vos fusils pour nous défendre, les Russes ne seraient jamais entrés ici ; les
armes du khan ne sauraient être comparées à ce
spécimen. »

Mon hôte me montra son fusil, muni d'un canon
de cinq pieds de long ; on y adaptait une petite tige
pour le fixer sur le sol et assurer ainsi la justesse
du tir.

« C'est une bonne arme, me dit-il, quoiqu'elle ne
vaille pas la vôtre, car il faut au moins cinq minutes
pour la charger, plus une minute pour tirer. Les
Russes avaient tué vingt hommes avant que j'eusse tiré
un seul coup de fusil ! C'en est fait des forces militaires
de notre khan ; le Tsar lui a arraché les armes des
mains pour longtemps, sinon pour toujours ! »

# CHAPITRE XXXI

Le lendemain, nous rencontrâmes, dans la matinée, l'individu que j'avais chargé, la veille, d'aller porter ma lettre au khan. Il était accompagné de deux Khiviens de distinction; l'un d'eux me dit, en me saluant profondément, que Sa Majesté, après avoir lu mon placet, les avait dépêchés pour me faire escorte et pour me dire que je serais le bienvenu dans sa capitale.

Enfin, nous approchions du but! J'apercevais Khiva derrière un rideau d'arbres, dont l'épais couvert me laissait cependant voir quelques minarets peints et des dômes recouverts de tuiles multico-

21

lores. Des vergers entourés de murs hauts de huit à
dix pieds et de longues lignes de mûriers s'offraient
de tous côtés à nos yeux.

Les deux Khiviens ouvraient la marche; je les
suivais immédiatement; j'avais endossé ma pelisse
de fourrure noire au lieu de ma capote de peau de
mouton, afin d'inspirer aux habitants de Khiva une
plus haute opinion de ma grandeur. Nazar, monté
sur le cheval qui buttait, formait l'arrière-garde. Il
crut devoir dire au chamelier d'aller rejoindre par
derrière le messager et la caravane. Mon petit secrétaire prétendait que, puisque l'importance d'un
homme se traduit par le nombre de ses quadrupèdes, il valait mieux ne pas étaler ma pauvreté
sous ce rapport et renoncer complétement à faire
caravane. Enfin, nous entrâmes dans la ville, carré
long entouré d'une double enceinte de murailles.
Cette première ligne de défense a environ cinquante pieds d'élévation; le soubassement de la
partie inférieure de la construction est en brique et
la partie supérieure en argile sèche. La ville est
située dans l'intérieur, à un quart de mille environ,
de ce mur d'enceinte. Quatre grandes portes mas-
sives, aux crampons de fer, défendent l'entrée de la
place, l'une au nord, l'autre au midi, la troisième à
l'est et la quatrième à l'ouest; mais, auprès de ces
portes, les murs tombent en ruine en plus d'un
endroit.

La ville est, comme je l'ai dit plus haut, entourée d'une seconde enceinte moins élevée que la précédente ; au pied de celle-ci est une tranchée à moitié comblée par des décombres ; l'espace qui se trouve entre ce mur et la tranchée sert aujourd'hui de cimetière. On y voit des centaines de tombeaux. Entre les deux murs d'enceinte se tient le marché ; c'est là qu'on s'approvisionne ; on vend toute sorte de denrées, et, outre des denrées, des bestiaux, des chevaux, des moutons, des chameaux. C'est aussi un lieu de refuge pour les charrettes chargées de blé et de foin.

Ici, une solive d'un sinistre aspect a été érigée ; c'est le poteau sur lequel on pend les voleurs ; d'autres châtiments sont réservés aux meurtriers. Le dernier supplice des assassins est bien autrement hideux ; on leur ouvre la gorge de part en part, comme à un vil animal. Je dois dire que la plupart des actes sanguinaires qu'on met sur le compte du khan sont purement fictifs ; ils ont été inventés par l'imagination moscovite en quête d'un fait dont elle puisse se faire un grief et un prétexte pour s'approprier le bien d'autrui. La peine capitale, au contraire, n'a jamais été appliquée que lorsque les lois ont été violées, et il est sans exemple que le khan ait fait exécuter personne arbitrairement.

La ville est donc défendue par la double enceinte ci-dessus mentionnée et par seize canons ; ceux-ci,

n'ayant que des boulets pleins et pas d'obus, restèrent sans effet contre les Russes. Le khan a, par
malheur pour lui, négligé de profiter du moyen de
défense que lui offraient les jardins clos de murs
disséminés dans la ville; il eût peut-être suffi de
transformer chacun d'eux en position fortifiée pour
avoir raison de l'invasion et enrayer la conquête.

Il est difficile de se rendre compte du nombre des
habitants d'une ville orientale en chevauchant à l'en-
tour. Cependant, j'évalue la population de Khiva à
trente-cinq mille habitants environ. Les rues sont
larges et propres; les maisons des riches, construites en briques vernies et en tuiles bariolées,
frappent d'autant plus l'œil que le cadre sombre
qui les entoure sert à les mettre en relief. Il existe
neuf écoles dans la ville; les plus nombreuses, qui
comptent environ cent trente élèves, ont été fondées
par le père du khan. Ces édifices sont voûtés et sur-
montés de dômes recouverts de briques peintes; l'aspect éblouissant des coupoles sollicite tout d'abord
l'œil du voyageur qui approche de la ville.

Nous traversâmes ensuite un bazar en tout point
semblable à celui d'Oogentch. Une charpente en chevrons, recouverte de nattes, posée en travers de la rue,
défend marchands et chalands des rayons du soleil.
Une foule compacte nous suivait, chacun m'approchant et me regardant avec une curiosité si auda-
cieuse que les deux Khiviens qui me faisaient escorte

durent user énergiquement de leur fouet pour me conserver mes coudées franches. Les Khiviens, désirant sans doute me donner une très-haute idée de l'étendue de la ville, me firent faire mille circuits avant d'arriver à la porte de mon compagnon. Des serviteurs s'empressèrent de venir prendre nos chevaux ; les Khiviens mirent pied à terre, nous saluèrent profondément, puis franchirent les premiers la porte d'entrée, qui était en bois massif. Nous nous trouvâmes dans une cour carrée non couverte ; des colonnes y soutenaient une terrasse d'où l'on domine une fontaine ou plutôt un bassin. L'aspect de cette cour rappelle celui du *Patio* dans la maison d'un riche à Cordoue ou à Séville. Nous entrons par une porte un peu plus basse que celle que j'ai déjà décrite, mais en tout autre point semblable, dans une longue pièce étroite à l'extrémité de laquelle s'élève un dais tendu avec de beaux tapis. Il n'y a pas de fenêtres, le verre étant un luxe qui a fait son apparition dans la capitale depuis peu de temps seulement. L'appartement est éclairé par une lucarne pratiquée d'un côté, treillissée à jour, et par un espace ménagé dans la voûte décorée d'élégantes arabesques. Les deux portes ouvrant sur cette cour sont sculptées comme un ivoire chinois. Au milieu de cette pièce se trouve l'âtre, dont on alimente la chaleur par du charbon. Mon hôte m'offre la place d'honneur près du feu, se retire à l'écart, se croise les bras sur la poitrine; puis, prenant un air humble, me demande la permission de s'asseoir.

On dépose alors à mes pieds un plateau chargé de raisins, de melons, d'autres fruits encore, tout aussi frais que s'ils venaient d'être cueillis. L'hôte apporta lui-même une bouilloire et une tasse ; après avoir versé quelques gouttes du liquide bouillant, il mit ces deux objets près de moi. Il m'invita ensuite avec une grande sollicitude à lui demander tout ce dont j'aurais besoin, me disant que le khan entendait qu'on ne négligeât rien de ce qui pouvait me rendre le séjour de sa capitale agréable. J'exprimai le désir de prendre un bain ; tout de suite on envoya un domestique en commander un au chef de l'établissement balnéaire de la ville. Au bout d'une heure, Nazar vint me prévenir que le bain était préparé, mais il ajouta que l'établissement était situé au centre de la ville, et qu'il fallait s'y rendre à cheval. L'hôte marchait en tête, et Nazar à l'arrière-garde, tenant d'une main un savon et de l'autre une brosse à cheveux ; ce dernier objet intriguait beaucoup les indigènes ; les Khiviens, dont on pourrait croire la boîte osseuse en ivoire poli, n'ont, en effet, pas de raison pour soupçonner l'usage de ce petit outil.

L'établissement comprenait trois grandes pièces voûtées ; autour de la première, il y avait plusieurs divans faits de terre battue et recouverts de tapis et de coussins. Le maître de la maison, assis sur l'un de ces siéges, m'engagea à venir prendre place à côté de lui ; il m'offrit aussi une pipe. Je l'acceptai, me rappelant que la sagesse des nations conseille de hurler avec les loups. Ce tabac, dont j'aspirai quelques bouffées, me prit à la gorge de la manière la plus désagréable. On me servit ensuite des sorbets, puis je passai entre les mains du garçon chargé de me déshabiller. Lorsqu'il arriva à la fameuse ceinture de cuir qui contenait ma fortune, sa curiosité parut très-visiblement excitée.

« Qu'est-ce que cela peut être ?

— De l'or », lui répondis-je sans hésiter.

Il est inutile de laisser voir aux Asiatiques qu'on les soupçonne d'improbité ou d'indélicatesse. L'expérience m'a convaincu que la confiance qu'on leur témoigne est le moyen le plus efficace d'exciter chez eux des scrupules de conscience. Je lui remis donc ma ceinture en le priant d'en prendre soin pendant le temps que je resterais dans l'étuve ; là-dessus il me salua profondément, en me montrant sa tête d'un air qui voulait dire qu'il répondait sur celle-ci de l'objet que je venais de lui confier. Il me conduisit ensuite dans une seconde salle où se trouvait un brasier plein de charbon sur lequel étaient entassées de grandes pierres incandescentes ; le domestique jeta dessus force seaux d'eau, laquelle en se vaporisant se répandit dans l'air ambiant avec une densité extraordinaire. La force d'ébullition, qui croissait avec la

chaleur, produisit un nuage blanc d'une telle épaisseur que le domestique disparut bientòt complète-
ment à ma vue. Je restai environ une demi-heure
dans cette atmosphère brûlante, ensuite on me
plaça près d'un large réservoir d'eau glacée; le
domestique prit un seau, le remplit d'eau, et m'en
inonda vigoureusement de la tête aux pieds. C'était
la dernière phase de l'opération, car on me fit passer brusquement dans le cabinet de toilette sans
procéder, comme en Turquie, à aucune espèce de
massage.

Là, je trouvai nombreuse société; les notables de
la ville s'étaient donné rendez-vous pour voir un
étranger qui, quoique chrétien, se montrait si zélé
dans la pratique des ablutions. Je liai conversation
avec un vieux mollah parlant un peu l'arabe. Il était
allé deux fois à la Mecque; il me parla du capitaine
Abbott, qu'il avait vu à Khiva quarante ans auparavant; il était persuadé que ce voyageur avait dû,
comme moi, passer par l'Inde et Hérat pour atteindre Khiva.

« Quel charmant homme! me dit-il en parlant
d'Abbott; ses connaissances médicales ont rendu ici
la santé à plus d'un malade! Nous avons appris
depuis, avec bien du regret, qu'il avait été massacré
par les Russes; qu'est-ce qui a pu les pousser à commettre un tel acte de cruauté? »

Je l'informai que le capitaine Abbott était, au contraire, revenu sain et sauf en Angleterre ; et il en rendit grâces au ciel avec un accent dont on ne pouvait suspecter la sincérité.

« Votre compatriote était ici à l'époque où les Russes tentèrent de s'emparer de Khiva, continua-t-il ; nous présumions qu'une armée de l'Inde nous viendrait en aide, mais nous n'avons eu besoin de personne : l'hiver a été pour nous le meilleur et le plus puissant des alliés ; des milliers de ces chiens de Russes sont morts de froid. Louange à Dieu ! »

Cette pieuse exclamation, qui est la même en arabe et en tartare, fut dévotement répétée par tous les assistants.

« Comment les Russes ont-ils pu réussir à s'emparer de Khiva ?

— Ils sont venus en été ; Allah, cette fois-là, n'a pas arrêté l'ennemi dans sa marche.

— On prétend que quelques-uns de vos compatriotes ont empoisonné des puits dans le désert. Est-ce vrai ? »

Le vieillard fit un mouvement d'indignation et me dit :

« Empoisonner les puits que Dieu nous a donnés ! Oh ! non, jamais ! Ce serait un crime à ses yeux. »

A ce moment, Nazar revint avec nos chameaux ; je serrai la main aux personnes de distinction présentes, qui se levèrent par politesse, et je partis ensuite en emportant les bénédictions du vieux

21.

prêtre, qui, grâce à ma connaissance de l'arabe,
me regardait sinon comme un mahométan, du
moins comme un mollah très-distingué dans mon
pays.

Dans l'après-midi, je reçus la visite du trésorier
du khan. C'était un homme gros et grand, d'environ
quarante ans et d'une physionomie repoussante. Il
avait le plus vif désir de connaître mon état et de
savoir si j'étais ou non envoyé à Khiva par mon gouvernement; il parut fort surpris que je n'eusse pas
été arrêté en route.

« Vous n'êtes pas allé au fort Petro-Alexandrovsk?

— Non.

— Ah! alors cela s'explique, me dit-il avec un
sourire ironique. Les Russes ne vous portent pas
dans leur cœur, cela se voit, quoique vous viviez en
bonne intelligence et non à l'état de guerre.

— Croyez-vous que cela dure encore longtemps? »
lui demandai-je.

Le trésorier fit alors une moue pleine de superbe,
et me dit en m'indiquant du doigt la direction de
l'Orient :

« Ils avancent; vous aurez bientôt l'occasion de
vous donner la main; nous étions, il y a quatre ans,
presque aussi éloignés d'eux qu'ils le sont de vous
aujourd'hui, et vous n'avez pas beaucoup de blancs
dans l'Inde.

— Nous en avons assez pour écraser les Russes»,
lui dis-je.

Puis je lui demandai quand je pourrais offrir mes
hommages au khan. Le trésorier me dit que son
souverain me recevrait le lendemain dans l'après-
midi, et me quitta.

Le soir, les visites se succédèrent sans interruption. La présence d'un Anglais à Khiva excitait au
plus haut degré la curiosité des indigènes. J'ai toujours plaint les étrangers de distinction qui viennent
à Londres lorsqu'on les mène au Jardin zoologique le
dimanche. La foule les regarde comme des spécimens de gorilles ou de chimpanzés arrivés depuis
peu d'un pays récemment découvert. On ne fait plus
alors aucune attention aux bêtes curieuses. Chaque
geste, chaque mouvement, chaque pas du nouveau
débarqué est épié par tous. C'est à croire qu'il n'est
pas fait de chair et d'os comme tout le monde, et
qu'il n'a rien de commun avec le reste des mortels.

Telle était ma situation.

La partie la plus prosaïque de mes faits et gestes,
celle de mon repas, fut surtout intéressante pour les
naturels; ma fourchette et mon couteau les jetèrent
dans un étonnement extrême. Un Khivien, qui se
croyait sans doute plus avisé que les autres, s'empara
même de ma fourchette, qu'il tourna et retourna;
bref, en cherchant une combinaison pour s'en
servir, il se l'enfonça bel et bien dans la joue;

cette maladresse, il faut l'avouer, provoqua chez
ses compatriotes un fou rire général. Nazar et le
guide ne firent aucune tentative pour réserver ma
liberté.

« C'est leur habitude, disait Nazar, en crachant
par terre ; ce sont de pauvres barbares qui manquent
absolument de savoir-vivre ; ils désirent vous faire
honneur et vous le montrent à leur façon. Si vous
étiez Russe, croyez bien que vous n'exciteriez pas
au même degré la curiosité du public. »

La soirée avançait ; je voulus écrire, et ôtai à cet
effet mon encrier de son étui ; mais grande fut ma
déception, car non-seulement l'encre était gelée,
mais le verre était fendu ! Le froid sévissait toujours
avec une grande vigueur ; je ne pouvais plus, du
reste, en apprécier l'intensité que par mes impres-
sions personnelles, puisque mon thermomètre s'é-
tait brisé en route. Un peu de charbon sans ardeur
me réchauffait médiocrement ; les courants d'air qui
faisaient rage de tous côtés ne me permettaient pas
de me déshabiller dans des conditions de température si inclémentes. Je pris donc le parti de m'envelopper dans ma pelisse, et, ainsi fourré, de me
coucher sur mon sommier à air. Rien ne surprit
plus les indigènes que ce spécimen d'industrie
étrangère ; lorsque je leur eus démontré comment
il se pouvait transformer en radeau, il prit à leurs
yeux bien plus de valeur encore.

« Comment! disait l'un, nous pourrions traverser l'Amou sur cette frêle embarcation?

— Comme c'est doux et léger! continuait l'autre en soulevant ledit objet entre le pouce et l'index.

— Les Russes n'ont pas de ces inventions ingénieuses », ajoutait un troisième qui avait passé quelque temps au fort Petro-Alexandrovsk.

# CHAPITRE XXXII

Mon hôte fit de nouveau, dans la matinée, son apparition, suivi de plusieurs serviteurs chargés de fruits et de sucreries, préliminaires de tout déjeuner khivien; on m'apporta, en outre, du lait à l'état de glaçon et du beurre non moins dur qu'une bille de billard. Pendant ce temps, Nazar, lui, brossait un veston noir de chasse; c'était tout ce que je possédais en dehors de mon costume de cheval. Cependant, j'avais fourré dans mes bagages une chemise blanche dans l'éventualité d'une audience de quelque potentat, et, à ma grande stupéfaction, le vête-

ment en question n'avait pas trop souffert du voyage.
Pendant ce temps, l'hôte faisait mille questions à
Nazar sur mon tchin (rang) et semblait surtout désireux de savoir si j'avais ou non des décorations. Les
officiers russes qu'on avait envoyés à Khiva en
étaient, eux, paraît-il, littéralement couverts. Il leur
suffit quelquefois d'une revue, d'une parade même,
pour obtenir un de ces signes honorifiques, tandis
qu'en Angleterre on ne donne de croix aux officiers
que pour récompenser des services militaires réels.
Je me rappelle surtout un certain officier russe dont
la poitrine était couverte d'insignes ; ayant demandé
quels étaient ses titres à tant de glorieuses récompenses, on me répondit qu'il avait rarement vu le
feu, mais qu'il était plein d'entregent et qu'on savait
par lui tout ce qui se passait en Russie.

« Vous n'avez aucune décoration ? me dit Nazar.

— Non.

— Eh bien ! moi, j'ai prétendu que vous en possé-
diez un grand nombre, mais que vous ne les aviez
pas apportées de peur d'être volé. Si vous pouviez
seulement en attacher quelques-unes à votre habit,
comme cela produirait bon effet ! Puis cela rejailli-
rait aussi un peu sur moi », ajouta-t-il en se rengor-
geant comme pour me dire qu'il était, en réalité,
un personnage jouant un rôle beaucoup plus important que je ne me le figurais.

J'étais fort mécontent que Nazar eût ainsi trompé

mon hôte, et je priai le coupable de dire que,
dans mon pays, on n'accordait de décorations
aux officiers qu'en récompense de leurs services
militaires, ce qui rendait l'obtention de ces signes
de distinction beaucoup plus rares que dans l'armée
russe. Je lui recommandai, en outre, d'ajouter
que j'étais capitaine, que je voyageais à mes frais,
et que je n'avais aucune mission du gouvernement
anglais.

Dans l'après-midi, je vis arriver deux officiers de
la maison du khan, accompagnés d'une escorte de
six hommes à cheval et de quatre à pied. Le plus
âgé des deux m'informa que Sa Majesté était disposée à me recevoir ; on amena mon cheval, que vite
je montai pour ne pas faire attendre le khan. Les six
cavaliers formaient l'avant-garde ; je les suivais entre
les deux dignitaires mentionnés plus haut. Nazar et
les hommes à pied fermaient la marche. Les cavaliers khiviens ne ménagèrent pas les coups de fouet
sur notre route aux indigènes qui, trop curieux de
me voir, s'approchaient tout près de nos chevaux.

La nouvelle que le khan allait me donner audience
s'était répandue en ville avec une rapidité extraordinaire ; les rues étaient remplies d'une foule énorme
accourue pour me voir. Il n'est peut-être pas de pays
au monde où l'on parle autant de l'Inde que dans l'Asie
centrale. Tout ce qu'on raconte de notre richesse,
de notre puissance, vient des Afghans et des Bokha-

riens; ces bruits ont fait la boule de neige en voyageant; les richesses que contenait le fameux jardin
découvert par Aladin n'auraient pu soutenir la comparaison avec les trésors fabuleux de l'Hindoustan!
Après avoir parcouru quelques rues étroites, bordées de maisons bondées de curieux jusque sur le
haut des toits, nous dûmes franchir un petit espace
de terrain plat, carré et ouvert, où l'on exécute, paraît-il, les criminels condamnés à avoir la gorge
fendue de part en part.

Le palais du khan est un vaste édifice orné de
piliers et surmonté de dômes recouverts de tuiles
éclatantes, qui brillent au soleil et frappent tout
d'abord l'œil du voyageur qui arrive à Khiva. Une
garde de trente à quarante hommes se tient à la porte
du palais. Nous passâmes ensuite dans une petite
cour; les gardes du khan portaient tous de longues
robes de soie de différentes formes; d'éclatantes
ceintures enroulées autour de leur corps et de grands
chapeaux cylindriques sur leur tête bronzée complètent leur costume. Cette cour est entourée de
bâtiments peu élevés; cette partie du palais est habitée par les gens de service. De tout jeunes garçons à
l'aspect efféminé, les cheveux tombant sur les
épaules et vêtus comme de petites femmes, se pro-
mènent de long en large en vrais désœuvrés.

Nous franchîmes ensuite une porte ouvrant sur
un passage très-bas de plafond; nous longeâmes

pendant quelque temps des corridors fort malpropres et si peu élevés que je dus souvent me courber pour ne pas me frapper la tête contre la voûte; puis nous entrâmes enfin dans une grande pièce carrée où nous trouvâmes le trésorier du khan assis et entouré de trois mollahs accroupis à l'orientale. Quelques autres individus se tenaient humblement à l'extrémité opposée de la salle. Le trésorier et ses compagnons comptaient des liasses de billets de banque et des rouleaux de pièces d'argent. Ces sommes, à peine versées par les sujets du khan, étaient envoyées à Petro-Alexandrovsk comme tribut au Tsar.

Sur un signe du trésorier à l'un de ses subalternes, celui-ci poussa immédiatement dans ma direction une grande boîte en bois de fabrication russe destinée à me servir de siége. Après m'avoir fait les salutations d'usage, le trésorier continua son travail; il ne me souffla mot de la prochaine partie du programme. Nazar s'assit par terre, en ayant bien soin de se placer aussi loin que possible d'un individu armé d'un cimeterre, qu'il prenait, je crois, pour l'exécuteur des hautes œuvres.

Après être resté dans ce milieu un quart d'heure environ, un messager entra et avertit le trésorier que le khan m'attendait. Nous traversâmes de nouveau un long corridor conduisant à une cour intérieure, au milieu de laquelle était construite une salle de réception, grande tente formant dôme.

Le trésorier souleva alors une tenture fort épaisse
et me fit signe d'entrer, puis je me trouvai face à
face avec le fameux khan. Le dos appuyé sur des coussins, il était assis sur de beaux tapis de Perse et se
chauffait les pieds près d'une grille circulaire remplie de charbons ardents. Dès qu'il me vit, il porta
la main à son front, salut que je lui rendis en tou-
chant mon chapeau ; ensuite il m'invita à m'asseoir
près de lui.

Avant de raconter notre conversation, je crois intéressant de décrire le souverain : sa taille dépasse
la hauteur moyenne de celle de ses sujets ; il a au
moins cinq pieds dix pouces ; il est bien fait ; la
figure est forte et massive, le front bas et carré, les
yeux grands et noirs, le nez droit et les narines bien
ouvertes ; la barbe et les moustaches noires comme
du charbon, la bouche fort grande avec des dents,
irrégulières, mais blanches ; le menton, quelque peu
caché par la barbe, diffère complétement comme
ligne des autres parties du visage.

Il paraît avoir environ vingt-huit ans ; son sourire
est gracieux et naturel ; je remarquai chez lui le petit
clignotement de l'œil particulier aux Orientaux. Une
expression espagnole dépeindrait en deux mots l'ensemble de sa personne : « il est *muy simpatico.* »
Je fus très-surpris, je l'avoue, après tout ce que
j'avais lu dans les journaux russes sur les actes
cruels de ce féroce potentat, de trouver quelqu'un

ayant l'air non-seulement parfaitement inoffensif,
mais cordial. Il ne ressemblait en rien, heureusement pour lui et pour ses sujets, à son trésorier, qui
avait une physionomie véritablement vile et repoussante. On dit, du reste, ce dernier adonné aux vices
et aux habitudes dépravées que les Orientaux con-
tractent malheureusement si souvent. Le khan, se
tournant vers un de ses gens, lui donna un ordre
dont j'eus bientôt l'explication, car on apporta le
thé presque instantanément, et on me le servit dans
une petite tasse en porcelaine.

Nous entamâmes alors la conversation à l'aide
de trois truchemans : Nazar, un interprète kirghiz
sachant le russe, et enfin un mollah qui avait passé
quelque temps en Égypte et qui parlait l'arabe. Le
khan, lorsqu'il ne voulait pas être entendu des autres
personnes de sa suite, adressait à mi-voix ses questions à son interprète kirghiz, qui me les traduisait
ensuite.

Le khan me demanda tout d'abord quelle distance
il y a entre l'Angleterre et la Russie ; sa seconde question avait pour objet de savoir si les Anglais et les
Allemands ne forment qu'un seul et même peuple.
Son bagage de connaissances géographiques était, à
coup sûr, fort léger.

J'avais heureusement dans ma poche une carte de
Wyld indiquant les pays situés entre l'Angleterre et
l'Inde ; je la déployai et la plaçai devant le khan.

Il me demanda tout d'abord où se trouvait l'Inde, et je le lui montrai.

« Non, dit-il, l'Inde est là », en m'indiquant de la main la direction du sud-est.

Le khan, qui était assis, regardait la carte par le côté du sud, et ne pouvait comprendre qu'il fallait par cela même la lire en sens inverse.

N'étant pas très-sûr de la direction où se trouvait le nord, je demandai ma boussole à Nazar, qui la portait toujours autour du cou. Lorsqu'il me la passa, la physionomie des gens du khan trahit une grande anxiété ; tous avaient l'air de craindre l'explosion de quelque machine infernale. Le souverain reconnut cependant tout de suite l'usage de cet instrument, et dit qu'il possédait deux boussoles qui lui avaient été données par des voyageurs.

Orientant donc ma carte au nord, je montrai au khan tous les différents lieux qu'il avait mentionnés, lui indiquant avec le doigt la direction qu'il aurait à suivre s'il voulait les visiter.

Il s'imaginait que l'Afghanistan appartenait à l'Angleterre ; il fut très-frappé des dimensions de l'Inde et du petit espace que la Grande-Bretagne occupait sur la carte.

« La Chine, d'où l'on tire le thé, vous appartient-elle aussi ? » me dit-il, persuadé qu'il était que l'Angleterre avait les mêmes relations avec le Céleste Empire que la Russie avec le Khokand.

Le khan, plaçant alors sa main sur l'Hindoustan, me fit observer que l'Inde, si grande qu'elle fût, ne l'était cependant pas autant que la Russie, dont il ne pouvait couvrir toute la surface sur la carte qu'avec les deux mains.

Je lui fis observer que ce n'est pas la superficie d'un empire qui en fait la puissance; que l'Inde comptait presque trois fois plus d'habitants que l'empire russe tout entier, et que, de plus, la reine régnait sur une étendue de territoire (non indiquée sur la carte) tellement vaste que le soleil ne se couche jamais sur ses États.

Il demanda ensuite s'il était vrai que le fils de notre reine eût épousé la fille du Tsar, ainsi que les Russes le lui avaient dit, prétendant que c'était une preuve de l'amitié qui existait entre l'Angleterre et la Russie, et d'une communauté d'intérêts qui amènerait peut-être un jour le rapprochement des deux souverains en Orient.

Il se montra aussi fort désireux de savoir si les Anglais ont autant d'amitié pour les Russes que ceux-ci le prétendent. « Ce qui me vient d'un autre côté que du leur mérite considération, me dit-il, et à entendre les Bokhariens, l'affection qui existe entre les deux pays n'est pas vive, les habitants de l'Inde ne désirant nullement voir leurs *chers amis* devenir leurs voisins.

« Vous avez fait la guerre à la Russie, il y a quel-

ques années, ajouta-t-il, et vous étiez les alliés du
sultan ; ce fait a causé dans l'Asie centrale une grande
émotion ; nous avons suivi toutes les phases de cette
guerre avec d'autant plus d'intérêt, que nous pen-
sions que vous nous défendriez de la même manière
si nous étions attaqués. On m'a raconté que vous
aviez alors pour allié un autre khan, et que vous
vous étiez emparés d'une certaine partie du territoire russe. Maintenant est-il vrai que le khan,
votre allié, ait été vaincu depuis lors, et que les
Russes, se moquant de vous et prétendant que
vous ne pourriez vous battre sans le secours de
celui-ci, aient repris tout le territoire que vous
aviez conquis ? »

J'affirmai au khan que pas un pouce de territoire
ne nous avait été enlevé ; que notre prétendue
frayeur de la Russie était un bruit non moins faux
qu'absurde ; que l'Angleterre avait déjà battu la Russie, et qu'elle saurait encore en triompher au besoin.
Mais j'ajoutai que la nation anglaise était essentiel-
lement pacifique, qu'elle ne cherchait pas querelle
à ses voisins, et qu'elle ne leur faisait jamais la guerre
que pour se défendre contre leurs agressions.

« C'est très-bien », dit le khan. Puis, après quelques moments de silence, il ajouta : « Pourquoi
l'Angleterre n'est-elle pas venue à mon secours lorsque j'ai envoyé une mission à lord Northbrook ? »

Je répondis au khan que, n'étant qu'un simple

voyageur, je ne pouvais le renseigner sur notre politique.

« Eh bien ! dit le khan, vous verrez les Russes marcher sur Kashgar, ensuite sur Bokhara, puis sur
Balkh et de là sur Merve et Hérat; il faudra bien
que vous les arrêtiez quelque jour, que votre gouvernement le veuille ou non; je sais que l'Inde est
riche, très-riche même; je sais aussi que la Russie
a une armée nombreuse, très-nombreuse; mais ce
que je sais encore mieux, c'est qu'elle a peu d'argent pour la payer; ne suis-je pas, hélas! ajouta-
t-il mélancoliquement en regardant son trésorier, une
des ressources pécuniaires du Tsar?

« Nous autres mahométans, continua le khan,
nous comptions sur l'Angleterre parce qu'elle était
venue en aide au sultan; mais vous avez laissé les
Russes prendre Tashkent, me battre, en un mot, et
se frayer un chemin vers Khokand. Que ferez-vous
relativement à Kashgar? Défendrez-vous Kashgar,
oui ou non?

— Je regrette, pour ma part, que les Russes
aient pris Khiva; il eût été facile de les en empêcher; mais quant à Kashgar, je ne puis rien pré-
juger, n'étant pas dans les secrets de l'État.

— Vous n'avez pas de khan à la tête des affaires?
me demanda-t-il.

— Non, répondis-je, mais une reine, conseillée

par ses ministres, qui sont censés représenter l'opinion du pays.

— Cette opinion ne change-t-elle pas?

— Très-fréquemment; la preuve en est que, depuis la prise de Khiva, le ministère qui est à la tête des affaires suit une ligne de conduite diamétralement opposée à celle du précédent; d'autres changements succéderont à celui-ci... A mesure que le pays se développe en civilisation et en progrès, il réclame de nouvelles libertés; il faut lui donner satisfaction en choisissant, pour le représenter, des hommes d'opinions très-différentes. La reine, elle, n'est pas révocable; elle ne saurait commettre de fautes; toute la responsabilité du gouvernement incombe aux ministres, qu'on prend, bien entendu, dans la majorité.

— La reine peut-elle faire couper la tête à ses sujets, si bon lui semble?

— Non, pas avant que l'accusé ait été jugé selon la loi. Je comparerai volontiers nos magistrats à vos mollahs; si l'accusé est réellement coupable, il est à peu près sûr d'être condamné à mort et pendu.

— Alors la reine ne fait jamais décapiter aucun de ses sujets?

— Non.

— L'Hindoustan me semble devoir être un pays merveilleux, d'après ce que le chargé d'affaires que j'ai envoyé là il y a quelques années m'a raconté

22

de vos chemins de fer et de vos télégraphes ; mais les Russes en ont aussi.

— Oui, nous leur avons prêté de l'argent, et nos ingénieurs sont allés chez eux construire des voies de fer et des lignes télégraphiques.

— Les Russes vous ont-ils payé ?

— Oui ; ils se sont conduits très-loyalement avec nous.

— Avez-vous, dans votre pays, des juifs comme ceux de Bokhara ?

— Un des habitants le plus riches de Londres est un juif. »

Le khan dit alors quelques mots à son trésorier ; puis, s'adressant de nouveau à moi, il ajouta d'un ton fort triste :

« Pourquoi alors me prennent-ils tant d'argent ? »

Le trésorier, pour toute réflexion, lança un « hum ! » plus mélancolique encore. Ce *hum !* revenait sans cesse sur les lèvres du khan et de son entourage.

Le khan me salua alors profondément, signe de convention particulier à tous les souverains pour congédier leurs visiteurs.

« J'ai donné des ordres pour qu'on vous fasse voir tout ce qu'il y a de curieux dans ma capitale », me dit-il.

Puis il m'adressa de la main un signe d'adieu.

Je pris alors congé du khan en le remerciant de

l'honneur qu'il m'avait fait; après quoi, je repris le chemin de mon logis.

La population, partout sur notre passage, nous saluait respectueusement, car le bruit s'était instantanément répandu que j'avais reçu du khan un accueil des plus flatteurs.

# CHAPITRE XXXIII

Le khan actuel est le onzième dans la succession de la même race. Il règne depuis dix ans ; le khanat est héréditaire de père en fils ; la couronne ne passe pas à l'aîné de la famille comme cela se pratique généralement chez les autres mahométans. A son avénement au trône, le khan entre en jouissance des propriétés foncières, jardins, etc., appartenant à la couronne. On doit les lui remettre intégralement. Quant au reste de la population, l'héritage paternel est partagé également entre les fils ; par ce système, on évite de mettre entre les mains d'un seul une grande puissance territoriale. Le khanat, outre le tribut qu'il paye au Tsar, produit un revenu d'environ quatre cent mille francs au souverain, qui n'a pas la charge de l'entretien de l'armée. Quelques tribus turcomanes recommencent à acquitter le cens au khan ; elles pensent, avec raison, que si elles ne remplissaient pas cette obligation, les Russes ne manqueraient pas de se prévaloir de ce prétexte pour la leur rappeler directement.

Le lendemain, je montai à cheval dès l'aube et me dirigeai vers les jardins du khan, lesquels sont situés à trois verstes environ de la ville. Il y en a cinq, chacun mesurant cinq acres de superficie ; ils sont clos de murs fort élevés, bâtis en terre sèche, flanqués aux quatre extrémités d'arcs-boutants. Le jardinier, petit homme basané, vêtu d'une longue robe aux teintes criardes, portait sur l'épaule une houe en fer et se tenait sur le seuil de la porte comme un vrai cerbère. J'étais accompagné par le fils de mon hôte et par Nazar ; le premier ayant dit au jardinier que le khan m'avait donné l'autorisation de visiter les jardins, il fit un brusque mouvement de retrait pour me laisser passer. Je trouvai ce jardin remarquablement bien cultivé, et je fus très-surpris de l'état florissant de l'horticulture dans un pays aussi éloigné de l'Europe. De longues et larges avenues, bordées d'arbres en plein rapport, promettent monts et merveilles, ainsi que des couches à melons qu'on prépare pour le printemps prochain ; des pommiers,

22.

des poiriers, des cerisiers d'une belle venue sont
taillés et émondés avec soin; au milieu du jardin,
de longs échafaudages treillissés attendent le pam-
pre et le raisin; c'est sous ce berceau protecteur que
le khan et ses *ladies* viennent passer les heures pa-
resseuses du jour.

Un palais d'été est bâti dans ce jardin; c'est là que
le khan tient sa cour en juin et juillet; des tran-
chées sillonnent le sol en tous sens en vue d'arrose-
ments artificiels. Des massifs de mûriers donnent
à cet endroit un caractère particulier.

Rien ne doit être plus pittoresque que de voir le
khan, entouré de sa maison militaire et de ses magistrats, présider là, en plein air, sa haute cour de
justice. Il siége sur un petit édicule en pierre auquel
il accède par quelques marches. Les coupables sont
appelés à comparaître devant lui; s'ils hésitent à
faire des aveux à leur seigneur et maître, on les
conduit ensuite devant un mollah, homme dont l'é-
lévation morale, la vie pure, le savoir, méritent l'estime générale. Celui-ci, présentant le Coran à l'inculpé, lui enjoint, au nom du livre sacré, de dire la
vérité, toute la vérité, rien que la vérité; s'il déclare
n'avoir pas commis le crime qu'on lui impute, et si
aucun témoin ne vient dénoncer ses méfaits, on lui
rend la liberté. Dans le cas contraire, c'est-à-dire si
l'accusé est parjure, les Khiviens ont la conviction
intime que la justice d'en haut le frappera bien

plus impitoyablement encore que celle des simples mortels.

« Mais il est cependant difficile d'admettre, dis-je, qu'il ne se trouve jamais parmi vous de scélérats qui, bravant la colère d'Allah, revendiquent leur liberté tout en étant coupables, et en abusent de nouveau pour commettre d'autres crimes?

— Non, me répondit-on, la crainte de la vengeance divine est une garantie contre une pareille conduite.

— Mais supposons que des témoins déposent que tel individu a commis un crime, et que l'inculpé le nie; qu'arrivera-t-il?

— On le bat à coups de verges, on lui met du sel dans la bouche, on l'expose aux rayons brûlants du soleil jusqu'à ce qu'il avoue sa faute; on le punit ensuite pour avoir transgressé la loi. »

Après avoir parcouru à cheval les jardins situés dans la partie sud de la ville et sur la route de Merve, nous revînmes à Khiva et allâmes visiter la prison. C'est un bâtiment peu élevé, construit à main gauche dans la cour qui précède le palais du khan; là, je trouvai deux prisonniers les pieds attachés dans des entraves en bois, de lourdes chaînes passées autour du cou et du corps.

Ils étaient accusés d'un horrible attentat sur une femme; deux de ses congénères avaient été témoins du fait; mais comme les prisonniers se refusaient

obstinément à avouer leur criminalité, leur captivité
pouvait être sans fin.

En quittant la geôle, je me dirigeai vers la principale école primaire de la ville. Autour d'une cour,
dont le centre est un bassin, sont ménagées de petites chambres ou cellules ; aux quatre coins de ce
carré régulier s'élèvent des minarets et des dômes
coloriés de teintes diverses. Un mollah a la haute
main sur l'administration des écoles ; le niveau des
études y est peu élevé : on y apprend à lire, à écrire
et à réciter par cœur certains passages du Coran,
qu'il est de tradition de livrer à la mémoire des
adolescents.

Le professeur, entouré de ses élèves, se tient
accroupi au milieu de la salle d'étude ; il est
d'usage qu'il fasse apprendre lui-même par cœur
la leçon de chaque jour en la récitant à haute et
intelligible voix. Passons aux dépenses. Les parents payent en blé l'enseignement de chacun de
leurs enfants ; le professeur, pour tout émolument,
bénéficie de ce mode de payement dans une certaine
proportion.

Les habitants de Khiva continuèrent à me suivre
avec le même empressement dans toutes mes courses, bien résolus à ne rien perdre de mes faits et
gestes. Ils me regardèrent curieusement prendre
quelques notes sur mon carnet, et furent très-surpris de voir que ma méthode d'écrire consistait à

tracer des caractères de gauche à droite et non de droite à gauche.

Nous trouvâmes, en rentrant au logis, de nombreux visiteurs. Plusieurs mollahs, qui avaient été à la Mecque, s'estimèrent heureux de profiter de la rare occasion de voir un Anglais, et, qui plus est, un Anglais parlant comme eux l'arabe.

Nazar, lui, s'occupait des préparatifs en vue du voyage de Bokhara; il commanda du pain, ou plutôt une sorte de gâteau rond qui remplace, à Khiva, cette base de l'existence. Le guide promit de m'accompagner; quant au chamelier, il était clair qu'il me suivrait jusqu'au bout du monde pourvu que je lui fisse toujours une bonne part dans les provisions de bouche. Je me décidai à rester un jour de plus à Khiva et à ne partir que le lendemain pour Bokhara. Il me fallait au moins douze jours pour atteindre cette ville; de là, je comptais me diriger sur Merve et Meshed, où je me trouverais sur le territoire persan.

J'aurais désiré faire un plus long séjour à Khiva, mais la question de temps ne me laissait pas mes coudées franches; nous étions au 27 janvier, et je devais rallier mon régiment le 14 avril.

La sagesse des nations nous a appris que *l'homme propose et Dieu dispose.* Ce qui m'arriva à Khiva m'en apporta une nouvelle preuve, car quel ne fut pas mon étonnement de trouver deux étrangers dans

mon appartement en revenant d'une promenade ma-
tinale que j'étais allé faire dans un des quartiers
excentriques de la ville pour assister à une importante vente de chevaux et de chameaux! L'un de ces
deux visiteurs intempestifs me remit un pli dont le
gouverneur de Petro-Alexandrovsk l'avait chargé
pour moi. Cette lettre, écrite en russe d'un côté, et
en français de l'autre, m'informait que ledit personnage avait reçu à mon adresse un télégramme *via*
Tashkent, et qu'il m'invitait à en venir prendre
immédiatement connaissance.

Je m'étonnais, ou plutôt je ne comprenais pas que
quelqu'un prît assez d'intérêt à ma personne pour
m'envoyer un télégramme de si loin; le tarif devait
en être exorbitant, et, en sus de cette dépense, il
fallait encore payer le courrier chargé d'apporter
cette dépêche de Tashkent, point extrême de la ligne
télégraphique, jusqu'à Orenbourg, situé à neuf cents
milles au delà. Je tremblais qu'on ne me rendît soli-
daire de cette dernière carte à payer. Je me perdais
en conjectures sur le contenu de ce document;
qu'était-il donc arrivé d'assez important pour qu'on
se crût dans la nécessité de m'expédier un télégramme au fond de la Russie d'Asie?

Était-ce le général Milutin qui, se rappelant que
je m'étais présenté chez lui sans me recevoir, se
décidait enfin à m'accorder une audience?

Était-ce le frère du comte Shouvaloff, pour lequel

notre aimable et prévoyant ambassadeur à Saint-Pétersbourg avait eu la bonté de me donner une lettre d'introduction, qui, de retour à Saint-Pétersbourg, m'invitait à l'aller voir? Toujours est-il que la lettre était là, et que je devais me replier sur Petro-Alexandrovsk pour connaître le contenu du mystérieux télégramme. Je ne me résignais pas de bon cœur à la perspective de refouler pendant quatorze jours les steppes couvertes de neige. Faire deux fois ce trajet, c'est passer la mesure; les marchands khiviens effectuent quelquefois ce voyage en hiver, mais ils attendent toujours le printemps pour revenir par Orenbourg.

La partie la plus pénible de mon expédition était achevée; chaque pas dans la direction de Merve me rapprochait d'un climat plus doux; mais pourquoi m'attacher à ce plan puisqu'il me fallait, bon gré mal gré, retourner à Petro-Alexandrovsk, et rebrousser chemin bien plus loin encore si le télégraphe l'exigeait!

Le messager qui me remit la lettre du commandant insistait pour que je quittasse Khiva sur-le-champ. Je lui dis que la chose n'était pas possible, voulant faire des achats en ville avant de partir, et tenant encore plus à aller prendre congé du khan.

Un peu plus tard, je me dirigeai à cheval vers le bazar, accompagné de Nazar et du guide; celui-ci eût bien voulu pouvoir me fausser compagnie et ne

pas venir avec moi à Petro-Alexandrovsk; il se demandait, une fois arrivé là, ce qu'il lui en coûterait
pour m'avoir conduit directement à Khiva.

Je m'aperçus, chemin faisant, qu'un des courriers
du commandant d'Orenbourg me suivait comme mon
ombre; j'appris plus tard que le khan avait reçu
l'ordre, en cas où j'eusse eu déjà quitté sa capitale,
de prendre toutes les mesures nécessaires pour ne pas
me laisser poursuivre mon voyage et me réexpédier
sans débrider sur Petro-Alexandrovsk.

En arrivant au bazar, je fus assiégé de tous côtés
par les politesses démonstratives et intéressées
des marchands. Je me décidai à m'adresser à
celui d'entre eux qui m'agréait le mieux; il me fit
entrer dans son arrière-boutique et m'offrit tout de
suite du thé et des fruits secs. C'est l'usage à Khiva,
comme de prendre du café au Caire avant, pendant
et après toute transaction de ce genre. Le brocan-
teur se dirigea vers un des coins de la pièce, où se
trouvait un grand coffre de bois, puis il prit une clef
monstrueuse suspendue à sa ceinture et la mit en
tâtonnant dans la serrure; le grincement avec
lequel elle mordit le pène révélait quelque artifice
systématique à l'intérieur.

« L'objet que vous cherchez est-il destiné à une
femme âgée ou à une jeune? » me demanda le marchand, qui m'avait entendu dire à Nazar que je
désirais acheter quelques *bibelots* féminins.

« Si vous voulez faire un cadeau à une jeune femme, tenez, regardez cette bague! Est-il rien d'aussi joli? » Et il fit chatoyer devant mes yeux une bague en or ornée de turquoises et de perles, œuvre de pure fantaisie.

« Elle est malheureusement beaucoup trop large pour le doigt auquel je la destine.

— Mais c'est un anneau pour le nez, et non pour le doigt. »

Le guide, se mettant de la partie, me dit :

« C'est une vraie merveille! La femme de mon beau-frère a la même; quand on fait une telle trouvaille, il faut s'y fixer; achetez ce bijou, croyez-m'en.

— C'est un talisman auquel nulle fille ne résisterait, me dit Nazar; la tentation serait trop forte! »

Mais ni Nazar, ni le guide, ni le marchand ne savaient que penser lorsque je leur dis que, dans mon pays, les femmes ne portent pas d'anneau au nez, et qu'on réserve cet appendice pour l'animal impur!

En réalité, toute la bijouterie qu'on me montra avait une analogie déplorable avec l'orfévrerie clinquante du théâtre. Enfin, après avoir fureté moi-même dans le fameux coffret, je finis par y découvrir une vraie curiosité. C'était un ornement d'or d'un style très-élégant et d'une exécution remarquable. Le marchand m'en demanda d'abord un prix exorbitant; mais, grâce à l'éloquence de Nazar, je finis par l'obtenir à moitié prix.

**23**

Les brocanteurs khiviens ont la conscience très-élastique, malgré cette maxime formelle du Prophète : « Ne trompez jamais l'hôte qu'Allah envoie sous votre toit. »

En arrivant chez moi, je trouvai le trésorier, qui, ayant entendu parler de mon prochain départ, venait me demander quand il me conviendrait de prendre congé du khan.

« Tout de suite, lui répondis-je, car le temps presse. »

Et, montant à cheval, je me dirigeai avec lui vers le palais du souverain.

Nous nous arrêtâmes d'abord à la trésorerie, où le trésorier m'offrit, de la part du khan, une robe de chambre en drap noir doublée de satin et de toile perse très-voyante. Cette robe descendait aux genoux. J'appris plus tard que l'on ne pouvait recevoir une plus haute marque de distinction, un *kélat,* ou robe de chambre, étant regardé, à Khiva, comme l'équivalent de l'ordre du Bain en Angleterre.

Le khan m'exprima tout le déplaisir que lui causait mon départ précipité.

« J'espère, me dit-il, que vous reviendrez un jour ou l'autre à Khiva ; dites à vos compatriotes que le chargé d'affaires que j'ai envoyé dans l'Inde m'a parlé dans les termes les plus flatteurs de la grandeur de votre nation ; dites-leur que les Anglais qui viendront à Khiva seront toujours les bienvenus dans ma capitale. »

La physionomie du khan dénotait une grande bienveillance à mon endroit; il me serra très-cordialement la main lorsque je le quittai. Toutes les cruautés qu'on lui impute sont de pures inventions fabriquées par la presse russe pour justifier l'annexion du territoire khivien à l'empire du Tsar.

Avant de quitter la maison de mon hôte, je voulus le décider à accepter une somme d'argent en retour de son hospitalité pour moi et mes gens. Mais tous mes efforts furent inutiles ; le Khivien s'y refusa obstinément, disant que j'étais l'hôte du khan, et que Sa Majesté ne comprendrait pas que j'eusse voulu reconnaître son hospitalité en offrant un présent à l'un de ses sujets. Je tentai alors d'en faire une affaire personnelle, mais vainement, et il me fallut partir sans laisser derrière moi un témoignage de ma reconnaissance pour le bon accueil que j'avais reçu à Khiva.

# CHAPITRE XXXIV

Départ de Khiva. — Le frère du khan. — Le gouvernement d'Anca. — Herat. — Lahore. — Lucknow. — Calcutta. — Nos soldats dans l'Inde. — Les Cosaques. — Les thés indiens. — Trois escadrons campés en plein air. — Le télégramme de S. A. R. le duc de Cambridge. — Le colonel Ivanoff. — Le major Wood et le colonel Ivanoff ne se sont pas compris. — Dîner chez Ivanoff. — La Russie et l'Angleterre. — Les Turcomans devant le conseil de guerre. — Garnison de Petro-Alexandrovsk. — Le *Russki Mir* (*le Monde russe*). — Article de ce journal sur le très-grand nombre d'officiers allemands incorporés dans l'armée russe. — Antipathie marquée contre les Allemands. — Le système militaire russe est en transformation. — Mépris exprimé pour l'Autriche. — Les dames de Petro-Alexandrovsk.

Nous quittâmes la ville par la porte de l'Est et passâmes d'abord près d'une construction assez élégante, entourée d'une ceinture de jardins séparés les uns des autres par des murs peu élevés. Cette maison appartient au frère du khan, qui est, m'a-t-on dit, dans l'intention d'aller à Saint-Pétersbourg pour demander personnellement au Tsar de retirer ses troupes du territoire khivien. Le ciel était clair; la nature, à son réveil, a une sérénité qui se communique à la société des humains. Je fus bientôt

sous le charme de ces pures splendeurs de l'aurore et
des riantes beautés du jour renaissant. Il ne fallait
rien moins que cela pour me remonter le moral et
pour calmer la mauvaise humeur de mes gens, qui, la
veille, l'œil morne et la tête basse, ressemblaient à
des condamnés que l'on mène au supplice. La perspective d'explorer de nouveau les steppes couvertes
de neige et dépourvues de toute ressource nutritive
était particulièrement antipathique au petit Nazar,
qui, après avoir été obligé de rétrécir sa ceinture de
trois crans, commençait enfin à se remplumer.

Devant nous, la route à parcourir offrait l'image
d'une lugubre solitude ; l'œil se fatiguait à suivre,
sans rien distinguer, cette plaine de si triste apparence.

A douze verstes de Khiva, nous trouvons enfin un
petit village ; à vingt verstes plus loin, nous en voyons
encore un autre, puis nous faisons halte à Anca
pour y passer la nuit, après avoir franchi soixante
verstes ou quarante milles en six heures. Nos chevaux n'avaient pas quitté l'allure calme et tranquille
du trot. Les chameaux n'arrivèrent à Anca que huit
heures plus tard.

Cette ville est importante, son bazar et son marché y attirent en foule les habitants du district. Nous
descendîmes chez le gouverneur khivien que le khan
avait envoyé, quatre ans antérieurement, en mission à lord Northbrook ; par conséquent, peu de temps

avant que l'invasion russe gagnât le territoire
khivien et alors que le khan poursuivait l'espoir
d'une alliance avec l'Angleterre.

Dès que notre hôte sut que j'étais Anglais, il s'accroupit à mes pieds et me fit mille questions sur l'Inde
et sur ses habitants. Il avait eu connaissance du voyage
du prince de Galles dans ces régions ; ce Khivien en-
treprit de me faire comprendre l'itinéraire qu'il avait
suivi lui-même pour se rendre à Calcutta, et de m'indiquer les villes qu'il avait traversées. Il commença
par couper une pomme en morceaux, plaça un pepin
par terre en disant : « Khiva » ; puis un autre en disant : « Hérat. » Il partagea ensuite une seconde pomme
en deux ; un morceau représentait Lahore, l'autre
Lucknow ; enfin, lorsque le tour de Calcutta arriva,
il mit sur le sol une pomme tout entière, voulant
ainsi me montrer l'importance relative des villes
qu'il avait visitées. Il me parla avec admiration
de notre armée dans l'Inde ; il avait trouvé les
hommes et les uniformes magnifiques. Les soldats
russes étaient loin de lui inspirer le même enthousiasme, car, poursuivant sa méthode démonstrative,
il cracha par terre pour me montrer le mépris qu'il
ressentait pour eux, manière de donner plus de force
au discours, qui me parut tant soit peu sauvage.

« Mais leur armée est plus nombreuse que la
vôtre, me dit-il ; ils pourraient perdre autant de
soldats que vous en avez dans l'Inde et en remettre

tout de suite sur pied deux fois autant pour recom-
mencer la guerre.

— Mais les Russes ont une vraie sympathie pour
nous, lui répondis-je ; leur empereur est un sincère
défenseur des intérêts pacifiques. Dans mon pays,
bien des gens prétendent qu'il serait préférable
pour l'Inde d'avoir des Russes sur notre frontière
plutôt que des Afghans. »

Le Khivien sembla alors en proie à une vraie convulsion ; mais il voulait seulement comprimer le
rire qu'il eût cru indécent de laisser éclater.

« Eh bien ! me dit-il, s'ils ont tant de sympathie pour vous, pourquoi donc interdisent-ils à
vos marchandises de venir jusqu'ici ? Les thés indiens
sont prohibés ou frappés de droits exorbitants ; j'ai
souvent entendu dire que, si un Anglais voulait aller
de l'Inde en Russie, il serait tué par les Russes, qui ne
manqueraient pas de nous imputer ce crime pour
soulever contre nous la haine et la réprobation. »

Nous partîmes le lendemain de bonne heure ; nous
traversâmes l'Amou-Darya à trente verstes d'Anca,
dans un endroit où le fleuve a une largeur d'environ
deux verstes. Nous passâmes dans ces parages près
d'un dépôt de cavalerie appelé Lager. Nonobstant la
rigueur de la température, trois escadrons campaient
en plein air ; la robe des chevaux rappelait l'épaisse
fourrure des ours ; malgré le froid, les pauvres bêtes
étaient néanmoins dans un état très-florissant.

Peu à peu, nous nous rapprochâmes de Petro-
Alexandrovsk ; nous découvrions à l'horizon des
points noirs qu'on nous dit être le fort construit
depuis peu. L'émissaire qui m'avait apporté la lettre
du khan éperonna son cheval, et, piquant des deux,
me laissa derrière avec mes gens.

« Il a pris les devants pour signaler votre arrivée », me dit-on.

Quelques minutes encore, et nous faisions nous-
mêmes notre entrée dans Petro-Alexandrovsk.

C'est sur l'emplacement même d'une maison et
d'un jardin appartenant jadis à un oncle du khan de
Khiva que le fort a été construit ; on s'est servi des
matériaux de cette maison pour ériger le fort et les
murs qui l'enceignent.

Au milieu d'une cour carrée, s'élève une habitation bien bâtie et d'un agréable aspect ; un drapeau
hissé sur le bâtiment, devant lequel deux sentinelles
marchent de long en large, me fait présumer que cette
maison spacieuse est la résidence du commandant
du district de l'Amou-Darya. Mon guide, toujours
en proie aux idées noires que lui inspirait l'acte de
faiblesse qu'il avait commis en me menant directement à Khiva, m'informa mélancoliquement que
nous étions devant la demeure du fameux colonel
Ivanoff.

Un des gens du colonel nous dit qu'il était à la
chasse ; un jeune officier vint alors au-devant de

moi avec empressement, m'appela par mon nom et
me dit :

« Nous comptions sur vous plus tôt ; venez avec
moi, je vous prie ; on a préparé une chambre à votre
intention. »

Je suivis cet officier, et, tous deux, nous entrâmes
dans un corps de logis habité par quelques officiers de
la garnison ; ils étaient réunis dans une petite pièce,
discutant en commun les questions du jour. Je fus
présenté à chacun d'eux, et, sans se faire prier, ils
se mirent à causer avec moi. Leur conversation était
pleine d'enseignements. J'appris que le fameux
télégramme m'avait été expédié par le duc de Cambridge, commandant en chef de l'armée anglaise,
et qu'il m'intimait l'ordre de revenir au plus tôt
dans la Russie d'Europe. Cette pièce fatidique m'attendait depuis quelques jours au fort ; il était évident que, si je me fusse rendu là directement, je
n'aurais jamais vu Khiva. Un peu plus tard, je reçus
un billet du colonel Ivanoff, qui me prévenait de
son retour de la chasse et me mandait sans retard.
Je trouvai un homme ayant plus de six pieds, et qui
paraît d'autant plus grand qu'il est plus mince ;
le type allemand est chez lui très-prononcé ; ses
lèvres sont ombragées de moustaches teutoniques.
Le colonel m'accueillit d'abord assez froidement,
mais il ne tarda pas à se dérider et à plaisanter
de ma déconvenue.

« C'est trop fort, disait-il, de vous avoir laissé pénétrer si loin pour vous arrêter incontinent dans l'exécution de votre plan.

— C'est heureux, lui répondis-je, que je ne sois pas venu ici d'abord.

— En effet, riposta Ivanoff; lorsque j'ai reçu la dépêche et que j'ai vu que vous n'arriviez pas, j'ai envoyé un courrier au fort n° 1 pour prévenir que vous étiez sans doute allé jusqu'à Bokhara, et que vous nous aviez ainsi laissé le bec dans l'eau, comme on dit vulgairement. Mais, laissez faire! nous vous aurions bien rattrapé là.

— C'est la fortune de la guerre, dis-je ; toujours est-il que j'ai vu Khiva! »

A ces mots, le colonel fronça légèrement le sourcil.

« Khiva! dit-il, la belle affaire! Rien n'était plus facile à votre compatriote, le major Wood, officier du génie qui était ici l'année dernière, que d'aller visiter cette ville ; eh bien! j'avoue qu'il ne m'en a même pas parlé[1].

— J'espère, du moins, dis-je, que je ne serai pas obligé de repasser par les chemins que j'ai déjà parcourus. Qu'importe que je retourne à Saint-Péters-

---

[1] Il faut croire que le colonel et le major ne s'étaient pas bien compris ou que l'atmosphère de l'Asie centrale avait légèrement affecté la mémoire du colonel, car le major Wood m'a affirmé le contraire.

bourg *via* Tashkent et la Sibérie ou par Krasnodovsk et la mer Caspienne!

— Mes ordres sont péremptoires à cet égard, me dit le colonel. Vous devez vous rendre à Kasala par la voie la plus courte; mais vous pouvez, si vous voulez, écrire au général Kolpakovsky, commandant en chef des troupes russes dans le Turkestan. Je lui enverrai votre lettre par le courrier qui partira ce soir, porteur de la nouvelle de votre capture. Si vous retournez à Kasala dans quelques jours, vous trouverez probablement là une réponse du général. »

Je dînai, ce même soir, chez Ivanoff, en compagnie de son petit état-major, composé d'officiers fort intelligents et très-sobres. Cette dernière qualité mérite d'être signalée, vu surtout la rareté du fait en Russie. Nous devisâmes longuement sur la situation de l'Angleterre et de la Russie; tous, nous fûmes unanimes à dire que ces deux nations devraient vivre en bons termes, mais que leurs intérêts sont si diamétralement opposés, qu'un jour ou l'autre un conflit éclatera infailliblement entre elles.

Le colonel me parla à peu près en ces termes : « rien ne me serait plus facile que de m'emparer de Merve, si le gouvernement m'y autorisait; j'y ferais construire un fort beaucoup plus important que celui de Petro-Alexandrovsk; ici, c'est une précau-

tion inutile. » Du reste, l'ouvrage auquel on donne le
nom pompeux de fort n'est, en réalité, qu'un rempart de terre sèche.

« Les Khiviens ajouta-t-il, sont des gens très-calmes;
ils ne nous cherchent jamais noise et payent très-exactement leur tribut. Quant aux Turcomans, c'est une
autre paire de manches; ils sont turbulents, inquiets,
et se querellent continuellement avec nos Kirghiz;
mais j'ai trouvé le bon moyen pour les calmer :
m'étant rendu maître d'une de leurs bandes armées
qui traversait l'Oxus, j'ai fait traduire devant un
conseil de guerre deux de mes prisonniers, qui s'en-
tendirent condamner à mort et furent pendus sans
miséricorde. Depuis ce temps-là, les Turcomans se
montrent beaucoup moins entreprenants ; néanmoins, ils ont fait, à Merve, main basse sur un de
mes hommes.

— Eh bien! lui dis-je en l'interrompant, a-t-il été
jugé et pendu?

— Non; mais ils me demandent, en retour de sa
liberté, une rançon d'autant plus considérable, qu'on
leur a dit que leur prisonnier est un officier. Or,
ils peuvent être sûrs que je ne leur payerai pas la
somme qu'ils réclament.

— Rien ne nous serait plus facile que de nous
emparer de Merve, dit un officier. Il est des gens
qui parlent de la difficulté d'atteindre cette ville;
mais que le gouvernement nous laisse faire, et, d'ici

huit jours, nous délivrerons là à nos Cosaques des billets de logement.

— C'est révoltant, ajoutait un troisième interlocuteur, tous nos camarades de Tashkent et de Kokan absorbent croix, rubans et récompenses, tandis qu'ici nous ne pouvons rien obtenir. »

Le colonel Ivanoff avait eu un avancement fort rapide ; à peine âgé de trente-deux ans, il avait sous ses ordres trois mille hommes, auxquels on était sur le point d'ajouter un millier de Cosaques environ. Cela devait donc porter les forces russes dans le district de l'Amou-Darya à quatre mille hommes au bas mot. Le gros des forces russes est massé à Petro-Alexandrovsk ; d'autres dépôts sont établis à Lagu et à Nookoos, petit fort situé à quatre-vingts milles environ de Petro-Alexandrovsk, sur la rive droite de l'Oxus.

La nomination du colonel Ivanoff au grade de général paraissait imminente ; on supposait qu'il recevrait ce titre au retour du général Kaufmann de Saint-Pétersbourg.

Dans la soirée, on apporta un journal intitulé : *Russki Mir* (*le Monde russe*). Il contenait un article sur le grand nombre d'officiers allemands qui se trouvent occuper un rang élevé dans l'armée russe ; cette feuille attribuait, en outre, à la population des provinces de la Baltique un chiffre tout à fait disproportionné avec celui du reste de l'Empire.

Il était clair, d'après le langage non équivoque tenu devant moi, que les sentiments des officiers russes sont loin d'être sympathiques à leurs camarades allemands. En dépit de ses moustaches teutoniques, le colonel Ivanoff est antiprussien, et tous les officiers russes de la garnison sont, à cet égard, dans une communauté parfaite de sentiment avec lui. Je fus, du reste, très-frappé, pendant tout le cours de mon voyage en Russie, de l'inimitié qu'inspirent à toutes les classes de la société les Autrichiens et les Prussiens. La conduite des premiers pendant la guerre de Crimée a engendré contre eux des griefs que la rivalité supposée des deux pays à l'endroit de Constantinople accentue encore bien davantage aujourd'hui.

Les officiers russes avouaient bien franchement que leur armée se trouve, en ce moment, dans un état de transition qui ne leur permet pas d'engager une lutte avec une puissance aussi formidable que la Prusse; mais ils semblaient non moins persuadés qu'il leur suffirait de cinq années de paix pour pouvoir opposer l'obstacle le plus sérieux aux progrès de l'Allemagne.

Quant à l'Autriche, ils n'en parlaient qu'avec le plus souverain mépris; on eût dit, à les entendre, qu'elle ne conservait sa place au soleil et sur la carte européenne que grâce à la tolérance des empereurs Guillaume et Alexandre. L'armée autrichienne ne

jouit pas de l'estime des officiers russes, loin de là.
Je crois cependant que la moindre tentative contre
l'empereur François-Joseph modifierait promptement leurs appréciations à cet endroit. L'Autriche a
profité de la leçon de Sadowa; l'épreuve, loin de
l'abattre, l'a singulièrement relevée et fortifiée.
Nulle armée en Europe ne possède aujourd'hui de
meilleurs instruments de combat que les officiers et
les soldats autrichiens.

L'élément féminin se composait, à Petro-Alexandrovsk, de trente femmes, toutes femmes ou filles
d'officiers de la garnison. Il y a bal une fois par
semaine dans un club récemment ouvert. Ces belles
exilées volontaires sont arrivées au fort en été, par
les steamers qui font le service entre Tashkent et
Petro-Alexandrovsk, en suivant le Syr-Daria, la mer
d'Aral et l'Oxus. Pour porter remède à la monotonie désespérante de l'existence qu'on mène dans
cette résidence, ces dames ont eu l'initiative du bal
hebdomadaire en question. Le colonel Ivanoff me
fit aimablement inviter à celui qui devait avoir lieu
le soir même; on me donna également pour le
lendemain l'espoir d'assister à une course entre levriers et faucons, genre de chasse qui est un des
passe-temps favoris des habitants de l'Asie centrale.

# CHAPITRE XXXV

Le rendez-vous. — La chasse. — Les faucons. — Un club. — Un bal. — Comment on danse le quadrille, la valse, la mazurka. — Le tour des frères Davenport. — Représentation théatrale. — Le trésorier du khan. — L'envoyé de l'émir de Bokhara. — Qui est khan dans la lune? — Une expédition russe et allemande. — Un officier prussien. — Nazar et les domestiques d'Ivanoff. — Le capitaine Yanusheff.

Le lendemain matin, c'est à peine si nous avions fini de déjeuner, lorsqu'un officier vint nous avertir de nous préparer à partir pour la chasse. Vite j'enfourchai mon petit cheval, qui, malgré mon poids, bondissait sous moi non moins aisément que sous un jockey aussi léger qu'une plume. Je trouvai tout le monde sur le pont, suivant l'expression familière. Il y avait des hommes et des chevaux de toutes les tailles ; de grands cavaliers montés sur de petits chevaux et de grands chevaux montés par de petits cavaliers. Tous les officiers étaient en tenue, quelques chasseurs bokhariens ou kirghiz, vêtus de robes écarlates, formaient l'arrière-garde de la cavalcade. Six ou huit levriers menés par couples suivaient l'officier chargé de diriger la chasse. C'était un colonel ayant tout à

fait le physique de l'emploi et dont le flair cynégé-
tique était, paraît-il, sans rival. Personne ne connaissait comme lui, m'assura-t-on, les habitudes et
mœurs du lièvre craintif et les halliers les plus
giboyeux du pays.

Un Khivien, monté sur un beau cheval alezan,
portait au poing le faucon qui, bien encapuchonné,
devait jouer plus tard un rôle important dans le
divertissement du jour.

Les Kirghiz nous assourdissaient de leurs cris;
tous les chiens du fort, attirés par ce vacarme, faisaient
cercle autour du cortége; la chasse proprement dite
ne devait commencer que huit milles plus loin.
Nous franchîmes cette distance en dévorant l'espace;
galoper ventre à terre jusqu'au lieu du rendez-vous
était compté pour un des plaisirs les plus vifs de la
journée.

Le pays, plat et nu, n'offrait aucun obstacle à nos
ébats, si ce n'est cependant quelques fossés larges
de huit pieds au moins qui nous barraient le passage. Mais nos chevaux les franchissaient comme
par enchantement. A l'approche du premier de ces
obstacles, les Kirghiz et les Bokhariens ne me
quittèrent pas des yeux, curieux de savoir comment
mon petit coursier allait se tirer d'affaire avec son
pesant fardeau; mais il ne broncha pas, et d'un bond
infernal me transporta de l'autre côté du fossé.

En admettant que Daniel Lambert, ce gentleman

dont l'embonpoint est légendaire en Angleterre, fût ressuscité pour la circonstance, je suis certain que mon vigoureux petit cheval aurait également triomphé de la difficulté de sauter avec une telle charge.

De temps en temps un Bokharien passait près de nous en poussant des cris perçants et en distribuant libéralement des coups de fouet sur le dos de quelque chien traînard qui traversait la piste.

Tout à coup notre grand veneur arrêta son cheval, mit pied à terre et nous annonça que nous étions enfin sur le champ de bataille. C'était une plaine étroite, parsemée de petits bouquets de chétifs arbustes; au-dessus de ce taillis qu'on dominait facilement, on apercevait une surface plane et brillante qui rappelait les glaces de Venise taillées en biseau. L'Oxus se déroulait devant nous, des tas de neige amoncelée sur les rives du fleuve nous permettaient d'en apprécier la largeur. A peine le signal de se mettre en chasse fut-il donné, que nous nous échelonnâmes tous les uns à la suite des autres, ayant soin de laisser entre nous une distance d'une quinzaine de mètres environ. C'est ainsi que nous nous frayâmes passage au milieu des ronces et des taillis. Un cri aigu, discordant, presque diabolique, poussé par un des Kirghiz vêtu d'une robe écarlate, nous avertit qu'un lièvre fuyait dans l'épaisseur du fourré.

Les Russes, les Cosaques, les Kirghiz et moi le poursuivîmes à bride abattue jusqu'à la rivière, vers laquelle le pauvre animal transi de peur se dirigea. Nos chevaux descendirent ou plutôt glissèrent sur la berge, puis traversèrent le fleuve et trouvèrent, à un demi-mille environ de la rive, un autre taillis si inextricable qu'on pouvait craindre que les chiens ne fissent défaut. Le cavalier qui portait le faucon le lança dans les airs. L'oiseau chasseur fondit sur le lièvre et lui sauta sur le dos aussi facilement qu'un chat sur une souris. Les levriers accoururent l'œil en feu, la gueule ouverte et la langue pendante ; mais en chiens bien dressés, ils se tinrent à distance respectueuse du faucon.

L'officier qui dirigeait la chasse arriva alors comme un foudre de guerre, mit pied à terre, fit main basse sur le lièvre et donna de nouveau le signal de voler à d'autres exploits. Nous poursuivîmes ainsi jusque dans leurs derniers retranchements cinq autres lièvres desquels le faucon eut également raison, puis nous regagnâmes le fort aussi vivement que nous l'avions quitté.

Le soir, je me rendis au club, que je trouvai transformé en salle de bal, ainsi que le veut l'usage une fois par semaine ; en dehors de ce jour exceptionnel, ce cercle est exclusivement destiné aux officiers. Dans la salle de bal, vaste parallélogramme, un parquet venu du nord s'étalait sous nos pieds. Une grande pièce contiguë à celle-ci était disposée pour le souper. J'y vis des officiers déjà installés autour de nombreuses petites tables chargées de vin de Champagne et de vin de Bordeaux. Lorsque j'entrai, la musique militaire, à laquelle sont empruntés les éléments de l'orchestre, jouait un quadrille. Les Russes ont une manière particulière de le danser : le cavalier commence par se munir de deux chaises, en offre une à sa danseuse et garde l'autre pour lui ; chaque couple reste ainsi assis jusqu'au moment où son tour arrive de prendre part d'une manière plus active à la contredanse, dont la dernière figure me révéla de nouvelles variantes chorégraphiques ; mes jeunes compatriotes eussent été fort empêchés de s'y mêler sans une répétition préalable.

Au quadrille succéda une valse, qui bientôt emporta dans son tourbillon la phalange intrépide ; mais ce n'est pas pour y savourer longtemps les douceurs d'une étreinte tournoyante, car on change de partner à chaque instant. C'est un coup d'œil vertigineux.

Je trouvai également à la mazurka un caractère tout particulier ; le cliquetis des éperons est de rigueur, chaque cavalier marquant le rhythme de la mesure, en frappant le sol du talon. Au milieu des uniformes variés des officiers russes et des Cosaques qui nous entouraient, on avait peine à se croire dans l'Asie centrale et sur le territoire khivien.

Le lendemain, j'expédiai une lettre au général

Kolpakowsky, gouverneur général du Turkestan par intérim, en l'absence du général Kaufmann. Le colonel Ivanoff m'apprit alors que deux officiers, accompagnés d'une escorte, devaient partir pour Kasala, et il m'engagea à me joindre à eux. Il me dit aussi que je recevrais là une réponse à ma requête relativement à la permission que je sollicitais de retourner à Saint-Pétersbourg par Tashkent et la Sibérie occidentale, et non par Orenbourg.

Le soir, j'assistai, avec Ivanoff et son état-major, à une représentation théâtrale particulière; la troupe, c'est le cas de se servir de ce mot, ne se composait que de soldats de la garnison. Je remarquai dans l'assistance un grand nombre de Kirghiz et de Cosaques. Ces derniers ne comprenaient pas la langue russe, mais ils suivaient les gestes des acteurs avec l'attention la plus soutenue. Les coups de pistolet, le cliquetis des sabres, étaient en réalité ce qui leur plaisait le plus. Le principal personnage de la pièce, un fieffé voleur sur lequel pivotait toute l'action, après maintes péripéties, était pris, jugé et pendu. L'acteur chargé de jouer ce rôle était un acrobate de première force; au dernier acte, il passait les pieds dans un anneau de corde, et restait ainsi suspendu par les talons jusqu'au moment où un coup de pistolet tiré en l'air simulait l'exécution du criminel.

Sur une petite table placée à la porte, une sébile

était posée; chaque officier y jeta quelques roubles pour encourager et récompenser les comédiens.

Le lendemain, j'eus avec le colonel Ivanoff une longue discussion sur les mérites respectifs des chevaux anglais et kirghiz. Il était évident pour moi que mon interlocuteur et les officiers qui l'entouraient se disaient, *in petto,* en m'entendant raconter les prouesses de nos vaillants coursiers : «A beau mentir qui vient de loin. » Ils ne voulaient pas croire, par exemple, qu'un cheval eût pu sauter un fossé large de trente-six pieds. Une distance de deux cents milles, fournie en huit heures par un de nos plus fameux coureurs, leur paraissait bien moins extraordinaire. Les habitants de l'Asie centrale ne peuvent avoir la prétention de savoir aussi bien que les Européens tout ce qui se passe dans le monde. Je finis par gagner complétement la confiance de mon entourage en mettant quiconque au défi de m'attacher avec une corde dont je ne réussisse à me dégager aussitôt. Un officier d'artillerie me prit au mot; mais, à la grande surprise du public, je m'affranchis de mes liens en moins de temps qu'on n'en avait mis à me garrotter.

Le lendemain, le trésorier du khan arriva à Petro-Alexandrovsk porteur de plusieurs milliers de roubles dont l'emploi se devine facilement, car l'indemnité de guerre était loin d'être payée! Ivanoff le fit déjeuner avec lui; ce haut fonctionnaire khivien se servit d'une cuiller et d'une fourchette, mais le maniement de ce dernier ustensile l'embarrassait visiblement.

En dépit des préceptes restrictifs du *credo* musulman, le trésorier, qui avait un goût prononcé pour le vin de Champagne, en but ce jour-là à doses non homœopathiques. Le khan, du reste, lui prêche, dit-on, d'exemple (le mal est souvent plus contagieux que le bien), et l'on expédie fréquemment du fort à Khiva des paniers de vin de Champagne à l'adresse du khan, qui a fini par triompher totalement de ses scrupules en se disant que le Prophète, ne connaissant pas ce breuvage, n'avait pu en interdire l'usage.

Peu de temps avant l'arrivée du trésorier à Petro-Alexandrovsk, un envoyé de l'émir de Bokhara y était également venu en vue d'arranger, s'il était possible, un différend auquel avait donné lieu la conduite de certains Kirghiz nomades qu'on accusait de traverser subrepticement la frontière bokharienne dès que les employés russes chargés de percevoir les impôts arrivaient sur le territoire kirghiz. Il en résulta, entre l'émir et le général Kauffmann, un échange de dépêches qui parlent peu en faveur de la capacité du premier. Le fait suivant, qu'on m'a raconté de lui, suffit, du reste, pour justifier cette opinion.

Il envoya chercher, un jour, un officier qu'on avait

trouvé observant les astres au télescope, et lui
dit :

« Eh bien ! que voyez-vous donc dans la lune ?

— Des montagnes et des volcans éteints.

— Ah ! mais qui donc est le khan de ce royaume ?
je voudrais bien faire la connaissance de ce souverain ! »

Au commencement de la soirée, la conversation
fut mise sur Bokhara. Un officier russe parla d'une
expédition scientifique russe et allemande qu'on
attendait prochainement dans cette ville; il dit
qu'elle devait explorer également le pays entre Samarcand et Peshawer, afin d'étudier le tracé d'un
chemin de fer, indispensable au transport des
troupes que l'on pourrait avoir à concentrer dans
ces régions.

« A notre prochaine rencontre ! » me dit un jeune
officier en buvant un verre de vin de Champagne à
ma santé. « Où sera-ce ? quand sera-ce ?

— Qui sait ! reprit un de ses camarades; je suppose que tôt ou tard nous nous reverrons sur le
champ de bataille. »

En réalité, tous les officiers que je rencontrai dans
la Russie d'Asie pensaient qu'avant peu une collision éclaterait dans l'Inde entre eux et nous. Chacun
ne manquait jamais de conclure son discours par
cette péroraison : « C'est un grand malheur ! mais
nos intérêts s'entre-choquent, et, malgré la cordialité

de nos rapports privés, la question de prépondérance à Constantinople suscitera infailliblement, à un moment donné, un conflit armé entre l'Angleterre et la Russie. »

Malgré la défiance que les étrangers inspirent au général Kaufmann, un officier prussien se trouve néanmoins *interpolé* dans un des régiments russes en garnison à Petro-Alexandrovsk. Ce personnage a fait la guerre de 1870, et l'on dit même qu'il s'y est distingué en plusieurs occasions. C'est grâce à l'intermédiaire d'un prince allemand de la famille du Tsar que ce souverain s'est décidé à conférer un grade dans l'armée russe du Turkestan à un officier prussien. Je liai conversation avec lui, et je découvris qu'il avait fait ses études dans le même établissement que moi en Allemagne. Il connaissait même plusieurs de mes amis. Son mérite était tenu en grande estime par les officiers russes, qui ne cachaient pas cependant la mauvaise humeur que son intrusion dans leurs rangs leur causait. « Pourquoi, disaient-ils, avoir ainsi bénévolement fourni à la Prusse le moyen de contrôler nos faits et gestes ? Si la guerre éclate entre nos deux nations, les observations quelle aura recueillies pourront un jour servir très-efficacement les intérêts de notre ennemi. » Or, il devait être fort pénible à ce jeune officier de se trouver ainsi en contact perpétuel avec des officiers qui tous détestaient si cordialement son pays.

24

Il fallait de nouveau se préparer au départ; je chargeai Nazar de s'occuper des provisions de bouche. J'étais déjà pourvu d'une douzaine de faisans que j'avais achetés cinquante centimes pièce à Khiva. Ce que je pourrais dire sur l'abondance du gibier dans ce pays serait moins probatif que ce simple fait. Tout en causant de ces détails de ménage avec mon petit Tartare, sa physionomie atrabilaire me frappa; j'en découvris bientôt la cause. Nazar était le commensal des ordonnances d'Ivanoff, et celles-ci, tenant à faire flèche de tout bois, vendaient leurs rations et ne se nourrissaient que de poisson, qui est là d'un bon marché fabuleux.

Le régime ichthyophagique ne convenait nullement à Nazar; mais il était trop avare pour acheter avec l'argent que je lui donnais des aliments plus substantiels. Il préférait encore rester aux crochets des gens du khan, qui, très-peu satisfaits du surcroît de dépense que Nazar leur imposait, lui jouaient tous les mauvais tours imaginables, tantôt en lui cachant l'heure du dîner, tantôt en ne l'appelant que lorsqu'il ne restait plus que des os à ronger.

« Voyez, me disait Nazar, si je ne ressemble pas à un squelette ambulant.

— Pourquoi alors vous êtes-vous obstiné à ne pas acheter de vivres ?

— Acheter ! s'écria Nazar d'un air ébahi; il faudrait que je fusse fou pour acheter ce que je puis me procurer gratis, Mais sont-ils chiens, ces animaux de domestiques ! »

Là-dessus Nazar me quitta furieux, en bougonnant contre ses frères de la cuisine.

Le colonel Ivanoff me présenta alors les deux officiers dont j'allais partager la fortune jusqu'au fort n° 1, L'un d'eux, nommé Yanusheff, était un capitaine d'artillerie qui avait pris une part active et brillante à l'expédition de Khiva. L'autre, un capitaine cosaque, allait rejoindre son régiment à Tashkent. Une escorte de Cosaques devait les accompagner. Notre départ resta fixé au lendemain matin.

La température s'était sensiblement adoucie, La route que nous devions suivre pour nous rendre à Shurahan, ville khivienne récemment annexée à la Russie, se déroulait devant nous, non plus sur de la neige, mais sur du sable. L'Oxus ne pouvait tarder à dégeler. Mes compagnons, qui étaient loin d'être des *gentlemen riders*, se décidèrent à voyager en tarantass, sorte de voiture attelée tantôt par des chameaux, tantôt par des chevaux, suivant que la neige rend le changement nécessaire.

# CHAPITRE XXXVI

La tarantass. — Les adieux. — Une nuit froide. — Les Cosaques. — Leurs armes. — Comment ils bivaquent. — L'émir de Bokhara. — La sentinelle. — Sa punition. — Fustigation du chamelier. — Un courrier kirghiz. — Une chapelle kirghise. — Retour à Kasala. — Trois cent soixante et onze milles en neuf jours et deux heures. — Un duel. — Révolte des Cosaques de l'Uralsk. — Le Tsarevitch. — La croix de Saint-Georges. — Un renfort de dix mille hommes venant d'Orenbourg.

Rien de plus pittoresque que l'effet de notre caravane au moment du départ. Notre cortége s'ouvrait par la tarantass, véhicule des naturels du pays. Aux roues près, cette voiture ressemble à un cabriolet hissé sur le camion d'une brasserie. Point de ressorts pour amortir le cahotement; des roues petites, mais solides, supportent la caisse. Les efforts réunis de six forts chevaux ont peine à imprimer à cette guimbarde une vitesse de plus de cinq milles à l'heure. Plusieurs officiers de la garnison nous accompagnèrent sur la route pendant près d'un mille, puis ils nous quittèrent en nous adressant des souhaits d'heureux voyage. Bien que le froid fût moins intense, ils savaient qu'une telle expédition n'est

jamais sans épreuves, et, sous l'empire de cette conviction, ils avaient tenu à donner à leurs camarades
ce témoignage de sollicitude amicale.

Peu de temps après avoir quitté le fort, nous arrivâmes à un grand village, où nous trouvâmes plusieurs belles dames, entre autres la femme de Yanusheff, qui venait dire adieu à son mari. Des bouteilles
de vodki et de vin de Champagne jonchaient le sol.
Vite on alluma un grand feu près duquel nos visi-
teuses s'empressèrent d'aller se réchauffer les pieds.
Mais le temps pressait ; il fallait couper court aux
adieux. Yanusheff, s'arrachant des bras de sa femme
qui s'enchaînait à lui, se dirigea en droite ligne vers
la tarantass, dans laquelle il monta ; à sa suite, toute
notre troupe s'ébranla. A quelques heures de là,
la neige reparut ; elle était si épaisse qu'il fallut
remplacer immédiatement les chevaux par les chameaux.

Nous chevauchions, Nazar et moi, de compagnie,
ayant toujours de l'avance sur le reste de la caravane. Après quelques heures de marche, nous faisions halte près des ruines d'un vieux château fort,
bâti par un des ancêtres du khan, en vue de protéger
cette région contre l'invasion russe. La tarantasa
n'arrivant pas, nous nous remîmes en route, espérant au moins rencontrer notre fourgon de voyage,
c'est-à-dire un chameau qu'on avait fait partir devant avec les Cosaques. Après une autre heure de

24.

cavalcade, nous nous arrêtâmes près d'un puits situé
à quarante milles de Petro-Alexandrovsk. Le froid,
ce mauvais génie du Nord, avait repris ses airs me-
naçants. Le vent soufflait impitoyablement ; les vivres
nous faisaient totalement défaut ; nous étions, en un
mot, à moitié morts de froid et de faim. Nous ne
cessions, Nazar et moi, de tourner dans le même
cercle d'idées : « Où sont nos bagages ? Si l'obscurité nous rend si difficile d'en retrouver les traces,
comment, une fois trouvés, pourrions-nous les
suivre ! Que faire ? A quoi bon avancer ? Pourquoi
reculer ? » Bref, il ne nous restait qu'à prendre
patience, en attendant mieux. L'imagination est une
fée complaisante, sans doute ; toutefois, je m'aperçus ce jour-là que sa puissance ne peut rien contre
la faim ; car plus je cherchais à leurrer mon estomac,
plus ses exigences reprenaient le dessus. Les oignons
d'Égypte, la soupe à la tortue, le vin de Champagne,
qui tournoyaient dans ma tête, ne faisaient que
redoubler mes tortures faméliques. Mon guide mau-
dissait son sort ; il crut y porter remède en enton-
nant une mélopée sur les charmes du mouton en
général, et sur céux du mouton rôti en particulier.
Les inspirations de sa muse se réduisaient, en un
mot, aux assauts d'une gourmandise brutale.

La nuit approchait ; nous nous couchâmes tristement sur la neige, et nous y dormîmes tant bien
que mal jusqu'au lendemain matin, moment où

nous fûmes rejoints par la tarantass retardataire. L'officier d'artillerie et son compagnon y avaient passé la nuit à l'abri et bien enveloppés tous les deux dans leur chaude pelisse, ce qui ne les empêchait pas de se plaindre bien haut du froid. Je laisse à penser ce que nous autres étions en droit d'en dire !

A peu de distance, nous aperçûmes Cosaques et chameaux campant près d'un puits. L'officier d'artillerie donna ordre à son cocher d'arrêter, mit pied à terre et nous proposa de déjeuner. Il commença par prendre, dans un des coffres de la tarantass, un grand bidon de fer-blanc ayant de côté un orifice hermétiquement bouché. Ce vase contenait environ seize litres de vodki; le capitaine prit un verre, le remplit à pleins bords et s'écria :

« Allons, enfants, venez ici ! »

Les Cosaques, qui avaient suivi d'un œil intéressé toutes les phases de l'opération, accoururent vers Yanusheff et burent chacun pour sa part environ une demi-pinte de ce grossier breuvage. Je tins à y tremper mes lèvres, mais je déclare que, comparée à cette âpre boisson, l'eau-de-vie de grain semble aussi inoffensive que du sirop de gomme !

L'officier n'eut garde de s'exposer à ce feu dévorant ; il se fit apporter quelques bouteilles d'excellent vin de Madère, dont il nous fit part très-généreusement. La moitié de ce que j'en absorbai eût suffi, en Angleterre, pour me faire rouler sous la

table; mais, autres pays, autres mœurs, et, dans la
Russie d'Asie, l'âpreté du climat fut la sauvegarde
de ma raison.

Les Cosaques sont doués d'une grande force physique; leur large carrure en est une des meilleures
garanties; ils pèsent, en général, de cent cinquante
à cent soixante livres. En expédition, ils portent une
charge de cent quatre-vingts livres, y compris vingt
livres d'orge pour les chevaux (on préfère l'orge à
l'avoine) et six livres de biscuit comme ration personnelle pour quatre jours; ils ont sabre et fusil; il
est question de remplacer prochainement celui-ci
par la carabine Besdan, dont les officiers russes semblent très-enthousiasmés. La solde des soldats cosaques est bien modeste : cinq francs par trimestre;
ils ne peuvent avoir, comme argent de poche, plus
d'un franc et quelques centimes par mois. Ils sont
bien vêtus, bien nourris. On leur distribue, comme
ration journalière, deux livres et demie de farine
et une livre de viande, plus un kopeck pour acheter des légumes. N'oublions pas de mentionner, en
outre, une livre de thé et trois livres de sucre pour
cent hommes. Cheval, armes, uniforme appartiennent en propre à chaque soldat, ou au district qui
l'a équipé en l'envoyant au service du Tsar blanc.
Une indemnité annuelle de dix-huit francs soixante-
dix centimes est accordée pour l'entretien de l'uniforme. Les autorités militaires prétendent que cela

doit suffire largement, mais les soldats ne partagent pas cet avis.

Je tiens ces détails du capitaine d'artillerie, qui, laissant dormir son camarade dans la tarantass, marchait quelquefois dans la neige pour se dégourdir les jambes. Il avait servi longtemps dans le Turkestan et espérait obtenir bientôt de l'avancement. Il me raconta que, lors de l'expédition russe de Bokhara, un officier moscovite ayant été fait prisonnier, l'émir le fit venir et lui demanda s'il savait faire de la poudre.

« Certainement, répondit-il, mais non pour vous. »

Comme on le pressait de s'expliquer, il ajouta que la poudre était un composé d'eau-de-vie et de graisse de porc!

Cet émir professe, paraît-il, pour le sultan les sentiments de la plus profonde vénération; il a le titre de grand officier de la Porte. Il tenait naguère l'Angleterre pour la première nation du monde; mais les Russes lui paraissent maintenant peut-être encore plus redoutables.

La soirée avançait; Yanusheff ordonna à la sentinelle préposée à la garde des chameaux de le réveiller à une heure après minuit. Or, le soldat chargé de ce soin ayant négligé de s'en acquitter, Yanusheff fut fort mécontent de cet oubli, et força l'homme à descendre de cheval et à conduire l'animal par la bride. C'est une des plus grandes humiliations qu'on

puisse imposer aux Cosaques, dont le souverain mépris pour l'infanterie est si connu.

Rien de plus bizarre que le coup d'œil de
notre caravane en quittant ce camp : en première
ligne marchaient les Cosaques ; sous les reflets
lumineux des rayons de la lune, les canons de leurs
fusils scintillaient d'une façon fantastique. Le vashlik,
sorte de capuchon conique posé par-dessus la coiffure peu élevée des Cosaques, leur donnait un aspect
menaçant. Le clair de lune allongeait démesurément
sur le sol l'ombre des martiales images de ces guerriers. On eût dit une cohorte de fantômes à la poursuite de notre petit détachement. La tarentass venait
ensuite, traînée par deux grands chameaux qui se
frayaient lentement passage sur la route malaisée.
Le cocher dormait à moitié sur son siége ; l'officier
d'artillerie et son camarade faisaient de même, sinon
un peu plus ; les domestiques, également assoupis,
chancelaient dans les poses les plus singulières sur
leurs chameaux : un de ces hommes, la tête du côté
de la queue de sa monture, ronflait comme un tambour. Un autre, dans un état d'ébriété incontestable,
entonnait, sous l'inspiration de récents souvenirs,
une chanson à boire.

Nazar fermait la marche en rongeant un os que
les grosses dents d'un carnassier n'eussent pas broyé
plus bruyamment que les canines de mon petit Tartare.

Après le départ de la caravane, je restais habituellement une heure seul près du feu du bivac avant
de me remettre en marche. La forte semonce qu'on
avait administrée à mon guide pour m'avoir conduit
directement à Khiva l'avait métamorphosé en le rendant plus humble.

Yanusheff ne se faisait pas faute de relever énergiquement le chamelier du péché de paresse toutes
les fois que l'individu y prêtait le flanc. Un jour, un
Cosaque n'ayant point fustigé un de ses camarades
aussi énergiquement que Yanusheff lui en avait
donné l'ordre, celui-ci prit le knout et en sangla à
tour de bras le délinquant !

La route était désormais couverte d'une si épaisse
couche de neige que les chameaux ne pouvaient plus
tirer la tarantass. Dans cette conjoncture, les Cosaques nous furent d'un grand secours, car, après
avoir attelé leurs chevaux au véhicule, ils les exci-
tèrent à grands coups d'éperons et réussirent ainsi
à mettre en branle la pesante machine. Nous rencontrâmes alors un courrier kirghiz qui portait des
lettres à Petro-Alexandrovsk. Il montait un cheval et
en tenait un autre en laisse, chargé de lettres, de
provisions de bouche et de fourrage. Ce Kirghiz
changeait de monture toutes les deux ou trois
heures ; il espérait arriver à Petro-Alexandrovsk dix
jours après son départ de Perovsky, second fort bâti
par les Russes sur la ligne d'Orenbourg à Tashkent.

Nous passâmes, le lendemain, près d'une vieille chapelle kirghise élevée en l'honneur, sans doute, de quelque illustre guerrier; l'été, c'est un lieu de prière; l'hiver, c'est un parc à moutons. Les indigènes n'ont pas la moindre notion du décorum et des convenances; ce fait n'en est-il pas la meilleure preuve? Enfin nous arrivâmes à un poteau placé à dix-sept milles de Kasala.

Nous convînmes alors, Yanusheff et moi, de laisser les chameaux nous suivre et de partir les premiers; le capitaine cosaque se décida également à venir avec son camarade; tous deux choisirent les meilleurs chevaux de l'escorte, se les approprièrent et ordonnèrent aux soldats de monter des chameaux. La neige n'était plus assez épaisse pour empêcher les chevaux de marcher; le voisinage de l'écurie, qu'ils pressentaient instinctivement, leur faisait même piétiner le sol d'un sabot impatient. Nous traversâmes la surface gelée du Syr-Darya, et nous descendîmes à l'hôtel Morozoff le 12 février à midi. Nous avions franchi trois cent soixante et onze milles en neuf jours et deux heures, c'est-à-dire plus de quarante milles par jour! On doit se rappeler que précédemment mon vaillant petit coursier avait déjà fourni une traite de cinq cents milles, dans l'intervalle desquels il n'avait pas eu neuf jours de repos! Eh bien! à Londres, on n'en eût pas moins regardé de haut en bas ce petit prodige, lequel, nonobstant les deux cent quatre-vingts livres qu'il portait sur le dos, ne fut jamais ni malade ni boiteux pendant ce voyage, Il parcourut les derniers dix-sept milles, dans la neige, en une heure vingt-cinq minutes!

Je pris la dernière chambre libre de l'hôtellerie Morozoff; l'ameublement y était fort sommaire : une table boiteuse, quelques chaises dégarnies, un divan en bois; mais après les steppes, c'est à se croire dans le septième ciel de Mahomet!

Un jeune officier en pension à l'hôtel me raconta tout ce qui s'était passé depuis mon départ; plusieurs officiers avaient été compromis à la suite d'un duel, et quelques arrestations avaient eu lieu. Il me parla aussi d'un soulèvement parmi les Cosaques de l'Uralsk, qui, mécontents et persécutés, avaient proféré des murmures, puis des menaces. Il ne s'agissait de rien moins, prétendait-on, que d'assassiner tous les officiers du fort. Comme les Cosaques de l'Uralsk étaient les plus nombreux, ce lugubre plan ne paraissait nullement irréalisable, et pendant plusieurs nuits le quartier de chaque officier fut militairement gardé.

Le colonel du district avait rédigé un rapport sur cette conspiration au gouverneur général de Tashkent et concluait à l'exécution de plusieurs Cosaques. Le gouverneur avait envoyé tout de suite un de ses généraux étudier l'affaire sur les lieux en lui conférant le droit de vie ou de mort sur les coupables.

On parlait aussi à Kasala d'un projet de voyage du Tsarevitch à Tashkent pendant l'été; on prétendait même que le prince prendrait part à l'expédition contre Kashgar. Une campagne contre Yakoob-bek serait, en effet, pour le Tsarevitch une excellente occasion de gagner la croix de Saint-Georges, ordre qu'on n'obtient que sur le champ de bataille et que porte le Tsar.

Outre ces bruits, et en parfaite concordance avec eux, on disait encore qu'une division de dix mille hommes du district d'Orenbourg marchait sur Tashkent. Les officiers du Turkestan n'accueillaient pas favorablement cette rumeur par la raison qu'ils trouvaient déjà trop nombreux les candidats aux décorations et aux grades. Ils sont persuadés que les troupes présentes en ce moment dans l'Asie centrale suffiraient, et au delà, à toutes les éventualités d'une campagne contre Yakoob-bek.

# CHAPITRE XXXVII

Je me présentai ensuite chez le gouverneur du district; je le trouvai entouré d'un groupe d'officiers en grand uniforme. Il m'apprit qu'un colonel était mort récemment d'une affection pulmonaire, et qu'on célébrait en ce moment ses funérailles à l'église. Tous les soldats du régiment avaient été convoqués et étaient rangés en ligne devant l'édifice. Un froid épouvantable les exposait à subir à leur tour le même sort que le colonel. La gelée était si intense que le gouverneur du district et ses amis jugèrent à propos, dans leur prudhomie, de quitter l'intérieur de l'église et de revenir prendre le thé chez eux en attendant la fin de la cérémonie.

Je liai conversation, chez le gouverneur, avec un

officier de marine qui avait fréquemment exploré la
mer d'Aral, au milieu de laquelle, me dit-il, se trouve
une île ayant quarante milles de circonférence. L'eau
potable y manque complétement, paraît-il, bien que
les renards et les antilopes y abondent. D'après mon
interlocuteur, il existe peu de récifs dans cette mer,
et la navigation n'y est ni dangereuse ni difficile. On
discuta ensuite la question d'atteindre l'Amou-Darya
et le Syr-Darya par le Jana-Darya. Mais la majorité
des officiers pensait que le tirant d'eau du Syr-Darya
est trop faible pour permettre aux steamers de passer l'Orenbourg à Tashkent.

Dès que je pus parler en particulier au gouverneur, je lui demandai s'il n'avait reçu aucune communication relativement à une lettre que j'avais
adressée au gouverneur de Tashkent, afin d'obtenir
l'autorisation de revenir dans la Russie d'Europe
par Tashkent et la Sibérie.

Mais mon étoile baissait décidément, car de message point ! Je retournai donc à mon hôtel sans savoir ce que le sort me réservait. Cet établissement
eût été bien loin de répondre aux exigences d'un
sybarite ; d'abord les tuyaux du poêle étaient en si
mauvais état que la crainte d'être asphyxié me fit
renoncer à demander du feu, et que je dus rester
emmitouflé jour et nuit dans mes fourrures ! J'étais
servi là par un garçon froid comme un glaçon, que
rien ne pouvait faire sortir de son phlegme. Lorsque

je me plaignais de la construction défectueuse des poêles, il me répondait qu'il en était toujours ainsi dans la maison; et si je pestais contre le froid, il me disait que cette sensation était inévitable dans cette saison !

Dans la journée, je reçus la visite de Yanusheff, qui, ne pouvant se procurer des chevaux à Kasala, comme il l'espérait, se disposait à quitter cette ville le lendemain. Il comptait se rendre directement à Perowsky et se mettre tout de suite en relation avec un chef kirghiz qui possède, dit-on, plus de quinze cents chevaux. Il me dit en outre que, devant dîner dehors ce jour-là, il venait me prier de vouloir bien garder en dépôt une forte somme d'argent qu'il avait apportée en vue de ses achats de chevaux; j'y consentis volontiers, tout en me demandant, *in petto,* pourquoi il honorait plutôt de sa confiance un étranger qu'un des officiers russes descendus comme lui à l'hôtel Morozoff.

Le lendemain matin, Yanusheff vint prendre congé de moi; je lui remis l'argent qu'il m'avait confié la veille, puis je me séparai bien à regret de cet intéressant et agréable compagnon de voyage.

Un peu plus tard dans la journée je reçus une lettre du général Kolpakowsky, me prévenant que du moment que j'avais reçu l'ordre de retourner immédiatement dans la Russie d'Europe, il ne pouvait m'autoriser à revenir par Tashkent et la Sibérie,

puisque cette voie n'était pas la plus directe; il
ajoutait que la permission du général Milutin
était périmée, et me disait qu'il croyait ces raisons suffisantes pour me convaincre de la nécessité de retourner immédiatement dans la Russie d'Europe par la route de poste; puis il terminait sa missive en me priant de croire au profond respect avec
lequel il avait l'honneur d'être, etc., etc. La teneur
de cette lettre interdisait dorénavant toute mesure
dilatoire; je n'avais plus qu'à plier bagage, commander des chevaux et partir pour Orenbourg.

On m'annonça alors le gouverneur du district; il
avait, lui aussi, reçu une lettre qui concluait à mon
départ immédiat de Kasala. Bien que tous les bu-
reaux fussent fermés, car c'était jour férié, il me dit
qu'il allait m'envoyer immédiatement mon podojor-
naya, ou permis de circulation.

Il fallait aussi songer à me procurer de la monnaie avant de partir, et changer à cet effet un certain
nombre de demi-impériales. Un employé bokharien
consentit à en prendre quelques-unes, mais non pas
toutes au même taux, prétendant que les plus an-
ciennement frappées devaient avoir moins de valeur
que les autres.

Enfin, le traîneau est avancé; les chevaux piaffent
à la porte; j'ai réglé ma note à l'hôtel, mes chevaux
sont vendus. Mon vaillant petit coursier, quoique ne
payant pas de mine, m'avait rendu de grands ser-

vices pour peu d'argent; prix d'achat cent vingt-cinq francs, prix de vente cent francs! Ajoutons qu'entre les deux termes du marché, j'avais parcouru avec ledit cheval plus de neuf cents milles dans les conditions les plus défavorables et sans qu'il me laissât jamais dans l'embarras.

Une fois installé dans mon quasi-cercueil, j'adressai un dernier adieu à mes amis; le cocher tartare cria et fouetta ses chevaux pour les exciter; bientôt mis en belle humeur par tout ce vacarme, ils nous emportèrent comme le vent.

Je rencontrai, à une certaine distance de la ville, un Grec et un juif se rendant à Tashkent. Je demandai à ce dernier comment il avait reçu l'autorisation de voyager dans l'Asie centrale. Il me répondit qu'en arrivant en Russie, il était muni d'un passeport grec, mais qu'il s'était arrangé de façon à s'en procurer un autre rédigé en russe, et qu'il avait pu ainsi traverser l'Ural; ce juif, du reste, étant Russe, on n'avait aucun motif pour contrecarrer ses projets.

Il existe une grande parité entre les Grecs et les Russes; cela tient surtout, je crois, à la haine réciproque que la Porte leur inspire. On retrouve dans le caractère des uns et des autres des signes patents d'origine orientale. Tous deux sont très-défiants; mais les Grecs ont l'esprit plus délié que les Russes, et dans une transaction quelconque on peut être à

peu près certain que ceux-ci seront toujours les
dupes de ceux-là.

A la station où je fis halte, l'inspecteur me prévint
qu'une jeune veuve kirghise se trouvait dans la salle
d'attente. Il tenait à m'en avertir parce que les
Russes, eux, se refusent radicalement à tout rapprochement avec les indigènes. Je lui répondis que je
n'étais nullement dans les mêmes dispositions, et
j'envoyai tout de suite Nazar prier la jeune veuve de
venir prendre le thé avec moi. La physionomie de
mon petit Tartare s'assombrit à vue d'œil pendant que je lui donnai cet ordre. Mon empressement
à faire politesse à la jeune veuve des steppes semblait de fort mauvais aloi à mon serviteur. « Excellence..., Excellence, me dit-il en balbutiant, vous
ne pouvez épouser cette Kirghise, à cause de la différence de religion. » Là-dessus il partit pour aller
remplir la délicate mission que je lui avais confiée.
Il ne tarda pas à revenir, accompagné de mon invitée,
qui ne semblait pas avoir plus de dix-huit ans. Elle
était réellement fort jolie. Elle portait une longue
robe de chambre, et ses petits pieds étaient chaussés
dans d'élégantes babouches chinoises. Je lui offris
une chaise : elle s'assit, et nous commençâmes à
causer, toujours avec l'intermédiaire de Nazar, bien
entendu.

Il y a mille manières de dire à une femme qu'elle
est belle, mais il suffit de la présence d'un tiers

pour entraver l'expression de votre enthousiasme.
En outre, les compliments que j'adressais en russe
à la jeune Kirghise devaient perdre beaucoup de
leur charme à être traduits en langue tartare par
Nazar, bien qu'il semblât tout feu et flamme pour
répandre sur ma prose la myrrhe et le miel de son
éloquence. A la vérité, son arsenal de comparaisons
imagées me semblait absolument dépourvu de poésie ;
car, pour dire à la jeune veuve que sa beauté était
sans rivale, voilà à peu près comment il s'exprimait :
« Tu es plus belle qu'un mouton à grosse queue
(cet appendice étant très-apprécié) ; ton visage est le
plus rond du troupeau ; ton haleine est plus douce
que l'odeur du mouton rôti ! » La belle Kirghise
parut fort surprise d'apprendre que j'étais céliba-
taire, et me fit dire qu'elle était veuve, mais qu'elle
se remarierait dans deux ans. D'après les lois de sa
tribu, elle doit épouser son beau-frère, c'est-à-dire
le frère de son mari. Ce futur époux n'étant alors
âgé que de douze ans, la jolie Kirghise devait attendre
deux ans pour convoler. Elle goûtait peu la perspective de cette union juvénile, et me questionna longuement sur la situation des veuves en Angleterre.
Elle parut fort surprise d'apprendre que rien ne
contraint leur choix lorsqu'elles désirent contracter
d'autres liens.

Nous devisions ainsi fort agréablement avec cette
jeune femme depuis plusieurs heures, lorsque son

futur mari, bambin joufflu de douze ans, fit irruption dans la pièce où nous nous trouvions. Il m'avertit que les chevaux étaient prêts, et qu'il était temps
de partir. A cette communication intempestive, la
jolie veuve se leva, frappa un bon coup sur le dos
de son futur époux, et disparut. Je crois le pauvre
garçon destiné à être souvent battu avant son mariage, mais il pourra bien se venger après !

J'appris par l'inspecteur, en me rapprochant
d'Orsk, que huit cents Cosaques avaient quitté Orenbourg pour se rendre à Tashkent. Il me dit qu'il
avait reçu l'ordre de faire dresser des kibitkas à leur
intention près de la maison de relais. De nombreux
bataillons échelonnés sur la route ne devaient pas
tarder à suivre ceux-ci, et ils fussent sans doute déjà
arrivés à Orsk, si le temps, dont la rigueur était tout
à fait exceptionnelle, n'eût contrarié leur marche.
Plusieurs cochers tartares étaient morts gelés dernièrement.

Nazar m'apprit que sa femme demeurait avec le
père de celle-ci dans un petit village situé à quelques
milles d'Orenbourg; mon serviteur éprouvait un
si vif désir de revoir sa compagne que je me décidai
à faire halte chez lui pour la nuit. Nous arrivâmes à
destination vers minuit. Tout l'Aûl était profondément endormi. Nazar essaya, mais en vain, de pénétrer chez lui; un verrou inexorable l'en empêchant,
il se décida à frapper vigoureusement à la porte.

Après être restés à nous y morfondre au moins pendant cinq minutes, le beau-père de Nazar vint nous
ouvrir. Il m'offrit très-cordialement asile sous son
toit. La femme de Nazar se leva en toute hâte et
arriva à son tour ; elle était d'une taille avantageuse
et plus grande que son père. Le retour inopiné de
son seigneur et maître semblait lui causer une
grande joie.

Le logis de Nazar ne possédait qu'une pièce à feu. Le
beau-père, la femme, la fille et les deux plus jeunes
enfants de mon petit Tartare y vivaient pêle-mêle. Je
trouvai que ma présence serait de trop, et je me
décidai à aller gîter ailleurs. Cette unique pièce
était, du reste, fort sale ; des myriades d'insectes
rampaient sur les planches de bois qui servaient de
couche à la famille. Je m'étais décidément embarqué
dans une mauvaise affaire en faisant halte chez
Nazar. Prenant donc mon parti de le laisser tout entier à son bonheur domestique, je me dirigeai vers
le prochain relais où je lui donnai rendez-vous. Je
trouvai la maison de poste bondée de voyageurs. Un
commandant d'artillerie et un chirurgien occupaient
avec leur famille tout l'espace disponible. L'inspecteur m'emmena alors dans son appartement particulier. Sa femme était couchée, mais elle se réveilla
et me sourit gracieusement lorsque j'entrai ; elle ne
me parut, en un mot, nullement gênée par la présence d'un étranger.

Dans la matinée, je fis connaissance avec le commandant d'artillerie et sa femme; ils voyageaient
dans un grand traîneau et précédaient les troupes de
plusieurs verstes. Le commandant, qui avait souvent
été chargé de porter des dépêches de Tashkent à
Saint-Pétersbourg, effectua une fois ce trajet en
douze jours. Il espérait se rendre de Tashkent à
Samarcand en trente-six heures et atteindre Bokhara
cinq jours plus tard.

Je fus alors rejoint par Nazar. Son beau-père, qui
avait tenu à l'accompagner jusque-là, m'offrit une
oie grasse monumentale qu'il déposa à mes pieds.
C'était, me dit-on, de la part de celui-ci, un grand
témoignage de déférence et de respect. Nazar me fit
alors remarquer que ce palmipède était un excellent
manger, et s'engagea d'avance à faire disparaître
tout ce dont je ne voudrais pas.

Le beau-père de Nazar avait une légère teinture
de la langue russe; il m'adressa plusieurs questions
relativement à son gendre, à sa moralité, à sa conduite, et, en entendant le bon témoignage que je
rendais de ses qualités privées, il le frappa amicale-
ment sur le dos.

Non loin de cette station nous rencontrâmes deux
compagnies d'infanterie en marche sur Tashkent.
Les hommes étaient tous en traîneaux, tirés, les
uns par des chameaux, les autres par des chevaux.
Chaque voiture contenait cinq ou six hommes; ces

troupes devaient être transportées aussi promptement que possible. Les hommes paraissaient jeunes
et robustes; ils chantaient en chœur pour tromper
la longueur du trajet. Plus tard, nous vîmes encore
d'autres soldats; mais, à peu d'exception près, ceux-
là étaient tous ivres.

Les officiers, eux, s'entretenaient, chemin faisant,
des nouvelles en circulation à Orenbourg au moment où ils avaient quitté cette ville. On prétendait
que Krijinovsky devait être nommé ministre de la
guerre, et Milutin commandant en chef des troupes
du Caucase.

# CHAPITRE XXXVIII

Un inspecteur curieux. — L'Angleterre nous cédera-t-elle Kashgar? — La forteresse Afghan. — « Les Anglais sont-ils chrétiens? » — Un bain à Uralsk. — On ne se lave pas le vendredi. — Le directeur de la police. — Un meurtrier. — Son châtiment. — Les Cosaques de l'Ural. — Sizeran. — Adieux à Nazar.

Je me décidai à ne pas stationner à Orenbourg, mais à me rendre à Uralsk, grande ville située sur les rives de l'Ural et capitale du district d'où l'on avait banni récemment les Cosaques que j'avais vus à Kasala. Uralsk ne se trouvait pas sur le chemin même de Sizeran; mais je gagnais à ce détour de connaître une nouvelle partie du pays. Le lendemain j'eus affaire à un inspecteur qui dépassait en suspicion et en défiance tout ce que je connaissais jusque-là.

« Ainsi donc vous venez de Khiva? me dit-il en examinant mon permis de circulation.

— Oui.

— L'Angleterre nous cédera-t-elle Kashgar?

— Et vous, me céderiez-vous cet animal? lui dis-je, en lui désignant un cheval qu'on menait au relais.

— Il n'est pas à moi, me répondit l'inspecteur, tout ébahi de ma question.

— Eh bien ! Kashgar n'appartient pas davantage à l'Angleterre ; comment alors pourrait-elle le donner à la Russie ?

— L'Angleterre compte-t-elle se joindre à nous dans une expédition contre Kashgar ?

— Je l'ignore, mais je ne le crois pas, lui répondis-je, impatienté d'être ainsi harcelé de questions. Du reste, ajoutai-je, si vous mettez le nez dans l'Afghanistan, vous verrez ce que cela vous coûtera.

— L'Afghan ! ah ! l'Afghan ! En prononçant ces mots, l'inspecteur saisit un morceau de papier et écrivit la phrase suivante :

*Si la Russie prend la forteresse d'Afghan, il en résultera la guerre entre la Russie et l'Angleterre.* J'ai noté vos paroles, me dit-il.

— C'est ce que je vois ; mais Afghan n'est pas une forteresse.

— Qu'importe ! c'est quelque chose, et vous avez déclaré que si l'on touchait à l'Afghan, il en résulterait un conflit entre les Russes et les Anglais. »

Un ami de l'inspecteur entra en ce moment et me fit, à son tour, subir un véritable interrogatoire.

« Les Anglais sont-ils chrétiens ? me demanda d'abord mon nouvel interlocuteur.

— Oui.

— Avez-vous des obrazes? me dit-il en me montrant quelques images appendues au mur.

— Non, nous n'admettons pas le culte des images.

— Et vous vous dites chrétiens ! s'écria avec indignation cet individu, dans l'esprit duquel la religion protestante venait de perdre *subito* cent pour cent. Adorez-vous le Christ?

— Oui.

— Croyez-vous à l'intervention toute-puissante des saints ?

— Non ; quels qu'aient été leurs mérites pendant leur vie, nous leur refusons le don des miracles.

— C'est épouvantable! s'écria-t-il; vous ne valez par mieux que des mahométans. »

On compte environ deux cent quatre-vingts verstes entre Orenbourg et Uralks. Arrivé à cet endroit, j'avisai une hôtellerie d'assez bonne apparence, et je m'y rendis. La propreté n'y laissait pas trop à désirer ; mais là, comme ailleurs, on ne vous fournit pas de draps. Je demandai en vain un bain en arrivant ; il me fallut l'aller chercher à l'établissement, où l'on me dit que toute ablution de ce genre était interdite le vendredi, et que je devais me résigner à attendre jusqu'au lendemain l'obtention de ce bienfait. J'offris de quadrupler le tarif ordinaire; mais le propriétaire resta incorruptible.

« A demain, mon petit père, me disait-il; pour l'amour de Dieu, à demain ; mais ne vous fâchez pas, je vous prie, » me répétait-il d'un ton suppliant et humble.

En arrivant à l'hôtel, on me dit que le directeur de la police était venu pour me voir. Il m'avait fait prévenir qu'il reviendrait bientôt. On me l'annonça en effet peu de temps après. Je vis qu'on l'avait informé officiellement d'Orenbourg que je visiterais probablement Uralsk.

Le lendemain, Nazar arriva dans ma chambre avec un visage rayonnant. « Quelle bonne aubaine! me dit-il, nous allons avoir un spectacle exceptionnel et gratis! c'est l'exécution d'un Kirghiz qui a assassiné, il y a douze mois, un officier cosaque. »

Je me rendis avec Nazar sur une place où était dressé le sinistre appareil. La corde fatale gisait à terre. Des troupes rangées en ligne empêchaient la foule de franchir la limite permise.

Un murmure sourd nous annonça que le cortége était en vue. Le condamné, monté sur un banc de bois, était placé dans une charrette tirée par une mule. Une compagnie d'infanterie suivait le cortége que précédait un piquet de cavalerie. En arrivant à la plate-forme, le coupable se dirigea d'un pas ferme vers l'échafaudage sur lequel la croix était exhaussée. A la vue de ce funèbre instrument de supplice, le criminel devint livide, mais il maîtrisa promptement ce mouvement de terreur, chercha dans la foule quelque regard sympathique et envoya un signe d'adieu affectueux à ceux de ses amis qu'il reconnut dans l'assistance.

L'officier, après avoir ordonné à ses hommes de garrotter le coupable et de l'attacher à la croix, tira de sa poche un mémoire dont il fit la lecture à haute et intelligible voix. Ce document comprenait l'acte d'accusation, les débats du procès et enfin le verdict par lequel l'accusé était condamné aux travaux forcés en Sibérie. En entendant cet arrêt, il resta impassible et muet. Nazar ne prit pas, lui, la chose aussi froidement.

« Décidément la représentation est manquée, s'écria ce sanguinaire petit Tartare. Voilà comment les autorités russes vous dupent ! Est-ce assez ridicule ! »

La peine de mort a été abolie en Russie, sauf pour le crime de trahison. Mais les coupables n'en sont guère moins cruellement traités pour cela, car les travaux forcés dans les mines de la Sibérie ne sont en réalité que la peine de mort sous une autre forme et à plus longue échéance.

Les habitants de l'Uralsk, qui tous avaient quelques parents ou amis exilés dans l'Asie centrale, étaient sous le coup d'un si profond abattement que c'est à peine s'ils osaient me regarder en face dans la rue. Quelques Cosaques de l'Ural, dit-on, sont parvenus à se soustraire aux recherches des autorités ; mais si les rebelles leur tombent un jour sous la main, ils peuvent compter être doublement punis.

Tels sont les charmes de l'existence dans un pays soumis à un gouvernement arbitraire et despotique. Telle est la civilisation dont certains Anglais aimeraient voir bénéficier les habitants de l'Asie centrale.

Rien d'intéressant à visiter à Uralsk ; je pars donc pour Sizeran, que je dois atteindre moyennant trente-six heures de marche incessante. Nous sommes à la moitié de mars. Mon voyage en traîneau est achevé. Je serre cordialement la main de Nazar en lui disant adieu. C'est aussi le moment de prendre congé du lecteur, en le remerciant de m'avoir accompagné pendant toute la durée de ce voyage.

FIN.

# TABLE DES MATIÈRES

## CHAPITRE III.

## CHAPITRE IV.

## CHAPITRE V.

## CHAPITRE VI.

## CHAPITRE VII.

26

## CHAPITRE XXXVIII.

FIN DE LA TABLE DES MATIÈRES.

PARIS. — TYPOGRAPHIE DE E. PLON ET Cⁱᵉ, RUE GARANCIÈRE, 8.

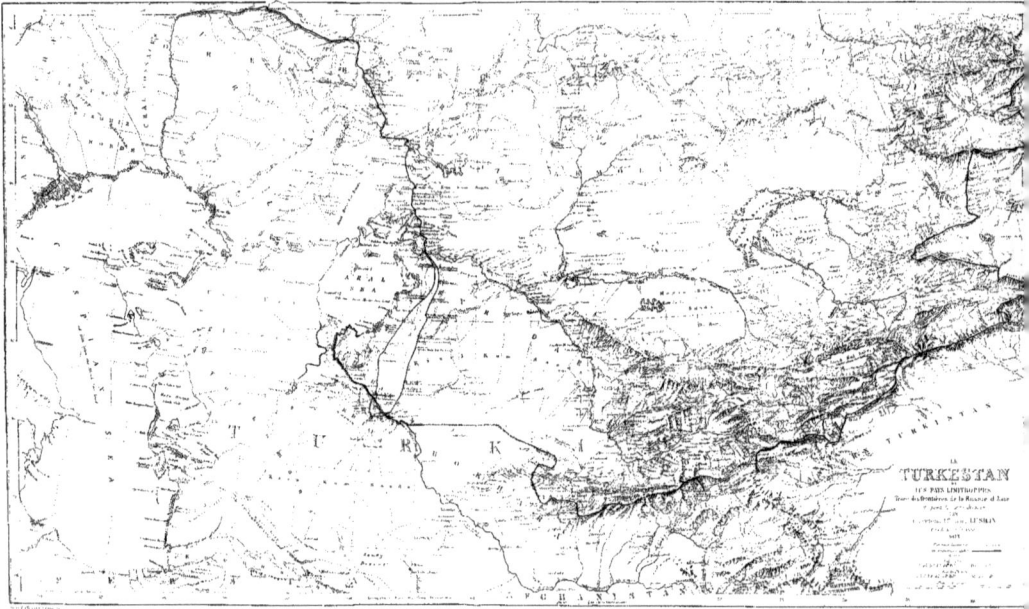

LE
TURKESTAN
LES PAYS LIMITROPHES
Tracé des frontières de la Russie et l'Asie

TURKESTAN

LES FRONTIÈRES
DE LA
CHINE ET DE LA RUSSIE
avec le tracé des routes
qui conduisent de la RUSSIE dans l'intérieur de
l'EMPIRE CHINOIS

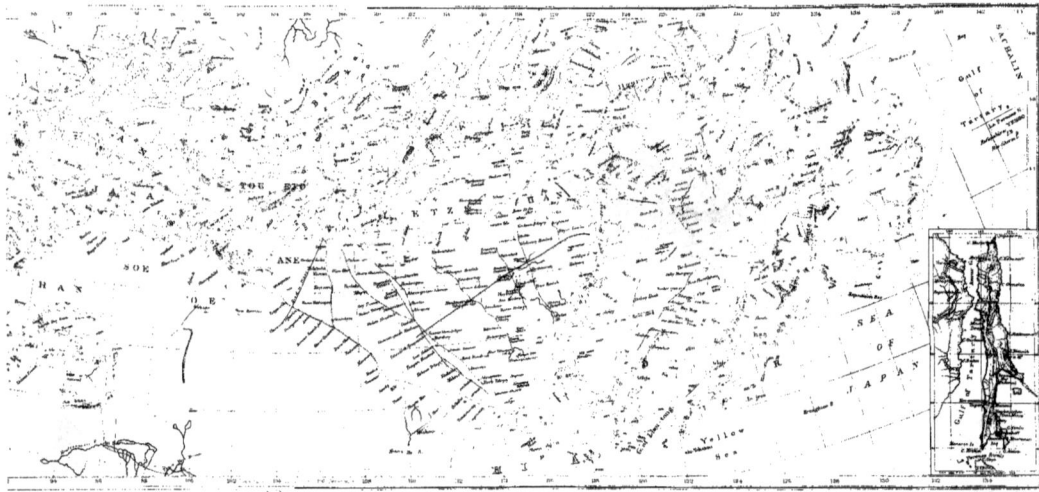

www.ingramcontent.com/pod-product-compliance
Lightning Source LLC
Chambersburg PA
CBHW031626210326
41599CB00021B/3315